Teubner Studienbücher Wirtschaftsmathematik

Albrecht Irle, Claas Prelle

Übungsbuch Finanzmathematik

Teubner Studienbücher
Wirtschaftsmathematik

Herausgegeben von
Prof. Dr. Bernd Luderer, Chemnitz

Die Teubner Studienbücher Wirtschaftsmathematik behandeln anschaulich, systematisch und fachlich fundiert Themen aus der Wirtschafts-, Finanz- und Versicherungsmathematik entsprechend dem aktuellen Stand der Wissenschaft.

Die Bände der Reihe wenden sich sowohl an Studierende der Wirtschaftsmathematik, der Wirtschaftswissenschaften, der Wirtschaftsinformatik und des Wirtschaftsingenieurwesens an Universitäten, Fachhochschulen und Berufsakademien als auch an Lehrende und Praktiker in den Bereichen Wirtschaft, Finanz- und Versicherungswesen.

Albrecht Irle, Claas Prelle

Übungsbuch Finanzmathematik

Leitfaden, Aufgaben und Lösungen zur Derivatbewertung

Teubner

Bibliografische Information der Deutschen Nationalbibliothek
Die Deutsche Nationalbibliothek verzeichnet diese Publikation in der Deutschen Nationalbibliografie;
detaillierte bibliografische Daten sind im Internet über <http://dnb.d-nb.de> abrufbar.

Prof. Dr. rer. nat. Albrecht Irle
Geboren 1949 in Hannover. Studium der Mathematik und Physik mit Promotion 1974 und Habilitation
1979 an der Universität Münster in Mathematik. Nach Professuren in Bayreuth und Münster seit 1984
Professor für Wahrscheinlichkeitstheorie und Statistik am Mathematischen Seminar der Universität
Kiel.

Dipl.-Math. Dipl.-Volksw. Claas Prelle
Geboren 1980 in Heidelberg. Studium an der Universität Kiel mit Diplom in Mathematik 2004 und in
Volkswirtschaftslehre 2005. Seit 2005 wissenschaftlicher Mitarbeiter am Mathematischen Seminar der
Universität Kiel.

1. Auflage März 2007

Lektorat: Ulrich Sandten / Kerstin Hoffmann

Der B.G. Teubner Verlag ist ein Unternehmen von Springer Science+Business Media.
www.teubner.de

Umschlaggestaltung: Ulrike Weigel, www.CorporateDesignGroup.de
Druck und buchbinderische Verarbeitung: Strauss Offsetdruck, Mörlenbach
Gedruckt auf säurefreiem und chlorfrei gebleichtem Papier.
Printed in Germany

ISBN 978-3-8351-0086-2

Vorwort

Der Einzug von modernen stochastischen Methoden in die Untersuchung von finanzwirtschaftlichen Problemen hat zu einem äußerst fruchtbaren Zusammenwirken von Mathematik und Wirtschaftswissenschaften geführt. Die bahnbrechenden und 1997 durch die Verleihung des Nobelpreises gewürdigten Arbeiten von Black und Scholes (1973) und Merton (1973) zur Preisfestsetzung und Absicherung von Finanzderivaten haben Theorie und Praxis der Finanzmärkte entscheidend geprägt. In der letzten Dekade ist eine Fülle von Lehrbüchern zu diesem Themenkreis erschienen. Dazu gehört auch das Lehrbuch *Finanzmathematik. Die Bewertung von Derivaten* eines der Autoren dieses Textes, dessen aktuelle Auflage eine Vielfalt von Übungsaufgaben enthält, allerdings ohne Hinweise zu ihren Lösungen.

Der vorliegende Text enthält die vollständigen und ausführlichen Musterlösungen zu diesen Übungsaufgaben. Damit soll dem Leser Lösungs- und Darstellungskompetenz vermittelt werden für Aufgaben sowohl von praktischem als auch von theoretischem Charakter. Das Spektrum reicht von der numerischen Berechnung von Optionspreisen in diskreten Modellen bis hin zur stochastischen Analysis und ihren Anwendungen in allgemeinen Finanzmärkten.

Bei der Anfertigung dieses Textes haben wir das Ziel verfolgt, daß die Lösungswege ohne Nachschlagen im erwähnten Referenzlehrbuch oder in weiteren Texten nachvollziehbar sind. Daher enthält der erste Teil unseres Textes einen Leitfaden der wesentlichen Inhalte der Derivattheorie und ihrer stochastischer Grundlagen. Folgend dem Kapitelaufbau im Referenzlehrbuch werden die wichtigsten Fakten und Methoden in zusammengefaßter Weise dargestellt, ohne mathematische Beweisführungen aber unter Beibehaltung einer strukturierten Darstellung. Wir hoffen, daß dieser erste Teil als Kompendium im Sinne eines Nachschlagewerks und einer Gedächtnisauffrischung dienen wird.

Kiel, im Februar 2007   A. Irle, C. Prelle

Inhaltsverzeichnis

Teil I: Leitfaden und Aufgaben

Teil II: Lösungen zu den Aufgaben

Teil I:

Leitfaden und Aufgaben

Kapitel 1

Einführung in die Preistheorie

1.1 Finanzmärkte

Finanzmärkte haben entscheidenden Einfluß auf die globalisierte Weltwirtschaft gewonnen. Seit den bahnbrechenden, 1997 durch die Verleihung des Nobelpreises gewürdigten Arbeiten von Black und Scholes (1973) und Merton (1973) haben die stochastischen Modellierungen von Finanzmärkten und die daraus abgeleiteten mathematischen Verfahren zur Preisfestsetzung von auf diesen Märkten gehandelten Finanzgütern die Theorie und Praxis der Finanzmärkte wesentlich geprägt. Von den verschiedenen Typen von Finanzmärkten seien hier angesprochen: Aktienmärkte, den Handel mit Aktien regulierend, Rentenmärkte, die den Handel mit verzinslichen Wertpapieren betreffen, Währungsmärkte, die den Kauf und Verkauf von Währungen regulieren, Warenmärkte, zum Handel mit Waren wie Öl und Gold.

Die auf diesen Märkten gehandelten Güter wollen wir Basisgüter nennen.
Seit der Gründung der Chicago Board Option Exchange am 26.4.1973 hat der Handel mit in die Zukunft reichenden Kontrakten über Basisgüter und sich daraus entwickelnd über Finanzgüter jeder erdenklichen Art enorme Bedeutung gewonnen. Solche Kontrakte, von denen als wichtige Typen hier *Optionen* und *Futures* genannt seien, werden als *derivative Finanzgüter, Derivate*, bezeichnet. Der Handel mit solchen Kontrakten wird auf Futuresmärkten und Optionenmärkten durchgeführt.

Als zusammenfassende Bezeichnung sowohl für Basisgüter als auch für Derivate jeglicher Art werden wir den Begriff des *Finanzguts* benutzen.

1.2 Forward und Future

Forwards und Futures sind Kontrakte, ein Finanzgut zu einem zukünftigen Erfüllungszeitpunkt T bzw. innerhalb eines zukünftigen Zeitraums $[T, T']$ zu einem vereinbarten Erfüllungspreis F zu verkaufen bzw. zu kaufen. Wir sprechen dabei von einer *long position* bei Eingehen eines Kaufkontrakts und einer *short position* bei Eingehen eines Verkaufskontraktes. Futures werden auf den zugehörigen Finanzmärkten gehandelt, was eine Absicherung zu ihrer Erfüllung beinhaltet. Ein entsprechender Kontrakt zwischen zwei Parteien, der auf individuellen Absprachen ohne Markteinschaltung beruht, wird als Forward bezeichnet. Es stellt sich die Frage nach der Vereinbarung des Erfüllungspreises F bei einem Forward bzw. einem Future.

1.3 Option

Eine Call-Option, kurz *Call*, gibt dem Käufer das Recht, ein bestimmtes Finanzgut bis zu einem zukünftigen Zeitpunkt T zu einem vereinbarten Preis K, dem Ausübungspreis, zu kaufen. Eine Put-Option, kurz *Put*, gibt dem Käufer entsprechend das Verkaufsrecht. Der Optionskontrakt beinhaltet im Unterschied zum Forward oder Future nicht die Pflicht zu seiner Ausübung. Ist die Ausübung der Option nur zum Verfallszeitpunkt T möglich, so sprechen wir von einer *europäischen Option*. Kann die Option jederzeit bis zum Zeitpunkt T ausgeübt werden, bezeichnen wir sie als *amerikanische Option*. Dies beschreibt die vier grundlegenden Optionstypen, als *Plain Vanilla Options* bezeichnet, den europäischen Call und Put sowie den amerikanischen Call und Put. Eine enorme Fülle weiterer Optionstypen stehen auf den Finanzmärkten zur Verfügung.

Beim Käufer einer Option liegt eine *long position* vor, beim Verkäufer eine *short position*. Selbstverständlich verlangt der Verkäufer einer Option vom Käufer einer solchen einen gewissen Preis für das im Optionskontrakt verbriefte Recht. Entscheidend ist nun die Frage nach der Festsetzung dieses Preises. Die schon angeführten Arbeiten von Black und Scholes und Merton haben eine rationale Theorie dieser Preisfindung ins Leben gerufen und damit Theorie und Praxis des Handelns mit Optionen entscheidend geprägt.

1.4 Arbitrage

Der Zugang zur Preistheorie für Derivate wird durch den Begriff der Arbitrage gegeben. Als *Arbitrage* bezeichnen wir einen risikolosen Profit beim Handel mit Finanzgütern, z.B. beim Handel mit Aktien. Als Arbitragemöglichkeit verstehen wir die Möglichkeit risikolosen Profits, und als Arbitrageur wird ein Marktteilnehmer auf der Suche nach risikolosem Profit bezeichnet. Auch wenn konkrete Finanzmärkte kurzzeitig auftretende Arbitrage ermöglichen sollten, was in etlichen Studien kontrovers diskutiert wird, so gehen wir bei einem idealisierten Finanzmarkt davon aus, daß durch Transparenz und Effizienz keine Arbitragemöglichkeiten existieren. Führen wir nun in einem solchen idealen Finanzmarkt ein derivatives Finanzgut ein, ist die Preisfestsetzung so durchzuführen, daß im durch den Handel mit dem Derivat vergrößerten Finanzmarkt keine Arbitrage entsteht. Wir nehmen dabei stets an, daß der Derivathandel die Preise der Basisgüter nicht beeinflußt. Überlegungen dieser Art sind grundlegend für die Preistheorie für Finanzmärkte, und wir wollen dies für das folgende festhalten als

1.5 Leitmotiv der Preistheorie

Preisfestlegungen für Finanzgüter sind so durchzuführen, daß keine Arbitrage auftritt. Wir werden dies als *No-Arbitrage-Prinzip* bezeichnen.

1.6 Preisvereinbarung bei einem Forward und short selling

Gesucht wird der Erfüllungspreis F eines Forwardkontrakts mit Erfüllungszeitpunkt $T > 0$ für ein Finanzgut mit Preis S_0 zum mit 0 bezeichneten derzeitigen Zeitpunkt. Am Markt liege die kontinuierliche Zinsrate r vor, so daß ein Bankguthaben von einer Einheit im Zeitraum t auf e^{rt} wächst. Das No-Arbitrage-Prinzip liefert dann für den Erfüllungspreis $F = S_0 e^{rT}$. Ist z.B. $F < S_0 e^{rT}$ gehen wir eine long position im Forward und eine short position im Gut ein, d. h. wir leihen das Gut zum Zeitpunkt 0 und verkaufen das Gut zum Preis S_0. Diesen Betrag legen wir verzinslich an. Als risikolosen Gewinn erhalten wir nach Erfüllen der long position im Forward und Rückgabe des ausgeliehenen Guts $S_0 e^{rT} - F > 0$. Diese Arbitragestrategie beinhaltet das Eingehen einer short position durch Ausleihen und anschließenden Ausgleich der Position. Dieses kann die Übernahme weiterer Verpflichtungen wie Dividendenzahlungen während der Ausleihzeit beinhalten. Diese Art des Ausleihens wird als *short selling, Leerverkauf,* bezeichnet, wobei in der Praxis zu beachten ist, daß short selling auf unterschiedlichen Finanzmärkten auch unterschiedlichen Restriktionen unterliegt.

1.7 Put-Call-Parität

Betrachten wir zwei verschiedene Kombinationen von Finanzgütern, deren Werte V und W zu einem zukünftigen Zeitpunkt T mit Sicherheit übereinstimmen, so liefert das No-Arbitrage-Prinzip, daß die Werte V_0 und W_0 zum gegenwärtigen Zeitpunkt ebenfalls übereinstimmen.

Dieses kann auf den europäischen Call und Put angewandt werden. Wir betrachten dazu einen Call und einen Put auf ein Finanzgut mit identischem Ausübungspreis K und Verfallszeitpunkt T. Ist A_T der Preis des Finanzguts zum Zeitpunkt T, so beträgt der Wert des Calls zu diesem Zeitpunkt $C = (A_T - K)^+$, denn der Call gibt das Recht, das Finanzgut zum Preis K zu kaufen. Er wird also ausgeübt, falls $A_T > K$ vorliegt mit resultierendem Profit $A_T - K$. Im Falle $A_T \leq K$ verfällt der Call mit resultierendem Wert 0. Entsprechend ergibt sich der Wert des Puts zum Zeitpunkt T als $P = (K - A_T)^+$, also $C - P = A_T - K$. Unter Anwendung des No-Arbitrage-Prinzips erhalten wir die *Put-Call-Parität*

$$A_0 + P_0 = C_0 + Ke^{-rT}.$$

Dabei ist A_0 der Preis des Finanzguts zum derzeitigen Zeitpunkt, Ke^{-rT} der diskontierte Wert des Betrags K, und C_0 und P_0 sind die Preise von Call und Put zum derzeitigen Zeitpunkt. Als Folgerung aus der Put-Call-Parität erhalten wir $C_0 \geq \max\{0, A_0 - Ke^{-rT}\}$, was als europäische Wertuntergrenze bezeichnet wird.

In unserer mathematischen Beschreibung von Finanzmärkten haben wir natürlich zu berücksichtigen, daß die Preisentwicklung von Finanzgütern im allgemeinen vielfältigen zufälligen Gegebenheiten unterliegt. Wir benutzen zur Modellierung die Begriffswelt der Wahrscheinlichkeitstheorie, so daß auf einem grundlegenden Wahrscheinlichkeitsraum Preise von Finanzgütern durch Zufallsgrößen modelliert werden. Wie in der Wahrscheinlichkeitstheorie üblich identifizieren wir Zufallsgrößen, die mit Wahrscheinlichkeit 1 übereinstimmen. Wir benutzen daher die folgenden Schreibweisen:

1.8 Schreibweisen

$X, Y : \Omega \to I\!R$ seien Zufallsgrößen auf einem Wahrscheinlichkeitsraum $(\Omega, \mathcal{A}, P)$. Dann schreiben wir $X = Y$ für $P(X = Y) = 1$ und $X \geq Y$ für $P(X \geq Y) = 1$.

Zur Einführung wird zunächst die mathematische Modellierung eines Finanzmarktes mit nur zwei Handelszeitpunkten gegeben, als 0 und 1 bezeichnet. Dabei steht 0 für den gegenwärtigen Zeitpunkt, zu dem die Preise der betrachteten Finanzgüter bekannt sind und das Portfolio, also die Kombination der in der Handelsperiode gehaltenen Finanzgüter, zusammengestellt wird. 1 beschreibt den zukünftigen Zeitpunkt, in dem sich der Wert des Portfolios aus der zufälligen Preisentwicklung der einzelnen Finanzgüter ergibt.

1.9 Ein-Perioden-Modell und Portfolio

Betrachtet werden g Finanzgüter $1, \ldots, g$ mit bekannten, festen Preisen $S_{j,0}$ zum Zeitpunkt 0 und zufälligen Preisen $S_{j,1}$ zum Zeitpunkt 1, $j = 1, \ldots, g$. Also liegt vor:

$$S_0 = \begin{bmatrix} S_{1,0} \\ \vdots \\ S_{g,0} \end{bmatrix} \in I\!R^g, \ S_1 = \begin{bmatrix} S_{1,1} \\ \vdots \\ S_{g,1} \end{bmatrix} : \Omega \to I\!R^g$$

als Zufallsvariable auf einem Wahrscheinlichkeitsraum $(\Omega, \mathcal{A}, P)$. Ein *Portfolio* ist ein Vektor x mit Komponenten $x_1, \ldots, x_g$, die die Stückzahlen von Gut $1, \ldots, g$ im Bestand angeben. Es besitzt den Wert $x^T S_0$ in 0 und den Wert $x^T S_1$ in 1.

Wir nehmen an, daß in unserem Modell eine risikofreie Anlagemöglichkeit existiert, die uns bei geeigneter Zusammenstellung des Portfolios im Zeitpunkt 0 einen festen Betrag, der ohne Einschränkung als 1 angenommen sei, zum Zeitpunkt 1 garantiert, also ein Portfolio x mit $x^T S_0 > 0$ und $x^T S_1 = 1$. Gedacht wird dabei an eine festverzinsliche Anlage. Dabei wird x als *risikofreies Portfolio* und $B_1 = x^T S_0$ als *Diskontierungsfaktor* bezeichnet.

1.10 Arbitrage und Arbitragefreiheit

Im Ein-Perioden-Modell wird ein Portfolio x als *Arbitrage* bezeichnet, falls gilt:

$$x^T S_0 \leq 0,\ x^T S_1 \geq 0 \text{ mit } x^T S_0 < 0 \text{ oder } P(x^T S_1 > 0) > 0.$$

Das Modell heißt *arbitragefrei*, falls keine Arbitrage existiert.

Leicht einzusehen ist: Ein Ein-Perioden-Modell ist arbitragefrei, falls keine Arbitrage x mit $x^T S_0 = 0$ existiert. Ferner ist in einem arbitragefreien Modell der Diskontierungsfaktor B_1 eindeutig bestimmt.

Die folgende stochastische Modellbildung ist von besonders einfacher Struktur und liefert natürlich nur einen sehr groben Ausschnitt aus der Finanzmarktrealität. Allerdings werden wir später sehen, daß aus solchen einfachen Modellen realistischere Approximationen für das tatsächliche Verhalten von Finanzmärkten zusammengesetzt werden können.

1.11 Festverzinsliche Anlage und Aktie

Betrachtet werden eine festverzinsliche Anlage mit Verzinsung ρ und eine Aktie mit bekanntem Kurs A_0 in $t = 0$ und zufallsabhängigem Kurs A_1 in $t = 1$, also

$$S_0 = \begin{bmatrix} 1 \\ A_0 \end{bmatrix}, \ S_1 = \begin{bmatrix} 1 + \rho \\ A_1 \end{bmatrix}.$$

Dabei sei nur eine Kursbewegung der Form

$$A_1 = \begin{cases} uA_0 & \text{mit Wahrscheinlichkeit} \quad p \\ dA_0 & \text{mit Wahrscheinlichkeit} \quad 1 - p \end{cases}$$

mit Konstanten $u > d > 0$ möglich. Modelliert werden kann dieses durch

$$\Omega = \{\omega_1, \omega_2\}, \ P(\{\omega_1\}) = p = 1 - P(\{\omega_2\}), \ A_1(\omega_1) = uA_0, \ A_1(\omega_2) = dA_0.$$

Die festverzinsliche Anlage liefert die risikofreie Anlagemöglichkeit mit Diskontierungsfaktor $B_1 = \frac{1}{1+\rho}$. Arbitragefreiheit ist äquivalent zu $d < 1 + \rho < u$.

1.12 Claim und Hedge

Der Halter einer Option besitzt einen Anspruch gegenüber dem Verkäufer einer Option, dessen Höhe im allgemeinen zufallsabhängig ist. Ein solcher Finanztitel, also ein Anspruch auf Auszahlung, sei, der prägnanten internationalen Bezeichnung folgend, als *Claim* bezeichnet. In einem Ein-Perioden-Modell ist also ein Claim eine Zufallsgröße $C : \Omega \to I\!R$ und berechtigt den Inhaber zum Erhalt der im allgemeinen zufallsabhängigen Auszahlung C zum Zeitpunkt 1.

Ein wesentliches Anliegen für den Verkäufer eines Claims ist die Absicherung gegenüber dem durch den Claim definierten zufälligen Anspruch. Eine solche Absicherung ist gegeben durch ein Portfolio, das, im Zeitpunkt 0 zusammengestellt, mit seinem Wert zum Zeitpunkt 1 den Claim bei beliebiger zufallsabhängiger Entwicklung reproduziert. Durch Erwerb dieses Portfolios zum Zeitpunkt 0 besitzt der Verkäufer den Gegenwert zum Claim und kann durch Verkauf des Portfolios den Claim erfüllen. Wir kommen damit zur folgenden Begriffsbildung:

Ein Claim C heißt *absicherbar*, falls ein Portfolio x existiert mit

$$C = x^T S_1.$$

Ein solches Portfolio x wird als *Hedge, absicherndes Portfolio,* bezeichnet.

1.13 Vollständigkeit

Von besonderem Interesse sind Finanzmarktmodelle, in denen jeder Claim absicherbar ist. Diese werden als *vollständig* bezeichnet.

Das Ein-Perioden-Modell für eine festverzinsliche Anleihe und eine Aktie gemäß 1.11 ist vollständig. Bei einem Claim C mit Auszahlung c_1 bei steigendem, c_2 bei fallendem Kurs ist der Hedge gegeben durch

$$x_1 = \frac{uc_1 - dc_2}{(1 + \rho)(u - d)}, \; x_2 = \frac{c_1 - c_2}{(u - d)A_0}.$$

Betrachtet sei ein Ein-Perioden-Modell für einen Finanzmarkt und darin ein Claim C, der nun ebenfalls auf diesem Finanzmarkt gehandelt wird. Im Zeitpunkt 1 ist der Preis für den Claim notwendigerweise C, da sich andernfalls offensichtliche Arbitragemöglichkeiten ergeben. Unter Benutzung der eingeführten Begriffe Absicherbarkeit und Hedge können wir nun eine Antwort geben auf die zentrale Fragestellung, wie die Preisfestsetzung zum Zeitpunkt 0 für einen solchen handelbaren Claim geschehen soll. Aus dem No-Arbitrage-Prinzip folgt:

1.14 Satz zur Preisfestsetzung

Es liege ein arbitragefreies Ein-Perioden-Modell vor. $C = x^T S_1$ sei ein absicherbarer Claim mit Hedge x. Dann ist das um den Handel mit C erweiterte Modell genau dann arbitragefrei, wenn in $t = 0$ der Preis des Claims $x^T S_0$ ist.

1.15 Preisfestsetzung für einen absicherbaren Claim

Sei C ein absicherbarer Claim in einem arbitragefreien Ein-Perioden-Modell mit Hedge x, also $C = x^T S_1$. Der arbitragefreie, *faire Preis* dieses Claims zum Zeitpunkt 0 ist definiert durch

$$s(C) = x^T S_0.$$

Zu beachten ist, daß dieser Preis eindeutig bestimmt ist. Ist nämlich $\tilde{x}$ ein weiterer Hedge für C, so folgt $x^T S_0 = \tilde{x}^T S_0$, da sich anderenfalls eine Arbitragemöglichkeit ergeben würde.

Wir werden nun eine wahrscheinlichkeitstheoretische Umformulierung der Arbitragefreiheit kennenlernen. Die dabei durchgeführten Überlegungen werden sich in den späteren Kapiteln auf Finanzmarktmodelle mit mehreren Handelsperioden und mit kontinuierlichem Handeln übertragen lassen und so eine mathematisch einwandfreie Theorie der in der Praxis gebräuchlichen Finanzmarktmodelle ermöglichen. Dazu werden die folgenden Konzepte aus der Wahrscheinlichkeitstheorie benötigt.

1.16 Absolutstetigkeit und Dichten

Sei neben dem Ausgangswahrscheinlichkeitsmaß P ein weiteres Wahrscheinlichkeitsmaß Q betrachtet. Dann definieren wir:

$Q \ll P$ (Q *absolutstetig* bzgl. P), falls gilt: $P(N) = 0 \Rightarrow Q(N) = 0$,

$Q \sim P$ (Q *äquivalent* zu P), falls gilt: $P(N) = 0 \Leftrightarrow Q(N) = 0$.

Ist $L \geq 0$ eine Zufallsgröße mit $\int L dP = 1$, so wird durch

$$Q(A) = \int_A L dP \text{ für alle } A \in \mathcal{A}$$

ein Wahrscheinlichkeitsmaß definiert. Dabei ist $Q \ll P$, ferner $Q \sim P$ genau dann, wenn $P(L > 0) = 1$ vorliegt. Wir bezeichnen L als P-Dichte von Q. Sind L und L' P-Dichten von Q, so folgt $L = L'$ im Sinne von $P(L = L') = 1$, und wir schreiben

$$L = \frac{dQ}{dP}.$$

Wir benutzen die Bezeichnungsweise E für die Erwartungswertbildung bzgl. des Ausgangswahrscheinlichkeitsmaßes P, ferner E_Q für die Erwartungswertbildung bzgl. eines weiteren Wahrscheinlichkeitsmaßes Q. Beim Vorliegen einer Dichte gilt die *Umrechnungsformel*

$$E_Q X = \int X dQ = \int X \frac{dQ}{dP} dP = E(X \frac{dQ}{dP}).$$

Wir erhalten mit diesen Begriffsbildungen folgendes Resultat.

1.17 Satz zur Charakterisierung der Arbitragefreiheit

In einem Ein-Perioden-Modell sind äquivalent:

(i) *Das Modell ist arbitragefrei.*

(ii) *Es existieren ein zu P äquivalentes Wahrscheinlichkeitsmaß Q und ein* $B > 0$ *mit* $E_Q|BS_1| < \infty$ *und*

$$S_0 = E_Q(BS_1).$$

1.18 Risikoneutrales Wahrscheinlichkeitsmaß

Ein Wahrscheinlichkeitsmaß Q, das die Bedingungen des vorstehenden Satzes erfüllt, wird als *äquivalentes risikoneutrales Wahrscheinlichlichkeitsmaß* bezeichnet.

Das äquivalente risikoneutrale Wahrscheinlichkeitsmaß ist im allgemeinen nicht eindeutig. Für B gilt jedoch $B = B_1$, wobei B_1 der eindeutig bestimmte Diskontierungsfaktor im Modell ist. Die Bedeutung des äquivalenten risikoneutralen Wahrscheinlichkeitsmaßes liegt darin, daß es zur Preisbestimmung benutzt werden kann. Für jedes risikobehaftete Finanzgut ist die bzgl. Q erwartete Rendite $\frac{E_Q S_{i.1}}{S_{i,0}}$ gleich der Rendite $\frac{1}{B_1}$ in der risikofreien Anlage, und dies hat zu der Bezeichnung von Q als risikoneutral geführt.

1.19 Preisfestsetzung mit dem risikoneutralen Wahrscheinlichkeitsmaß

Der faire Preis a für einen absicherbaren Claim $C = x^T S_1$ in einem arbitragefreien Ein-Perioden-Modell ist gegeben durch

$$s(C) = E_Q(B_1 C),$$

wobei Q ein äquivalentes risikoneutrales Wahrscheinlichkeitsmaß und B_1 der Diskontierungsfaktor ist. Dies ergibt sich sofort aus der Gültigkeit von $x^T S_0 = E_Q(B_1 C)$ für jedes äquivalente risikoneutrale Q. In dieser Darstellung des fairen Preises tritt die Gestalt des Hedge nicht mehr explizit auf.

Liegt ein vollständiges Modell vor, so ist jeder Claim absicherbar und die Preisfestsetzung kann ohne die Bestimmung von absichernden Portfolios durchgeführt werden.

1.20 Satz zur Eindeutigkeit

Ein arbitragefreies Ein-Perioden-Modell ist genau dann vollständig, wenn das äquivalente risikoneutrale Wahrscheinlichkeitsmaß eindeutig ist.

1.21 Zur Bestimmung des risikoneutralen Wahrscheinlichkeitsmaßes

Ein äquivalentes risikoneutrales Wahrscheinlichkeitsmaß Q bestimmt sich aus der Gleichung $S_0 = E_Q(B_1 S_1)$.

Betrachten wir einen arbitragefreien Finanzmarkt für eine festverzinsliche Anlage und eine Aktie gemäß 1.11 mit $P(A_1 = uA_0) = p = 1 - P(A_1 = dA_0)$, so ist das äquivalente risikoneutrale Wahrscheinlichkeitsmaß gegeben durch

$$Q(A_1 = uA_0) = q = 1 - Q(A_1 = dA_0) \text{ mit } q = \frac{1 + \rho - d}{u - d}.$$

Beim Übergang von P zu Q ist also lediglich p durch q zu ersetzen.

In diesem Beispiel gibt der Parameter p die Wahrscheinlichkeit für einen Anstieg der Aktienkurse an. Die Bulls, also die Optimisten am Finanzmarkt, werden ein großes p erwarten, die pessimistischen Bears werden mit einem kleinen Parameter rechnen. Das von uns in diesen Beispielen bestimmte äquivalente risikoneutrale Wahrscheinlichkeitsmaß Q ist jedoch unabhängig von diesem Parameter, dessen Einschätzung Optimisten und Pessimisten separiert. Ebenso ist der faire Preis von Claims unabhängig von p und kann von Bulls und Bears gleichermaßen akzeptiert werden.

Aufgaben

Aufgabe 1.1   Ein Landwirt züchtet Ferkel und erzielt gegenwärtig einen Preis von 20 Euro pro Ferkel. Er befürchtet, daß bei Abbau von Subventionen der Ferkelpreis im kommenden Jahr auf 60 % des derzeitigen Wertes fallen könnte. Werden die Subventionen nicht gestrichen, so erwartet er eine Steigerung auf 120 %. Der Landwirt hat trotz des geringen Ferkelpreises noch 1.500 Euro zur Verfügung, die er investieren möchte, um sich in einem Jahr den gleichen Preis pro Ferkel zu sichern.

Welches Derivat ist für den Landwirt geeignet, und für wie viele Ferkel reicht der Investitionsbetrag zur Preisabsicherung, wenn ein Zinssatz von 4 % pro Jahr angenommen wird? Die Bankfiliale in der Kreisstadt bietet ihm dieses Derivat zum Preis s an. Bei welchen Werten von s ergeben sich Arbitragemöglichkeiten?

Aufgabe 1.2   Betrachtet werde folgendes Ein-Perioden-Modell für Aktie und festverzinsliche Anleihe. Der Anfangskurs sei jeweils 1. Die Verzinsung der Anleihe sei $\rho = 0,05$. Der Endkurs A_1 der Aktie sei gegeben durch $A_1(\omega_1) = 2$ und $A_1(\omega_2) = 0,5$.

Es wird ein Derivat C angeboten mit der Auszahlung $C(\omega_1) = 3$, $C(\omega_2) = 0,2$. Wie verhalten Sie sich? Überlegen Sie sich, wie Sie durch ein Portfolio aus Anleihe und Aktie die Auszahlung des Derivats erreichen können.

Aufgabe 1.3   Betrachten Sie ein Ein-Perioden-Modell mit festverzinslicher Anlage und einer Aktie mit einem Ausgabepreis von 100 Euro. Für den Endpreis der Aktie können nur die folgenden drei Fälle auftreten: Der Aktienpreis fällt auf 90 Euro, bleibt unverändert oder steigt auf 120 Euro. Ein Derivatehändler verkaufe 15 Calls mit einem Ausübungspreis K, $90 \leq K < 120$. Der Zinssatz betrage $\rho = 6\%$.

(a) Zeigen Sie, daß genau ein K existiert, für das es einen Hedge gibt.

(b) Wie sieht das zugehörige Portfolio aus, und welcher faire Preis pro Call ergibt sich?

Aufgabe 1.4   Neuerdings bieten diverse Banken sogenannte Aktienanleihen an. Diese sind charakterisiert durch die Laufzeit t, die zugrundeliegende Aktie mit Preisen A_0, A_t, den einzuzahlenden Nominalbetrag N, den Basispreis K und die zugesicherte Verzinsung pro Jahr mit Zinssatz ρ.

Der Käufer zahlt dem Verkäufer anfangs den Nominalbetrag. Am Ende der Laufzeit zahlt der Verkäufer dem Käufer entweder den Nominalbetrag zurück - im Falle $A_t > K$ - oder überträgt ihm $n = \frac{N}{K}$ Aktien - im Falle $A_t \leq K$. In beiden Fällen zahlt der Verkäufer die zugesicherte Verzinsung auf den Nominalbetrag an den Käufer.

(a) Konstruieren Sie einen Hedge aus festverzinslicher Anlage und „gewöhnlicher" Option für eine solche Aktienanleihe.

(b) Diskutieren Sie die folgende Information einer deutschen Großbank zum Finanzgut *Aktienanleihe Plus*.

Information einer deutschen Großbank:
Aktienanleihe Plus – hohe Ertragschancen bei reduziertem Risiko
Die Idee!
Anleger, die in Aktienanleihen investieren, erwarten eine tendenziell seitwärts gerichtete oder leicht steigende Aktienmarktentwicklung ohne große Kurseinbrüche und möchten in diesem Umfeld eine möglichst hohe Rendite erzielen. Die neue Aktienanleihe Plus ist eine Weiterentwicklung der "klassischen Aktienanleihe", die Verlustrisiken weiter reduziert und richtet sich insbesondere an diejenigen Anleger, die ein Plus an Sicherheit bei einem im Vergleich zur klassischen Aktienanleihe leicht reduzierten Kupon bevorzugen.
Was ist eine Aktienanleihe?
Die Aktienanleihe Plus ist ein mit einem deutlich über dem Marktzins liegenden Kupon ausgestattetes Wertpapier, bei dem die Rückzahlungsbedingungen besonders ausgestaltet sind. Entweder zahlt der Emittent das Nominalkapital vollständig in Geld zurück, oder er

nimmt die Rückzahlung in Form einer Aktienlieferung vor. Bei der klassischen Aktienanleihe erfolgt die Tilgung zum Nominalbetrag, falls der Aktienkurs der zugrundeliegenden Aktie am Bewertungstag kurz vor Ende der Laufzeit auf oder oberhalb des sogenannten Basispreises notiert, andernfalls werden Aktien geliefert. Der Basispreis und die Anzahl der gegebenenfalls zu liefernden Aktien, sowie die Höhe des Kupons werden im Voraus festgelegt (vorbehaltlich Kapitalmaßnahmen). Bei der Aktienanleihe Plus wird nun im Unterschied zur klassischen Aktienanleihe eine zusätzliche Kursschwelle weit unterhalb des Basispreises festgelegt. Das Besondere: Am Ende der Laufzeit wird die Anleihe auch dann zum Nominal getilgt, wenn der Aktienkurs unterhalb des Basispreises notieren sollte. Dies jedoch nur, falls der Aktienkurs während der Laufzeit nicht einmal auf oder unterhalb der Kursschwelle lag. Dieses Sicherheitsplus bezahlt der Anleger mit einem leicht reduzierten Kupon. Ob der Anleger am Rückzahlungstag Geld oder die im Vorhinein festgelegte Anzahl von Aktien erhält, hängt somit ausschließlich von der Kursentwicklung der Aktie ab.

Aufgabe 1.5 Oft gibt es starke Schwankungen auf den Aktienmärkten. Überlegen Sie sich, wie man durch ein Portfolio aus Aktie und Option sowohl bei stark wachsenden als auch bei stark fallenden Kursen der Aktie Gewinn erzielen kann.

Aufgabe 1.6 Betrachtet werde eine festverzinsliche Anleihe mit Ausgabepreis 1 und Zinssatz $\rho > 0$ sowie eine Aktie mit festem Anfangspreis A_0 und zufälligem Endkurs A_1.

Bestimmen Sie in einem geeigneten Modell sämtliche risikoneutralen Wahrscheinlichkeitsmaße, falls A_1 eine Poissonverteilung oder eine Binomialverteilung besitzt.

Aufgabe 1.7 Ein Ein-Perioden-Modell sei gegeben durch eine Anleihe und zwei Aktien mittels der Modellierung $\Omega = \{\omega_1, \omega_2\} \times \{\omega_1, \omega_2\}$ und

$$A_1(\omega_i, \omega_j) = \begin{cases} u_1, & \text{falls } i = 1 \\ d_1, & \text{falls } i = 2 \end{cases} , \; A_2(\omega_i, \omega_j) = \begin{cases} u_2, & \text{falls } j = 1 \\ d_2, & \text{falls } j = 2 \end{cases}$$

mit $d_1 < u_1$, $d_2 < u_2$ und $d_1 \neq d_2$, $u_1 \neq u_2$. Dabei gelte $P(\{(\omega_i, \omega_j)\}) > 0$ für alle i,j=1,2. Alle drei Wertpapiere haben den Anfangspreis 1. Die Endpreise sind gegeben durch $1 + \rho$ mit $\rho > 0$, A_1 und A_2.

(a) Bestimmen Sie alle absicherbaren Claims, d.h. den von $(1, A_1, A_2)$ erzeugten linearen Raum.

(b) Ist $\max\{C_1, C_2\}$ absicherbar für $C_1 = (A_1 - K_1)^+, C_2 = (A_2 - K_2)^+$ mit $K_1, K_2 > 0$?

Kapitel 2

Stochastische Grundlagen diskreter Märkte

Wir betrachten einen Finanzmarkt mit g Finanzgütern, in dem zu endlich vielen Zeitpunkten Handel möglich sei. Diese Zeitpunkte seien mit $t = 0, \ldots, n$ durchnumeriert. Ein solches Finanzmarktmodell werden wir als *n-Perioden-Modell* bezeichnen. Zum einen beschreiben solche Modelle Finanzmärkte, in denen Handel nur zu diskreten Zeitpunkten möglich ist, zum anderen lassen sich Finanzmärkte mit zeitkontinuierlichem Handeln durch solche Modelle approximieren. Die zeitlich diskrete Struktur in einem solchen n-Perioden-Modell erlaubt den Einsatz rekursiver Berechnungsverfahren, die in der Praxis der Finanzderivate große Bedeutung besitzen.

2.1 n-Perioden-Modell

Ein n-Perioden-Modell ist gegeben durch Zufallsvariablen

$$S_0, S_1, \ldots, S_n : \Omega \to I\!\!R^g \; mit \; S_i = \left[\begin{array}{c} S_{1,i} \\ \vdots \\ S_{g,i} \end{array} \right]$$

als dem Vektor der zufälligen Preise $S_{j,i}$ von Finanzgut j zur Zeit i.

Befinden wir uns in einem Zeitpunkt i, $i < n$, so wird das zukünftige Verhalten der Preise im betrachteten Modell $S_{i+1}, \ldots, S_n$ vom bisherigen Preisverlauf $S_0, \ldots, S_i$ und eventuell weiteren bis zum Zeitpunkt i eingetretenen Ereignissen abhängen. Wir benötigen daher eine geeignete Modellierung für die stochastischen Abhängigkeiten, die beim Preisverlauf eintreten - die Modellierung eines Finanzmarkts durch stochastisch unabhängige Zufallsvariablen $S_0, S_1, \ldots, S_n$ ist nicht sinnvoll. Von zentraler Bedeutung für die Untersuchung zeitlich veränderlicher stochastischer Prozesse, wie sie insbesondere bei Finanzmärkten auftreten, sind die Begriffe *Filtration, adaptierter Prozeß, Stopzeit, bedingter Erwartungswert*, die hier erläutert werden.

2.2 Filtration und adaptierter Prozeß

Bei einem Wahrscheinlichkeitsraum $(\Omega, \mathcal{A}, P)$ beschreibt die σ-Algebra $\mathcal{A}$ die Gesamtheit aller beobachtbaren Ereignisse. Zu einem Zeitpunkt i wird die Gesamtheit aller bis i beobachtbaren Ereignisse durch eine Unter-σ-Algebra $\mathcal{A}_i \subseteq \mathcal{A}$ beschrieben. Da zu einem späteren Zeitpunkt nicht weniger Informationen vorliegen, wird gefordert

$$\mathcal{A}_i \subseteq \mathcal{A}_k \text{ für } 0 \leq i < k \leq n.$$

Betrachten wir Zufallsvariable $(X_i)_{i=0,\ldots,n}$, so ist X_i beobachtbar bis zum Zeitpunkt i, falls die Ereignisse $\{X_i \in B\}$ beobachtbar bis zum Zeitpunkt i sind, also X_i $\mathcal{A}_i$-meßbar ist.

Diese Überlegung führt zu folgenden formalen Definitionen. Sei $\mathcal{T} \subseteq [0, \infty)$ eine Menge von Zeitparametern. Im n-Perioden-Modell liegt dabei $\mathcal{T} = \{0, \ldots, n\}$ vor. Im weiteren Verlauf dieses Textes werden wir als $\mathcal{T}$ zu betrachten haben: $\mathcal{T} = \{0, \ldots, n\}$ und $\mathcal{T} = I\!N_0 = I\!N \cup \{0\}$, wobei wir bei Fällen dieses Typs von *diskretem Zeitparameter* sprechen werden, ferner $\mathcal{T} = [0, T]$ und $\mathcal{T} = [0, \infty)$, von uns als Fälle *kontinuierlichen Zeitparameters* bezeichnet.

Eine *Filtration* $(\mathcal{A}_t)_{t \in \mathcal{T}}$ ist eine Familie von Unter-σ-Algebren $\mathcal{A}_t \subseteq \mathcal{A}$ mit

$$\mathcal{A}_s \subseteq \mathcal{A}_t \quad \text{für} \quad s < t.$$

Dabei setzen wir $\mathcal{A}_\infty = \sigma(\bigcup_t \mathcal{A}_t)$, die von der Gesamtheit aller $\mathcal{A}_t$ erzeugte σ-Algebra.

Ein *stochastischer Prozeß* $(X_t)_{t \in \mathcal{T}}$ mit Werten in $\mathcal{X}$ ist eine Familie von meßbaren Abbildungen

$$X_t : \Omega \to \mathcal{X}.$$

$(X_t)_{t \in \mathcal{T}}$ heißt *adaptiert* zu $(\mathcal{A}_t)_{t \in \mathcal{T}}$, falls X_t $\mathcal{A}_t$-meßbar für jedes $t \in \mathcal{T}$ ist.

2.3 Informationsverlauf

Der Informationsverlauf in einem n-Perioden-Modell ist gegeben durch eine Filtration $(\mathcal{A}_i)_{i=0,\ldots,n}$ derart, daß der Preisprozeß adaptiert zu dieser Filtration ist. Betrachten wir als Information zum Zeitpunkt i gerade die bis dahin beobachtbaren Preise $S_0, \ldots, S_i$ und keine zusätzlichen Informationen, so benutzen wir mit $d = g(i+1)$

$$\mathcal{A}_i = \sigma(S_0, \ldots, S_i) = \{(S_0, \ldots, S_i) \in B : B \subset I\!R^d \text{ meßbar}\}.$$

Liegt in einem Finanzmarkt dieser Informationsverlauf vor, so sind die adaptierten reellwertigen Prozesse von der Form $X_i = h_i(S_0, \ldots, S_i)$ mit meßbaren $h_i : \mathbb{R}^d \to \mathbb{R}$.

2.4 Anlagestrategie und Stopzeit

Eine Anlagestrategie beinhaltet Kauf- bzw. Verkaufsentscheidungen, die zu zufälligen vom Marktverlauf abhängigen Zeitpunkten getroffen werden. Eine realisierbare Strategie wird offensichtlich dadurch ausgezeichnet, daß eine Entscheidung zum Zeitpunkt k nur auf bis zu diesem Zeitpunkt beobachtbaren Ereignissen basieren darf. Dieses wird mathematisch formalisiert mit dem Begriff der Stopzeit:

Sei $\mathcal{T} \subset [0, \infty)$ und $\mathcal{T}^* = \mathcal{T}$, falls $\mathcal{T}$ beschränkt ist, und $\mathcal{T}^* = \mathcal{T} \cup \{\infty\}$, falls $\mathcal{T}$ unbeschränkt ist. Die Hinzunahme von ∞ berücksichtigt die Möglichkeit, daß in endlicher Zeit keine Entscheidung getroffen wird. Sei $(\mathcal{A}_t)_{t \in \mathcal{T}}$ eine Filtration. Eine Abbildung

$$\tau : \Omega \to \mathcal{T}^* \text{ mit der Eigenschaft } \{\tau \leq t\} \in \mathcal{A}_t \text{ für alle } t \in \mathcal{T}$$

wird als *Stopzeit* bezeichnet. Im Fall diskreten Zeitparameters ist τ eine Stopzeit genau dann, wenn gilt $\{\tau = k\} \in \mathcal{A}_k$ für alle $k \in \mathcal{T}$. Es lassen sich leicht oft benutzte Aussagen der folgenden Art herleiten:
Sind σ, τ Stopzeiten, so auch $\sigma + \tau$, $\min\{\sigma, \tau\}$, $\max\{\sigma, \tau\}$.

Als Beispiel betrachten wir in einem Finanzmarkt die Verkaufsstrategie *Verkaufe Gut 1, sobald der Preis den Wert a überschreitet, spätestens zum Zeitpunkt n,* formalisiert durch die Stopzeit $\sigma = \min\{\inf\{i = 0, \ldots, n : S_{1,i} \geq a\}, n\}$ mit der stets benutzten Festsetzung $\inf \emptyset = \infty$. Dagegen liefert die folgende sehr wünschenswerte, aber offensichtlich nicht realisierbare Verkaufsstrategie *Verkaufe Gut 1 bei Maximalstand des Preises*, keine Stopzeit.

Die bis zu einem zufälligen Zeitpunkt beobachtbaren Ereignisse werden mathematisch in folgender Weise beschrieben: Ist $(\mathcal{A}_t)_{t \in \mathcal{T}}$ Filtration und τ eine Stopzeit, so wird durch

$$\mathcal{A}_\tau = \{A \in \mathcal{A} : A \cap \{\tau \leq t\} \in \mathcal{A}_t \text{ für alle } t\}$$

eine σ-Algebra definiert, die als σ-Algebra der τ-Vergangenheit bezeichnet wird. Ist $(X_t)_{t \in \mathcal{T}}$ ein adaptierter stochastischer Prozeß mit Werten in $\mathcal{X}$, so wird mit einer weiteren, in konkreten Fällen geeignet zu wählenden Zufallsgröße $X_\infty : \Omega \to \mathcal{X}$ definiert

$$X_\tau : \Omega \to \mathcal{X}, \quad X_\tau(\omega) = X_{\tau(\omega)}(\omega).$$

Im Fall diskreten Zeitparameters ist X_τ stets $\mathcal{A}_\tau$-meßbar, im Fall kontinuierlichen Zeitparameters unter gewissen technischen Voraussetzungen an den stochastischen Prozeß.

2.5 Schreibweisen

Im folgenden werden wir Filtrationen und stochastische Prozesse oft mit $\underset{\sim}{A}$ und X bezeichnen, also $\underset{\sim}{A} = (A_t)_{t \in T}$, $\underset{\sim}{X} = (X_t)_{t \in T}$ schreiben.
Wie in der Wahrscheinlichkeitstheorie üblich identifizieren wir stochastische Prozesse, die mit Wahrscheinlichkeit 1 übereinstimmen. Wir benutzen daher die folgenden Schreibweisen: $\underset{\sim}{X}, \underset{\sim}{Y}$ seien reellwertige stochastische Prozesse auf einem Wahrscheinlichkeitsraum (Ω, A, P). Dann schreiben wir

$$\underset{\sim}{X} = \underset{\sim}{Y} \text{ für } P(X_t = Y_t \text{ für alle } t) = 1, \quad \underset{\sim}{X} \geq \underset{\sim}{Y} \text{ für } P(X_t \geq Y_t \text{ für alle } t) = 1.$$

Im Fall diskreten Zeitparameters gilt dabei offensichtlich $\underset{\sim}{X} = \underset{\sim}{Y}$ genau dann, wenn $X_i = Y_i$ in unserem Sinne von $P(X_i = Y_i) = 1$ für alle i vorliegt.

2.6 Bedingte Erwartungswerte

Betrachten wir einen Finanzmarkt zum Zeitpunkt i, so wird die uns zur Verfügung stehende Information durch A_i beschrieben, im Fall von $A_i = \sigma(S_0, \ldots, S_i)$ also durch den bisherigen Preisverlauf $S_0, S_1, \ldots, S_i$. Unsere Einschätzung über den zukünftigen Verlauf der Preisentwicklung hängt natürlich vom bisherigen Stand ab, nimmt zum Beispiel $S_{j,i}$ einen großen Wert an, so erwarten wir auch im nächsten Zeitpunkt $i+1$ einen großen Wert von $S_{j,i+1}$. Zu formalisieren ist der bedingte erwartete Wert $E(S_{j,i+1}|$ Stand der Dinge zum Zeitpunkt $i)$, der sich im allgemeinen natürlich von $E(S_{j,i+1})$ unterscheidet. Im Falle $A_i = \sigma(S_0, \ldots, S_i)$ und beim Vorliegen von Zufallsvariablen S_i, $i = 0, \ldots, n$ mit endlichem Wertebereich benutzen wir den elementaren bedingten Erwartungswert, gegeben durch

$$E(S_{j,i+1}|S_0 = s_0, \ldots, S_i = s_i) = \frac{\int_{\{S_0 = s_0, \ldots, S_i = s_i\}} S_{j,i+1}\, dP}{P(S_0 = s_0, \ldots, S_i = s_i)} = h(s_0, \ldots, s_i),$$

$$E(S_{j,i+1}|S_0, \ldots, S_i) = h(S_0, \ldots, S_i).$$

Für den allgemeinen Fall benötigen wir das Konzept des abstrakten bedingten Erwartungswerts.

Sei $G \subset A$ eine Unter-σ-Algebra und $X : \Omega \to I\!\!R$ eine Zufallsgröße, deren Erwartungswert existiert. Eine Zufallsgröße $Y : \Omega \to I\!\!R$ mit den Eigenschaften

(i) Y ist G-meßbar,

(ii) $\int_G Y\, dP = \int_G X\, dP$ für alle $G \in G$

heißt *bedingter Erwartungswert* von X unter G, und wir schreiben

$$Y = E(X|G).$$

Y wird auch als Version des bedingten Erwartungswerts bezeichnet. Für $A \in \mathcal{A}$ sei weiter $P(A|\mathcal{G}) = E(1_A|\mathcal{G})$. Es gilt:

$$E(X|\mathcal{G}) \text{ existiert und ist fast sicher eindeutig,}$$

letzteres im Sinne von $P(Y = Y') = 1$ für beliebige Versionen Y und Y' des bedingten Erwartungswerts. Unter der Voraussetzung der Existenz der Erwartungswerte der auftretenden Zufallsgrößen gilt:

(i) $E(X|\mathcal{G}) \geq 0$ für $X \geq 0$.

(ii) $E(\alpha X_1 + \beta X_2|\mathcal{G}) = \alpha E(X_1|\mathcal{G}) + \beta E(X_2|\mathcal{G})$ für alle $\alpha, \beta \in \mathbb{R}$.

(iii) Ist Z $\mathcal{G}$-meßbar, so folgt

$$E(ZX|\mathcal{G}) = Z E(X|\mathcal{G}).$$

(iv) Sind X und $\mathcal{G}$ stochastisch unabhängig, d.h. X und 1_G stochastisch unabhängig für alle $G \in \mathcal{G}$, so gilt

$$E(X|\mathcal{G}) = EX.$$

(v) Für $\mathcal{G} \subseteq \mathcal{F}$ gilt

$$E(E(X|\mathcal{F})|\mathcal{G}) = E(X|\mathcal{G}).$$

2.7 Jensensche Ungleichung

Es seien X eine Zufallsgröße mit Werten in (a,b), $-\infty \leq a < b \leq \infty$ und $\varphi : (a,b) \to \mathbb{R}$ konvex mit $E|X| < \infty$, $E|\varphi(X)| < \infty$. $\mathcal{G}$ sei Unter-σ-Algebra. Dann gilt

$$E(\varphi(X)|\mathcal{G}) \geq \varphi(E(X|\mathcal{G})).$$

Eine wichtige Klasse von stochastischen Prozessen wird durch die sogenannten *Martingale* gebildet. Es handelt sich dabei um solche Prozesse, bei denen die zukünftige Änderung zufällig so schwankt, daß sich im Mittel stets wieder der Ausgangswert ergibt, also insbesondere keine positiven oder negativen Trends vorliegen. Eine formale Definition wird unter Benutzung der Begriffsbildung des bedingten Erwartungswerts gegeben.

2.8 Martingal

$\underset{\sim}{\mathcal{A}} = (\mathcal{A}_t)_{t \in T}$ sei eine Filtration. Ein adaptierter reellwertiger stochastischer Prozeß $\underset{\sim}{M} = (M_t)_{t \in T}$ heißt *Martingal*, falls gilt: $E|M_t| < \infty$ für alle t und

$$E(M_t|\mathcal{A}_s) = M_s \text{ für alle } s < t.$$

M heißt *Supermartingal*, bzw. *Submartingal*, falls gilt: $E|M_t| < \infty$ für alle t und

$$E(M_t|\mathcal{A}_s) \leq M_s \text{ bzw. } \geq M_s \text{ für alle } s < t,$$

Im Fall diskreten Zeitparameters ist unter der Annahme der Integrierbarkeit M Martingal bzw. Super-, Submartingal, falls für alle n vorliegt

$$E(M_{n+1}|\mathcal{A}_n) = M_n \text{ bzw. } E(M_{n+1}|\mathcal{A}_n) \leq M_n, \ E(M_{n+1}|\mathcal{A}_n) \geq M_n.$$

2.9 Aktienkurs als Martingal

Eine Aktie habe den Anfangskurs A_0. Bei einem Kurs A_n zur Zeit $t = n$ habe sie in $t = n + 1$ den Kurs uA_n mit Wahrscheinlichkeit p, den Kurs dA_n mit Wahrscheinlichkeit $1 - p$. Zur Modellierung seien $Y_1, Y_2, \ldots$ stochastisch unabhängige Zufallsgrößen mit $P(Y_i = u) = p = 1 - P(Y_i = d)$, wobei $0 < d < u$, $0 < p < 1$. Es ist dann

$$A_n = Y_n \cdots Y_2 Y_1 A_0 = A_0 \prod_{i=1}^{n} Y_i.$$

Mit $\mathcal{A}_n = \sigma(Y_1, Y_2, \ldots, Y_n)$ ist $E(A_{n+1}|\mathcal{A}_n) = A_n(up + d(1 - p))$, und wir erhalten ein Martingal bzw. Super-, Submartingal, falls gilt $up + d(1 - p) = 1$ bzw. $up + d(1 - p) < 1$, $up + d(1 - p) > 1$.

Das folgende Resultat liefert ein wesentliches Hilfsmittel für Berechnungen mit Martingalen.

2.10 Optional-Sampling-Theorem

Sei $\mathcal{A} = (\mathcal{A}_n)_{n \in \mathbb{N}_0}$ *eine Filtration und* $M = (M_n)_{n \in \mathbb{N}_0}$ *ein Martingal. Für jede Stopzeit* τ *mit* $P(\tau < \infty) = 1$, $E|M_\tau| < \infty$ *und* $\int_{\{\tau > n\}} |M_n|\, dP \underset{n \to \infty}{\to} 0$ *gilt*

$$EM_\tau = EM_0,$$

insbesondere gilt diese Identität für beschränkte Stopzeiten.

In den anschließenden Aussagen werden wir darauf verzichten, die zugrundeliegende Filtration explizit aufzuführen.

2.11 Doobsche Zerlegung

Sei $X = (X_n)_{n \in \mathbb{N}_0}$ ein adaptierter stochastischer Prozeß mit $E|X_n| < \infty$ für alle n. Wir definieren

$$M_n = \sum_{i=1}^{n} (X_i - E(X_i|\mathcal{A}_{i-1})) + X_0, \ A_n = \sum_{i=1}^{n} (E(X_i|\mathcal{A}_{i-1}) - X_{i-1})$$

mit $M_0 = X_0$, $A_0 = 0$.

Dann erhalten wir die *Doobsche Zerlegung*

$$X_n = M_n + A_n,$$

und eine einfache Rechnung zeigt, daß $\underset{\sim}{M} = (M_n)_{n \in I\!N_0}$ ein Martingal ist. Ist zusätzlich $\underset{\sim}{X}$ ein Supermartingal bzw. ein Submartingal, so ist $\underset{\sim}{A} = (A_n)_{n \in I\!N_0}$ monoton fallend bzw. monoton wachsend. Mit dem Optional-Sampling-Theorem ergibt sich daraus das folgende Resultat.

2.12 Optional-Sampling-Theorem – erweiterte Version

Seien $\underset{\sim}{X} = (X_n)_{n \in I\!N_0}$ ein Submartingal und σ, τ beschränkte Stopzeiten. Es gelte $\sigma \leq \tau$. Dann folgt

$$X_\sigma \leq E(X_\tau \mid \mathcal{A}_\sigma), \quad \text{insbesondere } EX_\sigma \leq EX_\tau.$$

Im Supermartingalfall ist $\leq$ durch $\geq$ zu ersetzen. Entsprechend zu 2.10 ergibt sich die Formulierung für unbeschränkte Stopzeiten.

2.13 Erzeugung von Submartingalen

$\underset{\sim}{M} = (M_t)_{t \in \mathcal{T}}$ sei ein stochastischer Prozeß mit Werten in (a, b), $-\infty \leq a < b \leq \infty$. $\varphi : (a, b) \to I\!R$ sei konvex mit $E|\varphi(M_t)| < \infty$ für alle t. Dann ist

$$(\varphi(M_t))_{t \in \mathcal{T}} \text{ ein Submartingal,}$$

falls $\underset{\sim}{M}$ ein Martingal ist oder $\underset{\sim}{M}$ ein Submartingal und φ monoton wachsend ist.

Wir kommen nun zu den wichtigen Ungleichungen von Doob, die das Verhalten des Maximums eines Submartingals mit dem Verhalten seines letzten Glieds in Verbindung setzen.

2.14 Doobsche Ungleichungen

(i) *$\underset{\sim}{X} = (X_n)_{n \in I\!N_0}$ sei ein Submartingal. Dann gilt für alle n und $\gamma > 0$*

$$P(\max_{k=0,\dots,n} X_k \geq \gamma) \leq \frac{1}{\gamma} EX_n^+, \text{ ferner } E(\max_{k=0,\dots,n} X_k^2) \leq 4EX_n^2 \text{ für } \underset{\sim}{X} \geq 0.$$

(ii) *$\underset{\sim}{M} = (M_n)_{n \in I\!N_0}$ sei ein Martingal. Dann gilt für alle n und $\gamma > 0$*

$$P(\max_{k=0,\dots,n} |M_k| \geq \gamma) \leq \frac{1}{\gamma^2} EM_n^2 \text{ und } E(\max_{k=0,\dots,n} M_k^2) \leq 4EM_n^2.$$

Aufgaben

Aufgabe 2.1 Seien $(\Omega, \mathcal{A}, P)$ ein Wahrscheinlichkeitsraum und $(\mathcal{A}_n)_{n \in \mathbb{N}}$ eine Filtration. τ sei Stopzeit. Zeigen Sie:

(a) $\mathcal{A}_\tau$ ist eine σ-Algebra.

(b) $\mathcal{A}_\tau = \{A \in \mathcal{A} : A \cap \{\tau = n\} \in \mathcal{A}_n \text{ für alle } n \in \mathbb{N}\}$.

(c) Sind σ, τ Stopzeiten mit $\sigma \leq \tau$, so gilt $\mathcal{A}_\sigma \subseteq \mathcal{A}_\tau$.

(d) Eine Zufallsgröße Y ist $\mathcal{A}_\tau$-meßbar genau dann, wenn $Y 1_{\{\tau = n\}}$ für alle n $\mathcal{A}_n$-meßbar ist

Aufgabe 2.2 $X_1, \cdots, X_n$ seien stochastisch unabhängige, identisch verteilte Zufallsgrößen, $S_n = \sum_{i=1}^n X_i$.

(a) Es gelte $P(X_i = 1) = p = 1 - P(X_i = 0)$ für ein $0 < p < 1$. Berechnen Sie für $k = 0, 1, \ldots, n$

$$P(X_1 = 1 | S_n = k) \quad \text{und} \quad E(X_1 | S_n = k) .$$

(b) Berechnen Sie allgemein $E(X_1 | S_n)$ unter der Voraussetzung der Integrierbarkeit der X_i.

Aufgabe 2.3 Sei $(\Omega, \mathcal{A}, P)$ ein Wahrscheinlichkeitsraum, $\mathcal{A}'$ die Unter-σ-Algebra, die durch eine abzählbare disjunkte Zerlegung $(B_i)_{i \in I}$ von Mengen $B_i \in \mathcal{A}$ mit $P(B_i) > 0$ erzeugt wird.

Zeigen Sie, daß für jede integrierbare Zufallsgröße X gilt

$$E(X | \mathcal{A}') = \sum_{i \in I} E(X | B_i) 1_{B_i},$$

wobei $E(X | B_i) = \int_{B_i} X \, dP / P(B_i)$ der elementare bedingte Erwartungswert von X unter B_i ist.

Aufgabe 2.4 Es sei $\Omega = [0, 1)$, $\mathcal{A}$ die Borelsche σ-Algebra auf Ω sowie P das Lebesgue-Maß auf Ω. Ferner sei

$$\mathcal{A}_n = \sigma(\{[\frac{k}{2^n}, \frac{k+1}{2^n}) : 0 \leq k \leq 2^n - 1\}) \text{ für } n \in \mathbb{N}.$$

Bestimmen Sie für eine integrierbare Zufallsgröße X den bedingten Erwartungswert unter $\mathcal{A}_n$ für alle n. Geben Sie $\lim_{n \to \infty} E(X | \mathcal{A}_n)$ an, falls X zusätzlich stetig ist.

Aufgabe 2.5   Seien $(\Omega, \mathcal{A}, P)$ ein Wahrscheinlichkeitsraum, X eine integrierbare Zufallsgröße und $\mathcal{G}$ eine Unter-σ-Algebra von $\mathcal{A}$. Zeigen Sie, daß für jede beschränkte $\mathcal{G}$-meßbare Zufallsgröße Z gilt:

$$\int ZX dP = \int ZE(X|\mathcal{G})dP \text{ und } E(ZX|\mathcal{G}) = ZE(X|\mathcal{G}).$$

Aufgabe 2.6   Seien $X_1, X_2, \ldots$ stochastisch unabhängige Zufallsgrößen mit $EX_i = 0$ und $EX_i^2 = c < +\infty$ für $i = 1, 2, \ldots$. Sei die Filtration gegeben durch $\mathcal{A}_n = \sigma(X_1, \ldots, X_n)$. Zeigen Sie, daß

$$((\sum_{i=1}^{n} X_i)^2 - nc)_{n \in I\!\!N}$$

ein Martingal ist.

Aufgabe 2.7   Seien X_i^k, $i = 1, 2, \ldots, k = 1, 2, \ldots$, stochastisch unabhängige, identisch verteilte und integrierbare Zufallsgrößen mit Werten in $I\!\!N_0$. Es sei $m = EX_i^k > 0$. Definiere den das Wachstum von Populationen beschreibenden Galton-Watson-Prozeß durch

$$Z_0 = 1 \text{ und } Z_k = \sum_{i=1}^{Z_{k-1}} X_i^k, k = 1, 2, \ldots$$

Sei die Filtration gegeben durch $\mathcal{A}_n = \sigma(Z_1, \ldots, Z_n)$. Zeigen Sie:

$$(\frac{Z_n}{m^n})_{n \in I\!\!N_0} \text{ ist ein Martingal.}$$

Aufgabe 2.8   Sie spielen faires Roulette ohne Null, setzen immer auf Rot und verdoppeln nacheinander den Einsatz. Die Spielausgänge entsprechen unabhängigen Zufallsvariablen $X_1, X_2, \ldots$, und es sei beim i-ten Spiel $X_i = 1$, falls der i-te Wurf Rot ergibt, und $X_i = -1$, falls der i-te Wurf Schwarz ergibt. Die Filtration sei gegeben durch $\mathcal{A}_n = \sigma(X_1, \ldots, X_n)$.

Sie erhalten nach dem n-ten Spiel die Auszahlung $Y_n = 2^{n-1} X_n$, so daß $M_n = \sum_{i=1}^{n} Y_i$ den Gewinnstand nach dem n-ten Spiel angibt. Sie beenden das Spiel, wenn Sie das erste Mal gewonnen haben, also zur Zeit $\tau = \inf\{n : X_n = 1\}$. Zeigen Sie:

(a) $(M_n)_{n \in I\!\!N}$ ist ein Martingal.

(b) $M_\tau = 1$. Wie ist der Zusammenhang mit dem Optional-Sampling-Theorem?

(c) Bestimmen Sie im nichtfairen Fall $P(X_i = 1) = p = 1 - P(X_i = -1)$ mit $p \neq \frac{1}{2}$ den Term $EM_{\tau \wedge n}$ und geben Sie dessen numerischen Wert für $p = \frac{18}{37}$, $n = 10$ an.

Kapitel 3

Preistheorie im n-Perioden-Modell

In diesem Kapitel werden wir die Preistheorie für n-Perioden-Modelle behandeln. Dazu werden die Begriffsbildungen, die wir im Ein-Perioden-Modell kennengelernt haben, auf den Fall endlich vieler Handelszeitpunkte erweitert.

3.1 Modellspezifizierung

Betrachtet wird ein n-Perioden-Modell mit Informationsverlauf $\underset{\sim}{\mathcal{A}} = (\mathcal{A}_i)_{i=0,\ldots,n}$ und adaptiertem Preisprozeß $\underset{\sim}{S} = (S_i)_{i=0,\ldots,n}$, $S_i : \Omega \to I\!\!R^g$. Ferner setzen wir voraus, daß zu jedem Handelszeitpunkt eine risikofreie Anlagemöglichkeit vorliegt. In unserem Modell existiere also für jedes $i = 0, \ldots, n-1$ ein $\mathcal{A}_i$-meßbares $\overline{X}_i : \Omega \to I\!\!R^g$ mit

$$P(\overline{X}_i^T S_i > 0) = 1, \ \overline{X}_i^T S_{i+1} = 1.$$

Der Diskontierungsprozeß $\underset{\sim}{B} = (B_i)_{i=0,\ldots,n}$ wird definiert durch

$$B_0 = 1, \ B_i = \prod_{k=0}^{i-1} \overline{X}_k^T S_k,$$

der diskontierte Preisprozeß ist $(B_i S_i)_{i=0,\ldots,n}$. Im Fall eines festverzinslichen Bankkontos im Preisvektor S mit Zinssatz ρ benutzen wir $B_i = \alpha^i$ mit *Diskontierungsfaktor* $\alpha = \frac{1}{1+\rho}$.

3.2 Handelsstrategie

Wir wollen nun das Konzept der zu den Handelszeitpunkten durchführbaren Portfolioaktualisierungen modellieren. Dazu sei angenommen, daß im direkten Anschluß an jeden der Zeitpunkte $i = 1, \ldots, n-1$ ein Portfolio x, basierend auf den bis dahin zur Verfügung stehenden Informationen, zum Preis $x^T S_i$ gebildet wird. Dieses Portfolio wird bis zum nächsten Handelszeitpunkt gehalten und hat dann den Wert $x^T S_{i+1}$. Formal wird definiert: Eine *Handelsstrategie* $\underset{\sim}{H}$ ist ein adaptierter Prozeß $\underset{\sim}{H} = (H_i)_{i=0,\dots,n-1}$, $H_i : \Omega \to \mathbb{R}^g$. Dabei ist $H_{j,i}$ der Anteil des Finanzgutes j am Portfolio in der Periode $(i, i+1]$. Das Portfolio wird im Anschluß an die Informationen zum Zeitpunkt i gebildet und bis $i+1$ gehalten. Zusätzlich sei $H_n = 0$ – Terminierung des Handels zum Zeitpunkt n, $H_{-1} = 0$ – Handelsbeginn zum Zeitpunkt 0.

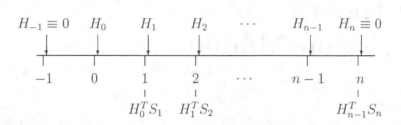

Wir definieren zu $\underset{\sim}{H}$ den *Entnahmeprozeß* $\underset{\sim}{\delta} = \underset{\sim}{\delta}(\underset{\sim}{H})$ durch

$$\underset{\sim}{\delta} = (\delta_i)_{i=0,\dots,n}, \quad \delta_i = H_{i-1}^T S_i - H_i^T S_i.$$

Es ist $\delta_0 = -H_0^T S_0$ die zur Bildung des Portfolios nötige Entnahme, $\delta_i = H_{i-1}^T S_i - H_i^T S_i$ der Wert des Portfolios in i abzüglich des anschließend reinvestierten Betrages, $\delta_n = H_{n-1}^T S_n$ der Endwert. Eine negative Entnahme ist als Zufuhr von Finanzgütern von außen in das Portfolio zu interpretieren. Der *Wertprozeß* $\underset{\sim}{V} = \underset{\sim}{V}(\underset{\sim}{H})$ wird definiert durch

$$\underset{\sim}{V} = (V_i)_{i=1,\dots,n}, \quad V_i = H_{i-1}^T S_i.$$

3.3 Selbstfinanzierung

Bei einer Handelsstrategie liegt Selbstfinanzierung vor, falls nach der Bildung des Anfangsportfolios zu den Handelszeitpunkten $i = 1, \dots, n-1$ keine positiven oder negativen Entnahmen stattfinden, also genau der jeweilige Portfoliowert reinvestiert wird. Unter Benutzung des Entnahmeprozesses definieren wir $\underset{\sim}{H}$ als *selbstfinanzierend*, falls gilt $\delta_i(\underset{\sim}{H}) = 0$ für $i = 1, \dots, n-1$. Ist $\underset{\sim}{H}$ eine solche selbstfinanzierende Handelsstrategie, so erhalten wir durch Summation unter Benutzung der Selbstfinanzierung für den Wertprozeß

$$V_i(\underset{\sim}{H}) = H_0^T S_0 + \sum_{k=1}^{i} H_{k-1}^T (S_k - S_{k-1})$$

und die entsprechende Darstellung für den diskontierten Wertprozeß.

In einem n-Perioden-Modell läßt sich der Arbitragebegriff auf unterschiedliche Weisen einführen, die sich aber als äquivalent erweisen.

3.4 Arbitrage

In Anlehnung an das Ein-Perioden-Modell bezeichnen wir für $i = 1, \ldots, n$ ein $\mathcal{A}_{i-1}$-meßbares $X_{i-1} : \Omega \to I\!R^g$ als *Ein-Perioden-Arbitrage in i* , falls gilt:

$$X_{i-1}^T S_{i-1} \leq 0, \ X_{i-1}^T S_i \geq 0 \text{ und } P(X_{i-1}^T S_i > X_{i-1}^T S_{i-1}) > 0.$$

Eine Handelsstrategie $\underset{\sim}{H}$ heißt *Handelsarbitrage*, falls gilt:

$$\underset{\sim}{\delta}(\underset{\sim}{H}) \geq 0 \text{ und } P(\delta_i(\underset{\sim}{H}) > 0) > 0 \text{ für mindestens ein } i.$$

Wir bezeichnen das Modell als *arbitragefrei*, falls keine Handelsarbitrage existiert. Da wir nachweisen können, daß eine Ein-Perioden-Arbitrage genau dann existiert, wenn eine Handelsarbitrage existiert, kann Arbitragefreiheit ebenso durch die Nichtexistenz von Ein-Perioden-Arbitrage definiert werden. Eine weitere zu Arbitragefreiheit äquivalente Bedingung ist die folgende: Für $i = 1, \ldots, n$ existiert kein $\mathcal{A}_{i-1}$-meßbares $X_{i-1} : \Omega \to I\!R^g$ mit

$$X_{i-1}^T(B_i S_i - B_{i-1} S_{i-1}) \geq 0 \text{ und } P(X_{i-1}^T(B_i S_i - B_{i-1} S_{i-1}) > 0) > 0.$$

Weiter folgt aus der Arbitragefreiheit, daß der Diskontierungsprozeß eindeutig bestimmt ist.

3.5 Das Cox-Ross-Rubinstein-Modell

Betrachtet werden eine festverzinsliche Anlage mit Verzinsung ρ und eine Aktie mit Anfangskurs A_0 zum Zeitpunkt 0 und zufallsabhängigen Kursen A_i für $i = 1, \ldots, n$, also

$$S_i = \begin{bmatrix} (1 + \rho)^i \\ A_i \end{bmatrix}, \ i = 0, \ldots, n.$$

Es seien jeweils nur eine Aufwärtsbewegung und eine Abwärtsbewegung möglich gemäß $A_i = uA_{i-1}$ mit Wahrscheinlichkeit p, $A_i = dA_{i-1}$ mit Wahrscheinlichkeit $1 - p$. Das stochastische Modell für den Aktienpreisprozeß erhalten wir unter Benutzung einer von A_0 stochastisch unabhängigen Folge $Y_1, Y_2 \ldots$ von stochastisch unabhängigen, identisch verteilten Zufallsvariablen mit $P(Y_i = u) = p = 1 - P(Y_i = d)$, indem wir setzen:

$$A_i = A_0 \prod_{k=1}^{i} Y_k = A_0 u^{N_i} d^{i-N_i}$$

mit $N_i = |\{k \leq i : Y_k = u\}|$, der Anzahl der Aufwärtsbewegungen bis zum Zeitpunkt i. Natürlich liegt die festverzinsliche Anlage als risikofreie Anlagemöglichkeit vor mit Diskontierungsprozeß $B_i = \alpha^i$, $\alpha = \frac{1}{1+\rho}$. Arbitragefreiheit des Modells ist äquivalent zu $d < 1 + \rho < u$. Dieses Modell, bei dem der Informationsverlauf durch $\mathcal{A}_i = \sigma(A_0, Y_1, \ldots, Y_i)$ gegeben sei, wird als *Cox-Ross-Rubinstein-Modell* oder *Binomialbaum-Modell* bezeichnet; der Kursverlauf kann durch folgende Baumstruktur veranschaulicht werden:

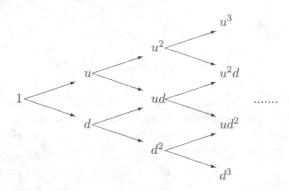

3.6 Claim und Hedge

Wir betrachten ein n-Perioden-Modell. Ein *Claim* $\underset{\sim}{C} = (C_i)_{i=1,\ldots,n}$ ist ein adaptierter reellwertiger Prozeß. Der Besitz eines solchen Claims liefert dem Inhaber die Auszahlungen C_i zu den Zeitpunkten $i = 1, \ldots, n$. Diese Auszahlungen sind in den praktisch interessanten Fällen natürlich als nicht-negativ anzusehen. Zentrales Anliegen des Verkäufers ist die Absicherung gegen die durch den Verkauf des Claims eingegangenen Verpflichtungen, deren jeweilige Höhe zufallsabhängig ist. Dieses wird durch eine Handelsstrategie erbracht, die als Entnahmen gerade die zu leistenden Auszahlungen erbringt. Nach Bildung des Portfolios zum Zeitpunkt 0 gemäß dieser Handelsstrategie kann in jedem folgenden Zeitpunkt der Anspruch des Claims durch Entnahme abgedeckt werden und mit dem verbliebenen Wert das Portfolio für die nächste Periode gebildet werden.

Wir bezeichnen daher einen Claim $\underset{\sim}{C}$ als *absicherbar*, falls eine Handelsstrategie $\underset{\sim}{H}$ existiert mit der Eigenschaft

$$C_i = \delta_i(\underset{\sim}{H}) \text{ für } i = 1, \ldots, n.$$

Eine solche Handelsstrategie wird als *Hedge* bezeichnet. Falls für den Claim die Bedingung $C_i = 0$, $i = 1, \ldots, n-1$, vorliegt, so ist ein zugehöriger Hedge selbstfinanzierend. Der faire Preis für einen absicherbaren Claim geschieht wiederum nach dem No-Arbitrage-Prinzip.

3.7 Preisfestsetzung für einen absicherbaren Claim

Sei in einem arbitragefreien n-Perioden-Modell $\underset{\sim}{C}$ ein absicherbarer Claim mit Hedge $\underset{\sim}{H}$. Dann wird der faire Preis des Claims definiert durch

$$s(\underset{\sim}{C}) = H_0^T S_0.$$

Diese Preisfestsetzung folgt dem No-Arbitrage-Prinzip, denn falls $s(\underset{\sim}{C}) \neq H_0^T S_0$ vorliegt, so ergibt sich risikoloser Profit. Im Fall $s(\underset{\sim}{C}) < H_0^T S_0$ führen wir ein short selling in der Handelsstrategie durch, kaufen den Claim und investieren die Differenz risikolos. Die vom Claim erzeugten Auszahlungen benutzen wir jeweils zum Ausgleich der short position, d. h. zur Begleichung der zu der Handelsstrategie gehörigen Entnahmen. Im Fall $s(\underset{\sim}{C}) > H_0^T S_0$ führen wir umgekehrt ein short selling im Claim durch, benutzen die Handelsstrategie und investieren die resultierende Anfangsdifferenz risikolos. Die zur Handelsstrategie gehörenden Entnahmen benutzen wir, um die vom Claim erzeugten Auszahlungen durchzuführen.

Der so definierte faire Preis ist eindeutig bestimmt. Die Festlegung des fairen Preises eines absicherbaren Claims $\underset{\sim}{C}$ mit Hedge $\underset{\sim}{H}$ zu einem Zeitpunkt $k = 1, \ldots, n-1$ geschieht durch

$$s(\underset{\sim}{C}, k) = H_k^T S_k.$$

Dabei ist nur zu beachten, daß nunmehr der Zeitpunkt k die Rolle spielt, die zuvor der Zeitpunkt 0 hatte.

Der Begriff des äquivalenten risikoneutralen Wahrscheinlichkeitmaßes wird in folgender Weise auf das n-Periodenmodell übertragen.

3.8 Äquivalentes Martingalmaß

Betrachtet sei ein n-Perioden-Modell. $\underset{\sim}{B}$ sei Diskontierungsprozeß. Ein zu P äquivalentes Wahrscheinlichkeitsmaß Q mit der Eigenschaft, daß

$$(B_i S_i)_{i=0,\ldots,n} \text{ ein Martingal bzgl. } Q \text{ ist,}$$

wird als *äquivalentes Martingalmaß* bzw. *äquivalentes risikoneutrales Wahrscheinlichkeitsmaß* bezeichnet. Hierbei wird natürlich die den Informationsverlauf im Modell beschreibende Filtration zugrundegelegt. Wir werden in der Regel, der mathematisch orientierten Literatur folgend, die erstgenannte Bezeichnung benutzen. Wie im Ein-Perioden-Modell bleibt die Äquivalenz von Arbitragefreiheit und der Existenz eines äquivalenten risikoneutralen Wahrscheinlichkeitsmaßes gültig. Der Beweis dieses Resultats, das auch als Fundamentalsatz der Preistheorie bezeichnet wird, ist allerdings im n-Periodenfall sehr aufwendig. Die Formulierung dieses Satzes, der in Kapitel 5 weiter diskutiert wird, lautet:

3.9 Fundamentalsatz der Preistheorie

Im n-Perioden-Modell sind äquivalent:

(i) Das Modell ist arbitragefrei.

(ii) Es existiert ein äquivalentes Martingalmaß Q.

Wir wollen nun die Preisfestsetzung eines absicherbaren Claims unter Benutzung des äquivalenten Martingalmaßes durchführen. Wesentlich dazu ist das folgende Resultat.

3.10 Darstellung des diskontierten Portfoliowerts

Betrachtet werde ein arbitragefreies n-Perioden-Modell. Q sei äquivalentes Martingalmaß. $\underset{\sim}{H}$ sei eine Handelsstrategie mit der Eigenschaft $E_Q|H_{i-1}^T B_{i-1} S_{i-1}| < \infty$ und $E_Q|H_{i-1}^T B_i S_i| < \infty$ für alle $i = 1, \ldots, n$, kurz als integrierbare Handelsstrategie bezeichnet. Dann gilt

$$B_k H_k^T S_k = E_Q\left(\sum_{i=k+1}^{n} B_i \delta_i | \mathcal{A}_k \right), \quad k = 0, \ldots, n-1,$$

d. h. der diskontierte Portfoliowert zum Zeitpunkt k ist der bzgl. des äquivalenten Martingalmaßes gebildete bedingte Erwartungswert der Summe der zukünftigen abdiskontierten Entnahmen.

Für selbstfinanzierendes $\underset{\sim}{H}$ besagt dieses $B_k H_k^T S_k = E_Q(B_n \delta_n | \mathcal{A}_k)$, so daß der diskontierte Wertprozeß ein Martingal bzgl. Q ist. Im allgemeinen ist in einem n-Perioden-Modell das äquivalente Martingalmaß Q nicht eindeutig bestimmt. Für jede integrierbare Handelsstrategie ist aber $\sum_{i=k+1}^{n} E_Q(B_i \delta_i | \mathcal{A}_k)$ stets unabhängig vom speziell betrachteten äquivalenten Martingalmaß.

3.11 Preisfestsetzung mit dem äquivalenten Martingalmaß

Sei in einem arbitragefreien n-Perioden-Modell $\underset{\sim}{C}$ ein absicherbarer Claim mit integrierbarem Hedge $\underset{\sim}{H}$. Q sei äquivalentes Martingalmaß. Dann ist der faire Preis des Claims gegeben durch

$$s(\underset{\sim}{C}) = E_Q\left(\sum_{i=1}^{n} B_i C_i | \mathcal{A}_0 \right).$$

Der faire Preis zu einem Zeitpunkt $k = 1, \ldots, n-1$ ergibt sich entsprechend als

$$s(\underset{\sim}{C}, k) = \frac{1}{B_k} E_Q\left(\sum_{i=k+1}^{n} B_i C_i | \mathcal{A}_k \right).$$

Dieses Resultat ist grundlegend zur Ermittlung der fairen Preise von Finanzderivaten und erlaubt es, die Preisfestsetzung ohne explizite Bestimmung der
absichernden Portfolios durchzuführen.

3.12 Preisfestsetzung im Cox-Ross-Rubinstein-Modell

Betrachtet sei ein arbitragefreies Cox-Ross-Rubinstein-Modell mit Diskontierungs-
faktor α und Aktienkurs $A_i = A_0 \prod_{k=1}^{i} Y_k$, $i = 0, \ldots, n$. $Y_1, \ldots, Y_n$ sind dabei
stochastisch unabhängige, identisch verteilte Zufallsvariablen mit $P(Y_k = u) =$
$p = 1 - P(Y_k = d)$, und es ist $d < 1 + \rho < u$. Ein äquivalentes Martingalmaß Q
ist dadurch charakterisiert, daß $Y_1, \ldots, Y_n$ weiterhin stochastisch unabhängig sind
mit

$$Q(Y_i = u) = 1 - Q(Y_i = d) = q = \frac{1 + \rho - d}{u - d}.$$

Also ist bei Berechnungen bzgl. Q lediglich p durch q zu ersetzen.

Jeder Claim ist absicherbar. Zum Nachweis genügt die Betrachtung von $\underset{\sim}{C} =$
$(0, \ldots, 0, C_k, 0, \ldots, 0)$. Falls nämlich $\underset{\sim}{H}^{(k)}$ ein Hedge für C ist, so ist $\sum_{k=1}^{n} \underset{\sim}{H}^{(k)}$
ein Hedge für $(C_1, \ldots, C_n)$. Ein Hedge wird durch eine absteigende Induktion $i =$
$k-1, k-2, \ldots, 0$ konstruiert. Zum durch $r = (r_1, r_2, \ldots, r_{i-1}) \in \{u, d\}^{i-1}$ gegebenen
Aktienkurs erhalten wir $h_{1,i-1}(r), h_{2,i-1}(r)$ aus den schon berechneten Werten
durch das Lösen zweier Gleichungen. Die erste ist

$$h_{1,i-1}(r)(1 + \rho)^i + h_{2,i-1}(r) \left(\prod_{j=1}^{i-1} r_j \right) u A_0$$

$$= h_{1,i}(r, u)(1 + \rho)^i + h_{2,i}(r, u) \left(\prod_{j=1}^{i-1} r_j \right) u A_0, \ i < k, \ \text{bzw.} \ = C_k(r, u), \ i = k.$$

Die zweite Gleichung ergibt sich durch Ersetzen von u durch d.

Der Preis des europäischen Calls $C_n = (A_n - K)^+$, $C_i = 0$ für $i = 1, \ldots, n-1$,
ist

$$E_Q(\alpha^n (A_n - K)^+) = \alpha^n \sum_{i=0}^{n} \binom{n}{i} q^i (1 - q)^{n-i} (u^i d^{n-i} A_0 - K)^+,$$

denn $N_n = |\{i \leq n : Y_i = u\}|$ besitzt bzgl. Q eine Binomialverteilung mit
Parametern n und q.

3.13 Anleihen

Betrachtet sei ein arbitragefreies n-Perioden-Modell. Eine *Nullkouponanleihe* mit
Fälligkeitszeitpunkt k ist ein festverzinsliches Wertpapier, das seinem Inhaber
die Auszahlung eines festen Betrags, hier als 1 angenommen, zum Zeitpunkt k

ohne anderweitige Auszahlungen erbringt. Es handelt sich also um den Claim $C_k = 1$, $C_i = 0$ für $i \neq k$. Wir nehmen an, daß diese Claims absicherbar sind. Unter Benutzung des äquivalenten Martingalmaßes Q erhalten wir den fairen Preis durch

$$s(k) = E_Q(B_k \mid \mathcal{A}_0).$$

Koupontragende Anleihen liefern dem Inhaber die festen Zahlungen $c_{k_1}, \ldots c_{k_m}$ zu Zeitpunkten $k_1, \ldots, k_m$. Haben wir allgemein einen Claim $\underset{\sim}{C}$ der Form $C_i = c_i$ für $i = 1, \ldots, n$, vorliegen, so ergibt sich sein fairer Preis als

$$s(\underset{\sim}{C}) = \sum_{i=1}^{n} c_i s(i).$$

Um diese Feststellungen zu einer tatsächlichen Preisfestsetzung von festverzinslichen Wertpapieren benutzen zu können, sind geeignete Modellierungen für die hier als stochastisch anzunehmenden Zinsgrößen zu finden.

3.14 Bewertung von Forwards

Betrachtet sei ein arbitragefreies n-Perioden-Modell. Wir wollen unter Benutzung des No-Arbitrage-Prinzips den Erfüllungspreis F eines Forwards auf Finanzgut j mit Erfüllungszeitpunkt k bestimmen. Aus Sicht der long position, d. h. aus der Sicht des Marktteilnehmers, der den Kaufkontrakt eingeht, handelt es sich um einen Claim mit der Auszahlung $S_{j,k} - F$ zum Zeitpunkt k. Da Forwards für die Marktteilnehmer bei Abschluß keine Kosten beinhalten, ist der faire Preis dieses Claims zum Zeitpunkt 0 als Null anzusehen. Mit Heranziehung des äquivalenten Martingalmaßes Q folgt

$$0 = E_Q(B_k(S_{j,k} - F) \mid \mathcal{A}_0) = S_{j,0} - F E_Q(B_k \mid \mathcal{A}_0), \text{ also } F = \frac{S_{j,0}}{s(k)}.$$

Aufgaben

Aufgabe 3.1 Eine Aktie wird über zwei Perioden betrachtet und hat dabei folgenden auf $\Omega = \{\omega_1, \ldots, \omega_4\}$ definierten Preisprozeß: Es sei $A_0 = 5$ und

$$A_1(\omega_1) = A_1(\omega_2) = 8, \ A_1(\omega_3) = A_1(\omega_4) = 4 \ ,$$

$$A_2(\omega_1) = 9, \ A_2(\omega_2) = A_2(\omega_3) = 6, \ A_2(\omega_4) = 3 \ .$$

Es gelte $P(\{\omega_i\}) > 0$ für $i = 1, 2, 3, 4$. Weiterhin liegt die risikofreie Anlage $(1 + \rho)^i$, $i = 1, 2$, $\rho \geq 0$ vor.

(a) Für welche Zinssätze ρ ist das Modell arbitragefrei?

(b) Ist das Modell vollständig?

(c) Bestimmen Sie im Fall $\rho = 0$ einen Hedge für einen Call mit Ausübungspreis $K = 7$ und bestimmen Sie den Preis dieser Option.

Aufgabe 3.2 Betrachtet sei ein n-Perioden-Modell für zwei Aktien und eine Anleihe. Dabei seien $Y_1, \ldots, Y_n$ stochastisch unabhängige, $\{0, 1\} \times \{0, 1\}$-wertige Zufallsvariablen mit $P(Y_k = (i, j)) = p_{ij}$ für alle $i, j = 0, 1$, wobei $0 < p_{ij} < 1$ gelte. Sei $Z_k = \sum_{i=1}^{k} Y_i$, $k = 1, \ldots, n$, mit $Z_0 = 0$.

Der Kurs der Aktien ist definiert durch

$$A_k^1 = u_1^{Z_{k,1}} d_1^{k-Z_{k,1}} \;,\; A_k^2 = u_2^{Z_{k,2}} d_2^{k-Z_{k,2}}, \; k = 0, 1, \ldots, n,$$

wobei $0 < d_1 < u_1$, $0 < d_2 < u_2$ gelte. Der Kurs der Anleihe ist $(1 + \rho)^k$ für $k = 0, 1, \ldots, n$.

(a) Geben Sie für $\max\{d_1, d_2\} \geq 1 + \rho$ bzw. $\min\{u_1, u_2\} \leq 1 + \rho$ eine Arbitrage an.

(b) Geben Sie unter der Voraussetzung $\max\{d_1, d_2\} < 1 + \rho < \min\{u_1, u_2\}$ ein äquivalentes Martingalmaß an.

Aufgabe 3.3 Gegeben sei ein Cox-Ross-Rubinstein-Modell mit n Perioden. Ein down-and-out Call mit knockout-Preis b und rebate R ist ein gewöhnlicher Call, falls die Aktie den knockout-Preis nicht unterschreitet. Unterschreitet die Aktie zu einem zufälligen Zeitpunkt $\tau < n$ den knockout-Preis b, so erhält man zu diesem Zeitpunkt τ die feste Auszahlung R, das rebate.

Geben Sie eine mathematische Beschreibung des Claims und berechnen Sie einen Hedge für den Fall

$$A_0 = 120, \, n = 3, \, u = 1{,}5, \, d = 0{,}5, \, \rho = 0{,}1, \, b = 80, \, R = 2, \, K = 120 \,.$$

Aufgabe 3.4 Gegeben sei ein Cox-Ross-Rubinstein-Modell mit n Perioden, Zinsrate ρ, Sprunghöhen u, d und risikoneutralem Wahrscheinlichkeitsmaß Q. Sei ferner $q = Q(A_1 = uA_0)$. Ein weiteres Wahrscheinlichkeitsmaß Q' sei durch die Q-Dichte $\frac{A_n}{(1+\rho)^n A_0}$ definiert. Zeigen Sie:

(a) Q' ist zu Q äquivalent.

(b) $\log A_k = \log A_0 + Z_k \log u + (k - Z_k) \log d$, $k = 1, \ldots, n$, wobei Z_k bezüglich Q' eine binomialverteilte Zufallsgröße mit Parametern k und $q' = \frac{u}{1+\rho} q$ ist.

Aufgabe 3.5   Gegeben sei das folgende n-Perioden-Modell für zwei Aktien: Seien $Y_1 \ldots, Y_n$ stochastisch unabhängige Zufallsgrößen mit $P(Y_i = 1) = p = 1 - P(Y_i = 0), 0 < p < 1$. Sei $Z_k = \sum_{i=1}^{k} Y_i$ für $k = 1, \ldots, n$, $Z_0 = 0$. Der Kurs der Aktien ist gegeben durch $A_k^1 = u_1^{Z_k} d_1^{k-Z_k}$, $A_k^2 = u_2^{Z_k} d_2^{k-Z_k}$, wobei $0 < d_1 < u_1$, $0 < d_2 < u_2$ und $u_1 > u_2$ vorliege.

(a) Geben Sie unter der Voraussetzung $d_1 \geq d_2$ eine Handelsarbitrage an.

(b) Geben Sie unter der Voraussetzung $d_1 < d_2$ für jedes $j = 1, \ldots, n$ eine bzgl. $\mathcal{A}_j = \sigma(Y_1, \ldots, Y_j)$-meßbare Zufallsvariable D_j mit $P(D_j > 0) = 1$ und $A_{j-1}^i = E(D_j A_j^i | \mathcal{A}_{j-1}), i = 1, 2$, an.

(c) Bestimmen Sie für $j = 0, \ldots, n-1$ ein Portfolio X_j, welches $\mathcal{A}_j$-meßbar ist und $X_j^T \begin{bmatrix} A_{j+1}^1 \\ A_{j+1}^2 \end{bmatrix} = 1$ erfüllt.

(d) Diskontieren Sie mittels $B_j = \prod_{k=0}^{j-1} X_k^T \begin{bmatrix} A_k^1 \\ A_k^2 \end{bmatrix}$ und bestimmen Sie dasjenige p, so daß $(B_j A_j^i)_{j=1,\ldots,n}$ ein Martingal ist für $i = 1, 2$.

Aufgabe 3.6   Gegeben sei ein arbitragefreies n-Perioden-Modell mit g Finanzgütern, Filtration $(\mathcal{A}_k)_{k=0,\ldots,n}$ und Diskontierungsprozeß $(B_k)_{k=0,\ldots,n}$. Eine Bank möchte eine Nullkouponanleihe mit wechselnden Zinssätzen in den Markt emittieren. Diese Anleihe entspricht einem Finanzgut mit Preisprozeß

$$R_0 = 1 \ , \ R_k = R_{k-1}(1 + \rho_k), k = 1, \ldots, n,$$

wobei $\rho_k \geq 0$ eine $\mathcal{A}_{k-1}$-meßbare Zufallsgröße ist, die den Zinssatz in der k-ten Periode angibt. Zeigen Sie:

Das um die Anleihe erweiterte n-Perioden-Modell ist arbitragefrei genau dann, wenn $B_k = 1/R_k$ für alle $k = 1, \ldots, n$ gilt.

Aufgabe 3.7   Sie betrachten ein arbitragefreies n-Perioden-Modell mit zugrundegelegter Filtration $(\mathcal{F}_k)_{k=0,\ldots,n}$ und zur Preisfestsetzung verwendetem äquivalentem Martingalmaß Q. Das Modell bestehe aus einer Anleihe mit deterministischem Zinssatz $\rho > 0$ und einer Aktie mit Preisprozeß $(A_k)_{k=0,\ldots,n}$.

Eine Bank möchte eine Chooser-Option verkaufen. Diese Option gibt dem Käufer das Recht, zum festgelegten Zeitpunkt $k < n$ zwischen einem Call mit Ausübungspreis K, Ausübungszeitpunkt n und einem Put mit gleichem Ausübungspreis und gleichem Ausübungszeitpunkt zu wählen. Sei

$$C_k = (1 + \rho)^{k-n} E_Q((A_n - K)^+ | \mathcal{F}_k), P_k = (1 + \rho)^{k-n} E_Q((K - A_n)^+ | \mathcal{F}_k)$$

der Preis von Call bzw. Put zum Zeitpunkt k.

(a) Zeigen Sie, daß die Chooser-Option durch die Auszahlung

$$C = (A_n - K)^+ 1_{\{C_k \geq P_k\}}) + (K - A_n)^+ 1_{\{C_k < P_k\}}$$

beschrieben wird.

(b) Zeigen Sie, daß für den Preis $s(C)$ der Chooseroption gilt

$$s(C) = c(A_0, n, K) + p(A_0, k, K(1 + \rho)^{k-n}).$$

Hierbei bezeichnet der erste Summand den Preis eines Calls mit Anfangs-aktienkurs A_0, Laufzeit n, Ausübungspreis K, sowie der zweite den eines Puts mit Anfangskurs A_0, Laufzeit k, Ausübungspreis $K(1 + \rho)^{k-n}$.

Kapitel 4

Amerikanische Claims und optimales Stoppen

Finanztitel, bei denen innerhalb eines festgelegten Zeitraums der Besitzer eines solchen Titels den Ausübungszeitpunkt frei wählen kann, wollen wir als *amerikanische Claims* bezeichnen. Da die Entscheidung für die Ausübung zu einem Zeitpunkt i nur von bis dahin am Finanzmarkt zur Verfügung stehenden Informationen abhängen darf, betrachten wir als Strategien des Titelbesitzers zur Wahl des Ausübungszeitpunkts Stopzeiten.

4.1 Amerikanischer Claim

Betrachtet sei ein n-Perioden-Modell. Ein amerikanischer Claim ist gegeben durch einen adaptierten reellwertigen stochastischen Prozeß $\underset{\sim}{Z} = (Z_i)_{i=0,\dots,n}$. Dabei gibt Z_i die Auszahlung an, die der Inhaber bei Ausübung zum Zeitpunkt i erhält. Ausübungsstrategien sind Stopzeiten $\tau : \Omega \to \{0,\dots,n\}$ bzgl. der im Modell vorliegenden Filtration. Zu jeder solchen Strategie τ gehört der Claim $C(\underset{\sim}{Z},\tau) = (Z_0 1_{\{\tau=0\}}, Z_1 1_{\{\tau=1\}}, \dots, Z_n 1_{\{\tau=n\}})$, und ihre Anwendung erbringt für den Inhaber des amerikanischen Claims als Gesamtauszahlung und diskontierte Gesamtauszahlung

$$Z_\tau = \sum_{i=0}^n Z_i 1_{\{\tau=i\}} \text{ und } B_\tau Z_\tau = \sum_{i=0}^n B_i Z_i 1_{\{\tau=i\}}.$$

4.2 Preisfestsetzung für einen amerikanischen Claim

$\underset{\sim}{Z}$ sei ein amerikanischer Claim in einem arbitragefreien n-Perioden-Modell. Der Kauf eines solchen Claims ist äquivalent zum Erwerb der Möglichkeit, genau einen Claim aus sämtlichen Claims der Form $C(\underset{\sim}{Z},\tau)$ frei wählen zu können. Wir definieren daher den fairen Preis eines amerikanischen Claims als Supremum über die fairen Preise aller Claims, die für diese Auswahl zur Verfügung stehen:

$$s(\underset{\sim}{Z}) = \sup_{\tau} s(C(\underset{\sim}{Z}, \tau)).$$

Dabei sei die Absicherbarkeit sämtlicher $C(\underset{\sim}{Z}, \tau)$ angenommen, was in einem vollständigen Modell stets erfüllt ist. Zu einem Zeitpunkt $k = 1, \ldots, n-1$ übernimmt dieser die Rolle des Zeitpunktes 0, und es sind nun nur noch die Zeitpunkte $k, \ldots, n$ zur Ausübung möglich mit resultierender Preisfestsetzung

$$s(\underset{\sim}{Z}, k) = \sup_{\tau \geq k} s(C(\underset{\sim}{Z}, \tau)).$$

Unter Benutzung eines äquivalenten Martingalmaßes Q erhalten wir

$$s(\underset{\sim}{Z}) = \sup_{\tau} E_Q(B_\tau Z_\tau \mid \mathcal{A}_0) \text{ und } s(\underset{\sim}{Z}, k) = \sup_{\tau \geq k} \frac{1}{B_k} E_Q(B_\tau Z_\tau \mid \mathcal{A}_k).$$

Diese Preisfestsetzung folgt dem No-Arbitrage-Prinzip. Im Fall einer Festsetzung $s(\underset{\sim}{Z}) < \sup_\tau s(C(\underset{\sim}{Z}, \tau))$ findet der Käufer eine Stopzeit τ mit $s(\underset{\sim}{Z}) < s(C(\underset{\sim}{Z}, \tau))$ und hätte damit den Claim $C(\underset{\sim}{Z}, \tau)$ zum Preis $s(\underset{\sim}{Z})$ und damit unterhalb seines fairen Preises erworben. Im Fall von $s(\underset{\sim}{Z}) > \sup_\tau s(C(\underset{\sim}{Z}, \tau))$ hat der Käufer nur die Wahl, einen der Claims $C(\underset{\sim}{Z}, \tau)$ zu realisieren. Jeden dieser Claims hätte er jedoch oberhalb seines fairen Preises erworben.

Zu einem amerikanischen Claim können wir einen zugehörigen europäischen Claim betrachten, der nur zum Zeitpunkt n ausgeübt werden kann, also den Claim $C(\underset{\sim}{Z}, n) = (0, \ldots, 0, Z_n)$, der zur Stopzeit $\tau = n$ gehört. Offensichtlich ist der faire Preis eines amerikanischen Claims stets größer oder gleich dem des zugehörigen europäischen Claims.

Zur Berechnung des fairen Preises eines amerikanischen Claims ist die folgende Optimierungsaufgabe zu lösen: Bestimme

$$\sup_{\tau} E_Q(B_\tau Z_\tau \mid \mathcal{A}_0) = \sup_{\tau} E_Q(B_\tau Z_\tau)$$

im Falle von $\mathcal{A}_0 = \{\emptyset, \Omega\}$, also bei als bekannt und damit fest angesehenen Preisen zum Zeitpunkt 0. Zur Lösung von Optimierungsproblemen dieser Art liegt die Theorie des optimalen Stoppens vor.

4.3 Probleme des optimalen Stoppens

Gegeben seien ein Wahrscheinlichkeitsraum $(\Omega, \mathcal{A}, P)$ und eine Filtration $(\mathcal{A}_t)_{t \in \mathcal{T}}$, $\mathcal{T} \subset [0, \infty)$. Ferner sei $\underset{\sim}{Z} = (Z_t)_{t \in \mathcal{T}}$ ein adaptierter reellwertiger stochastischer

Prozeß, $Z_t : \Omega \to I\!R$ mit $E|Z_t| < \infty$ für alle t. Im unendlichen Fall, d. h. $\mathcal{T} = I\!N_0$ oder $\mathcal{T} = [0, \infty)$, sei $Z_\infty = \limsup_{t \to \infty} Z_t$. $\underset{\sim}{Z}$ bezeichnen wir als *Auszahlungsprozeß*. Es sei $\mathcal{S} = \{\tau : \tau$ Stopzeit, EZ_τ existiert$\}$.

Das *Problem des optimalen Stoppens* ist die Aufgabe, EZ_τ *über* $\tau \in \mathcal{S}$ *zu maximieren*, also die Bestimmung von

$$\textit{Wert } v = \sup_{\tau \in \mathcal{S}} EZ_\tau \textit{ und } \textit{optimaler Stopzeit } \tau^* \in \mathcal{S} \textit{ mit } EZ_{\tau^*} = \sup_{\tau \in \mathcal{S}} EZ_\tau.$$

Vor der Darstellung des allgemeinen Zugangs zur Lösung von Problemen des optimalen Stoppens wollen wir ein einfaches, aber für die Finanzmarktpraxis interessantes Resultat betrachten.

4.4 Preisgleichheit von amerikanischem und europäischem Call

Betrachtet sei ein arbitragefreies Finanzmarktmodell mit n Handelsperioden, zu dem eine festverzinsliche Anlage gehört. Dann stimmen die fairen Preise des amerikanischen Calls und des europäischen Calls überein, da die diskontierten Call-Auszahlungen ein Submartingal bzgl. jedes äquivalenten Martingalmaßes bilden, und es daher nach dem Optional-Sampling-Theorem 2.12 optimal ist, den Call am letzten Handelszeitpunkt auszuüben. Bemerkenswert ist bei diesem Resultat, daß keine weiteren Annahmen über das Verhalten des Preisprozesses zum betrachteten Finanzgut benötigt werden. Angemerkt sei, daß sich im Gegensatz dazu der faire Preis von amerikanischem und europäischem Put unterscheiden.

4.5 Prinzip der Rückwärtsinduktion

Im folgenden betrachten wir ein allgemeines Stopproblem mit der Zeitparametermenge $\mathcal{T} = \{0, 1, \ldots, n\}$. Befinden wir uns schon im Zeitpunkt n, ohne vorher gestoppt zu haben, so haben wir die Auszahlung Z_n zu akzeptieren. Zum Zeitpunkt $n - 1$ haben wir die Wahl zu stoppen mit resultierender Auszahlung Z_{n-1} oder aber eine weitere Beobachtung durchzuführen, was die zum Zeitpunkt $n - 1$ noch nicht bekannte Auszahlung Z_n liefert. Folgendes Entscheidungskriterum bietet sich an:

$$\text{Stoppe in } n - 1 \quad \text{im Falle von} \quad Z_{n-1} \geq E(Z_n \mid \mathcal{A}_{n-1}).$$
$$\text{Mache eine weitere Beobachtung} \quad \text{im Falle von} \quad Z_{n-1} < E(Z_n \mid \mathcal{A}_{n-1}).$$

Ein entsprechendes Vorgehen benutzen wir in früheren Zeitpunkten i: Stoppe in i, falls Z_i größer oder gleich dem bedingten Erwartungswert dessen ist, was sich bei optimaler Fortsetzung ergibt. Andernfalls führe eine weitere Beobachtung durch.

4.6 Satz zur Rückwärtsinduktion

Betrachtet werde ein Stopproblem mit $\mathcal{T} = \{0, 1, \ldots, n\}$.
Definiere induktiv

$$
\begin{aligned}
U_n^n &= Z_n, \\
U_i^n &= \max\{Z_i, E(U_{i+1}^n \mid \mathcal{A}_i)\} \text{ für } i = n-1, .., 0.
\end{aligned}
$$

Ferner sei für $i = 0, 1, \ldots, n$ *mit der Festsetzung* $U_{n+1}^n = U_n^n$

$$
\tau_i^n = \inf\{k \geq i : Z_k = U_k^n\} = \inf\{k \geq i : Z_k \geq E(U_{k+1}^n \mid \mathcal{A}_k)\}.
$$

Dann gilt für $i = 0, .., n$

$$
E(Z_{\tau_i^n} \mid \mathcal{A}_i) = U_i^n \geq E(Z_\tau \mid \mathcal{A}_i) \text{ für alle } \tau \geq i,
$$

insbesondere folgt:

$$
v = EU_0^n \text{ und } \tau_0^n \text{ ist optimal.}
$$

4.7 Minimales dominierendes Supermartingal

Aus der Definition von $\underset{\sim}{U} = (U_i^n)_i$ erhalten wir durch Rückwärtsinduktion die folgenden Aussagen:

(i) $\underset{\sim}{U} \geq \underset{\sim}{Z}$.

(ii) $\underset{\sim}{U}$ ist ein Supermartingal.

(iii) Ist $\underset{\sim}{Y}$ ein weiteres Supermartingal mit $\underset{\sim}{Y} \geq \underset{\sim}{Z}$, so folgt $\underset{\sim}{Y} \geq \underset{\sim}{U}$.

Diese drei Aussagen werden in der Formulierung $\underset{\sim}{U}$ *ist minimales dominierendes Supermartingal zu* $\underset{\sim}{Z}$ zusammengefaßt.

4.8 Absicherung eines amerikanischen Claims

Betrachtet werde ein arbitragefreies n-Perioden-Modell mit äquivalentem Martingalmaß Q. Wir bezeichnen $\underset{\sim}{Z}$ als *absicherbar*, falls eine selbstfinanzierende Handelsstrategie $\underset{\sim}{H}$ so existiert, daß für den Wertprozeß $\underset{\sim}{V} = \underset{\sim}{V}(\underset{\sim}{H})$ gilt:

$$
\underset{\sim}{V} \geq \underset{\sim}{Z}.
$$

$\underset{\sim}{H}$ heißt dann Hedge zu $\underset{\sim}{Z}$. Dieses besagt, daß der Verkäufer eines amerikanischen Claims nach Bildung des Portfolios $\underset{\sim}{H}$ im Zeitpunkt 0 zum Preis $H_0^T S_0$ jeden möglichen Anspruch des Käufers aus dem durch Anwendung der Handelsstrategie resultierenden Portfolio ohne Zufuhr weiterer Mittel erfüllen kann.

Unter Benutzung der vorstehend beschriebenen Theorie des optimalen Stoppens läßt sich zeigen, daß wir für einen amerikanischen Claim $\underset{\sim}{Z}$ zum Anfangsportfoliopreis

$$H_0^T S_0 = s(\underset{\sim}{Z}) = \sup_\tau E_Q(B_\tau Z_\tau \mid \mathcal{A}_0)$$

einen selbstfinanzierenden Hedge $\underset{\sim}{H}$ konstruieren können und daß gilt

$$s(\underset{\sim}{Z}) = \inf\{H_0^T S_0 : \underset{\sim}{H} \text{ selbstfinanzierender Hedge für } \underset{\sim}{Z}\}.$$

Das Prinzip der Rückwärtsinduktion liefert einen algorithmischen Zugang zur Behandlung optimaler Stopprobleme, der bisweilen auch zur expliziten Lösung genutzt werden kann. Für eine praktisch besonders bedeutsame Klasse von stochastischen Prozessen läßt sich ebenfalls näheres über die Struktur der optimalen Stopzeit aussagen. Es handelt sich dabei um Markovsche Prozesse. Wir sprechen dabei von der Markoveigenschaft eines stochastischen Systems, falls die zukünftige Entwicklung nur von der Gegenwart, nicht von der weiter zurückliegenden Vergangenheit abhängt.

4.9 Stationäre Markovfolge

$\underset{\sim}{X} = (X_n)_{n \in \mathbb{N}_0}$ sei ein stochastischer Prozeß auf einem Wahrscheinlichkeitsraum $(\Omega, \mathcal{A}, P)$ mit Werten in einem meßbaren Raum $(E, \mathcal{E})$ und adaptiert zu einer Filtration $\underset{\sim}{\mathcal{A}} = (\mathcal{A}_n)_{n \in \mathbb{N}_0}$. $\underset{\sim}{X}$ wird als *stationäre Markovfolge bzgl. $\underset{\sim}{\mathcal{A}}$ mit Anfangszustand $z \in E$* bezeichnet, falls $X_0 = z$ ist, und eine Abbildung $Q : \mathcal{E} \times E \to [0,1]$ mit den folgenden Eigenschaften vorliegt: Es ist

$Q(\cdot, x)$ Wahrscheinlichkeitsmaß für jedes x, $Q(B, \cdot)$ meßbar für jedes $B \in \mathcal{E}$,

und für alle n gilt

$$P(X_{n+1} \in B \mid \mathcal{A}_n) = Q(B, X_n).$$

Q wird als *Übergangswahrscheinlichkeit* und E als *Zustandsraum* bezeichnet. Es gilt dabei

$$E(h(X_{n+1}) \mid \mathcal{A}_n) = E(h(X_{n+1}) \mid X_n), \; E(h(X_{n+1}) \mid X_n = x) = \int h(y) Q(dy, x)$$

für meßbares $h : E \to \mathbb{R}$ mit existierendem Erwartungswert $E h(X_{n+1})$.

Stationäre Markovfolgen entstehen häufig im Rahmen der Betrachtung von Folgen unabhängiger und identisch verteilter Zufallsvariablen $Y_1, Y_2, \dots$ mit Werten in einem meßbaren Raum $\mathcal{Y}$. Sei ferner $(E, \mathcal{E})$ ein weiterer meßbarer Raum und

$h : E \times \mathcal{Y} \to E$ meßbar. Zu $z \in E$ definieren wir $X_0 = X_0^z = z$ und induktiv für $n \geq 1$

$$X_n = X_n^z = h(X_{n-1}^z, Y_n).$$

Wir erhalten auf diese Weise eine stationäre Markovfolge bzgl. $\mathcal{A}_n = \sigma(Y_1, .., Y_n)$. Für die Übergangswahrscheinlichkeit ergibt sich

$$Q(B, x) = P(h(x, Y_1) \in B).$$

Als Beispiel betrachten wir das Aktienpreismodell $A_n^a = aY_1 \cdots Y_n$ mit stochastisch unabhängigen identisch verteilten $Y_1, Y_2, \ldots$ Dann ist $A_0^a = a > 0$ der Anfangskurs und $A_n^a = h(A_{n-1}^a, Y_n)$ mit $h(x, y) = xy$.

4.10 Stationäres Markovsystem

$(\Omega, \mathcal{A}, P)$ sei ein Wahrscheinlichkeitsraum mit Filtration $\underset{\sim}{\mathcal{A}} = (\mathcal{A}_n)_{n \in I\!N_0}$, $(E, \mathcal{E})$ ein weiterer meßbarer Raum. Für jedes $z \in E$ liege ein adaptierter stochastischer Prozeß $\underset{\sim}{X}^z = (X_n^z)_{n \in I\!N_0}$ mit Werten in E so vor, daß $\underset{\sim}{X}^z$ stationäre Markovfolge bzgl. $\underset{\sim}{\mathcal{A}}$ mit Anfangszustand z und mit einer von z unabhängigen Übergangswahrscheinlichkeit Q ist.

Dann heißt $(\underset{\sim}{X}^z)_{z \in E}$ ein *stationäres Markovsystem*.

Die Aktienpreisprozesse mit Anfangskurs $a > 0$ liefern ein Beispiel für ein solches Markovsystem. Bei einem stationären Markovsystem gilt für meßbares, geeignet integrierbares $g : E^k \to I\!R$

$$E(g(X_{n+1}^z, \ldots, X_{n+k}^z) \mid \mathcal{A}_n) = Eg(X_1^x, \ldots, X_k^x) \text{ mit } x = X_n^z.$$

4.11 Markovsche Stopsituation

Betrachtet werde ein stationäres Markovsystem $(\underset{\sim}{X}^z)_{z \in E}$. Für $i \in I\!N_0$ seien $h_i : E \to I\!R$ meßbar und $Z_i^z = h_i(X_i^z)$. Es gelte $E|Z_i^z| < \infty$ für alle i, z.

Für jedes $z \in E$ betrachten wir das Problem des optimalen Stoppens von $(Z_i^z)_{i=0,\ldots,n}$ bzgl. $(\mathcal{A}_i)_{i=0,\ldots,n}$ mit Wert $v(z)$. Wir lassen dabei auch den Zeitpunkt 0 als Stopzeitpunkt zu, der die Auszahlung $h_0(z)$ liefert.

Als stationäre Markovfolge verhält sich $X_{i+1}^z, \ldots, X_n^z$ bei gegebenem $X_i^z(\omega) = x$ in seiner stochastischen Entwicklung wie $X_1^x, \ldots, X_{n-i}^x$, entsprechend $h_{i+1}(X_{i+1}^z), \ldots, h_n(X_n^z)$ wie $h_{i+1}(X_1^x), \ldots, h_n(X_{n-i}^x)$.

Es ist also zu vermuten, daß das Maximale, welches sich durch das Stoppen von $h_{i+1}(X_{i+1}^z), \ldots, h_n(X_n^z)$ bei gegebenen $X_i^z(\omega) = x$ erreichen läßt, gerade gleich dem Maximalen ist, welches durch das Stoppen von $h_{i+1}(X_1^x), \ldots, h_n(X_{n-i}^x)$ erreicht werden kann.

Zur exakten Formulierung wird für $i = 0, \ldots, n-1$, $k = 1, \ldots, n-i$ in Abhängigkeit von $z \in E$ definiert

$$w_i^k(z) = \sup_{\tau \in \mathcal{S}, 1 \leq \tau \leq k} E h_{i+\tau}(X_\tau^z).$$

4.12 Satz zum optimalen Stoppen in Markovschen Stopsituationen

Betrachtet werde eine Markovsche Stopsituation.

(i) Für jedes $i = 0, 1, \ldots, n-1$ und jedes $z \in E$ gilt

$$E(^z U_{i+1}^n \mid \mathcal{A}_i) = w_i^{n-i}(X_i^z),$$

wobei

$$^z U_n^n = Z_n^z, \quad {}^z U_i^n = \max\{Z_i^z, E(^z U_{i+1}^n \mid \mathcal{A}_i)\}, \quad i = 0, \ldots, n-1,$$

durch Rückwärtsinduktion gegeben sind. Insbesondere gilt

$$v(z) = \max\{h_0(z), w_0^n(z)\}.$$

(ii) Setzen wir

$$B_k^n = \{x \in E : h_k(x) \geq w_k^{n-k}(x)\}, \quad k = 0, \ldots, n-1, \quad B_n^n = E,$$

so ist für jedes $z \in E$

$$\sigma^z = \inf\{k \geq 0 : X_k^z \in B_k^n\}$$

eine optimale Stopzeit , also $E Z_{\sigma^z}^z = v(z)$.

4.13 Rekursive Berechnung

Entsprechend der rekursiven Definition der $U_i^n, i = n, \ldots, 1$ lassen sich die $w_{n-1}^1, w_{n-2}^2, \ldots, w_0^n$ rekursiv berechnen gemäß

$$
\begin{aligned}
w_{n-1}^1(x) &= \int h_n(y) Q(dy, x), \\
w_{n-2}^2(x) &= \int \max\{h_{n-1}(y), w_{n-1}^1(y)\} Q(dy, x), \\
&\vdots \\
w_0^n(x) &= \int \max\{h_1(y), w_1^{n-1}(y)\} Q(dy, x).
\end{aligned}
$$

Betrachten wir das optimale Stopproblem für einen speziellen Anfangszustand z, so ist es nur nötig, die Werte $w_{n-i}^i(x)$ für die vom Prozeß erreichbaren Zustände $x = X_{n-i}^z(\omega)$ zu bestimmen. Rekursive Berechnungen dieser Art lassen sich vorteilhaft durchführen in Modellen mit Baumstruktur, wie sie z.B. im Cox-Ross-Rubinstein-Modell vorliegt.

Probleme des optimalen Stoppens mit endlicher Zeitparametermenge, z.B. für $\mathcal{T} = \{0, 1, \dots, n\}$, lassen sich in der Regel nicht explizit lösen, sondern werden einer numerischen Lösung unter Benutzung von Verfahren, die aus dem Prinzip der Rückwärtsinduktion abgeleitet werden, zugeführt. Bisweilen kann jedoch im entsprechenden unendlichen Problem eine explizite Lösung gefunden werden.

4.14 Unendliche Stopprobleme

In der Finanzmathematik interessieren wir uns hauptsächlich für Probleme des optimalen Stoppens mit beschränkter Zeitparametermenge. Die zugehörigen unendlichen Stopprobleme, betreffend fiktive Optionen mit unendlicher Laufzeit, auch als *Perpetual Options* bezeichnet, liefern aber zumindest Abschätzungen für die fairen Preise der entsprechenden amerikanischen Optionen mit endlicher Laufzeit. Wir wollen daher kurz einige Tatsachen über Stopprobleme mit Zeitparametermenge $\mathcal{T} = I\!N_0$ darstellen. Als wesentliche Voraussetzung wird dabei $E \sup Z_n^+ < \infty$ gefordert. Dann kann gezeigt werden:

(i) Es existiert das minimale dominierende Supermartingal $\underset{\sim}{U}$ zu $\underset{\sim}{Z}$.

(ii) Die Stopzeit $\tau^* = \inf\{n : Z_n = U_n\}$ ist optimal, falls die Bedingung $P(\tau^* < \infty) = 1$ erfüllt ist.

Deutliche Vereinfachungen ergeben sich beim Vorliegen eines Stopproblems für ein stationäres Markov-System $(\underset{\sim}{X}^z)_{z \in E}$. Sei dabei für ein $h : E \to I\!R$ der Auszahlungsprozeß gegeben durch

$$Z_n^z = h(X_n^z).$$

Es gelte $E|Z_i^z| < \infty$ für alle i, z und $E \sup(Z_n^z)^+ < \infty$ für alle z.

Für jedes $z \in E$ betrachten wir das Problem des optimalen Stoppens von $(Z_i^z)_{i \in I\!N_0}$ und definieren

$$w(z) = \sup_{\tau \in \mathcal{S},\, \tau \geq 1} h(X_\tau^z).$$

Dann kann für jedes $z \in E$ gezeigt werden:

(iii)

$$v(z) = \max\{h(z), w(z)\}.$$

(iv) Setzen wir $B = \{x \in E : h(x) \geq w(x)\}$, so ist

$$\sigma^z = \inf\{k \geq 0 : X_k^z \in B\}$$

eine optimale Stopzeit, falls die Bedingung $P(\sigma^z < \infty) = 1$ erfüllt ist.

Aufgaben

Aufgabe 4.1   Sie drehen ein Glücksrad mit Feldern von 1 bis 50. Nach Anhalten des Rades können Sie zwischen Auszahlung des angezeigten Betrages und nochmaligem Drehen des Glücksrades wählen. Die Anzahl der Versuche ist auf n begrenzt.

Formulieren Sie dieses als optimales Stoppproblem und geben Sie eine optimale Strategie an.

Aufgabe 4.2   Betrachtet sei ein arbitragefreies Cox-Ross-Rubinstein-Modell mit n Perioden, Diskontierungsfaktor $\alpha = \frac{1}{1+\rho}$ und Aktienpreisprozeß $(A_k)_{k=0,\dots,n}$ mit $A_0 = 1$. Für $a > 0$ definiert dann $(aA_k)_{k=0,\dots,n}$ den Aktienpreisprozeß mit Anfangskurs a. Sei Q das äquivalente Martingalmaß. Für $k = 0,\dots,n$ bezeichne $v(a,k)$ den Preis des amerikanischen Puts mit Laufzeit k, Ausübungspreis K und Anfangskurs a, also

$$v(a,k) = \sup_{\tau \leq k \text{ Stopzeit}} E_Q(\alpha^\tau (K - aA_\tau)^+).$$

Sei ferner

$$d(a,k) = v(a,k) - (K - a)^+, \quad \beta_k = \sup\{a \leq K : d(a,k) = 0\}.$$

Überzeugen Sie sich zunächst, daß für jedes k ein $a \in (0, K]$ mit $d(a,k) = 0$ existiert, und zeigen Sie dann:

(a) $d(\cdot, k)$ ist monoton wachsend auf $(0, K]$.

(b) $\beta_n \leq \beta_{n-1} \leq \cdots \leq \beta_0$.

(c) $\tau^* = \min\{\inf\{k : aA_k \leq \beta_{n-k}\}, n\}$ ist eine optimale Ausübungsstrategie für den Put mit Laufzeit n.

Aufgabe 4.3   Geben Sie einen Algorithmus an, mit dessen Hilfe man auf einem Computer den Preis der amerikanischen Putoption im Cox-Ross-Rubinstein-Modell berechnen kann.

Aufgabe 4.4 Seien $X_1, \ldots, X_n$ stochastisch unabhängige, identisch verteilte Zufallsvariablen mit Werten in einer Menge E, die mit einer σ-Algebra $\mathcal{E}$ versehen sei. Für $k = 1, \ldots, n$ sei $h_k : E^k \to \mathbb{R}$ eine beschränkte meßbare Abbildung. Durch $Z_k = h^k(X_1, \ldots, X_k)$ wird ein Auszahlungsprozeß $(Z_k)_{k=1,\ldots,n}$ definiert. Sei $\mathcal{A}_k = \sigma(X_1, \ldots, X_k)$ für $k = 1, \ldots, n$.

Zu bestimmen ist der Wert des so definierten Problem des optimalen Stoppens. Dazu seien Funktionen $v_n, \ldots, v_1$ definiert durch $v_n(x) = h_n(x)$, $x \in E^n$, und

$$v_k(x) = \max\{h_k(x), Ev_{k+1}(x, X_{k+1})\}, \ x \in E^k, \ k = n-1, \ldots, 1.$$

Zeigen Sie

$$v = Ev_1(X_1).$$

Aufgabe 4.5 Betrachtet sei ein arbitragefreies Cox-Ross-Rubinstein-Modell mit Diskontierungsfaktor α und Aktienpreisprozeß $(A_k)_{k=0,\ldots,n}$.

Zu bewerten sei der durch $Z_k = \frac{1}{k}\sum_{i=1}^{k} A_i, k = 1, \ldots, n$, definierte amerikanische Claim. Zum Zeitpunkt k erhält man also den mittleren Wert der bis dahin aufgetretenen Aktienpreise, was als *asiatische* Option bezeichnet wird. Sei Q äquivalentes Martingalmaß, $\mathcal{S}$ die Menge aller Stopzeiten.

(a) Berechnen Sie $E_Q \alpha^k Z_k$ für $k = 1, \ldots, n$.

(b) Entwerfen Sie - unter Benutzung von Aufgabe 4.4 - ein Computerprogramm zur Berechnung von $\sup_{\tau \in \mathcal{S}} E_Q \alpha^\tau Z_\tau$ und $\sup_{\tau \in \mathcal{S}} E_Q(\alpha^\tau (A_\tau - Z_\tau)^+)$.

Aufgabe 4.6 Betrachtet sei ein Stopproblem für integrierbare Zufallsgrößen $X_1, \ldots, X_n$. Die Filtration sei gegeben durch $\mathcal{A}_k = \sigma(X_1, \ldots, X_k)$. Sei $A_n = \Omega$ und für $k = 1, \ldots, n-1$

$$A_k = \{X_k \geq E(X_{k+1}|\mathcal{A}_k)\}.$$

Es gelte

$$A_k \subseteq A_{k+1} \text{ für alle } k.$$

Zeigen Sie:

(a)

$$U'_k = U_k 1_{A_k^c} + X_k 1_{A_k}, k = 1, \ldots, n,$$

bildet ein Supermartingal, wobei $U_1, \ldots, U_n$ das minimal dominierende Supermartingal gemäß 4.7 ist.

(b) Die Stopzeit
$$\sigma = \min\{\inf\{k : X_k \geq E(X_{k+1}|\mathcal{A}_k)\}, n\}$$
ist optimal.

Aufgabe 4.7 Seien $Y_1, \ldots, Y_n$ stochastisch unabhängige, identisch verteilte und integrierbare Zufallsgrößen. Seien weiter $M_k = \max\{Y_1, \ldots, Y_k\}$ und $X_k = M_k - ck$, $k = 1, \ldots, n$, für ein $c > 0$.

Bestimmen Sie unter Benutzung von Aufgabe 4.6 eine optimale Stopzeit in dem Stopproblem für $X_1, \ldots, X_n$.

Kapitel 5

Der Fundamentalsatz der Preistheorie

Inhalt dieses kurzen Kapitels ist eine Diskussion von theoretischen Aspekten des Fundamentalsatzes der Preistheorie, dessen Aussage wir schon in Kapitel 3 vorgestellt haben und hier wiederholen wollen. Die sich anschließenden Aufgaben beziehen sich auf das Umfeld und Anwendungen dieses Satzes.

5.1 Fundamentalsatz der Preistheorie

Im n-Perioden-Modell sind äquivalent:

(i) Das Modell ist arbitragefrei.

(ii) Es existiert ein äquivalentes Martingalmaß Q.

Sehr einfach ist der Nachweis, daß *(ii)* die Gültigkeit von *(i)* impliziert.

Der mathematische Kern der umgekehrten Implikation steckt im folgenden Resultat, aus dem sich dann der Fundamentalsatz herleiten läßt:

5.2 Hauptsatz zum Beweis des Fundamentalsatzes

Sei $(\Omega, \mathcal{A}, P)$ ein Wahrscheinlichkeitsraum, $S : \Omega \to \mathbb{R}^g$ eine meßbare Abbildung und $\mathcal{F}$ eine Unter-σ-Algebra. Dann sind äquivalent:

(i) Es existiert kein beschränktes $\mathcal{F}$-meßbares $X : \Omega \to \mathbb{R}^g$ mit $X^T S \geq 0$ und $P(X^T S > 0) > 0$.

(ii) Es existiert ein beschränktes Z mit $P(Z > 0) = 1$, $EZ|S| < \infty$ und

$$E(ZS|\mathcal{F}) = 0.$$

Dabei ist wiederum offensichtlich, daß (i) aus (ii) folgt.

Zu beweisen ist also, daß (i) aus (ii) folgt. Der Übergang von S zu $S' = \frac{S}{1+|S|}$ zeigt, daß es genügt, beschränktes S, also insbesondere S mit $E|S| < \infty$ zu betrachten. Liegt nämlich ein Z' für S' gemäß (ii) vor, so erfüllt $Z = \frac{Z'}{1+|S|}$ die Behauptung für S.

Die Beweise benutzen meist Konzepte aus der Funktionalanalysis. Dazu werden eingeführt:

$$
\begin{aligned}
L_\infty &= \{Z : \Omega \to I\!R : Z \text{ meßbar, beschränkt }\}, \\
L_1 &= \{Z : \Omega \to I\!R : Z \text{ meßbar, } E|Z| < \infty\}, \\
L_\infty^g &= \{Z : \Omega \to I\!R^g : Z \text{ meßbar, beschränkt }\}, \\
L_1^g &= \{Z : \Omega \to I\!R^g : Z \text{ meßbar, } E|Z| < \infty\},
\end{aligned}
$$

wobei in üblicher Weise Funktionen identifiziert werden, die fast sicher übereinstimmen. Sei für $S \in L_1^g$

$$
K = \{X^T S : X \in L_\infty^g,\ X\ \mathcal{F}\text{-meßbar }\}.
$$

Dann kann Bedingung (i) geschrieben werden als

$$
K \cap L_1^+ = \{0\} \text{ mit } L_1^+ = \{Z \in L_1 : Z \geq 0\}.
$$

5.3 Funktionalanalytische Version des Hauptsatzes

Sei $S \in L_1^g$. $\mathcal{F}$ sei Unter-σ-Algebra.
Dann sind äquivalent

(i) $K \cap L_1^+ = \{0\}$.

(ii) $\overline{K - L_1^+} \cap L_1^+ = \{0\}$.

(iii) *Es existiert $Z \in L_\infty$ mit $P(Z > 0) = 1$ und $E(ZS|\mathcal{F}) = 0$.*

Aufgaben

Aufgabe 5.1   Sei $(X_n)_{n \in I\!N}$ eine Folge von unabhängigen, identisch verteilten Zufallsvariablen auf einem Wahrscheinlichkeitsraum $(\Omega, \mathcal{A}, P)$ mit Werten in einer Menge E, die mit einer σ-Algebra $\mathcal{E}$ versehen ist. Sei $\mathcal{A}_n = \sigma(X_1, \ldots, X_n)$ für $n \in I\!N$. Sei Q ein weiteres Wahrscheinlichkeitsmaß auf $(\Omega, \mathcal{A})$ so, daß $(X_n)_{n \in I\!N}$ ebenfalls unabhängig und identisch verteilt ist bezüglich Q. Es gelte $P^{X_1} \neq Q^{X_1}$.

Ferner sei μ ein Maß auf E so, daß P^{X_1} und Q^{X_1} die Dichten f, g bezüglich μ besitzen. Schließlich sei für $n \in I\!N$

$$L_n = \prod_{i=1}^{n} \frac{g(X_i)}{f(X_i)}.$$

Zeigen Sie unter Benutzung der Konvention $\frac{c}{0} = \infty$ für $c \geq 0$:

(a) $\lim_{n\to\infty} L_n = \infty \ Q - \text{f.s.} , \ \lim_{n\to\infty} L_n = 0 \ P - \text{f.s.}$

(b) Gilt $\mu(f = 0) = \mu(g = 0) = 0$, so ist $P|\mathcal{A}_n$ äquivalent zu $Q|\mathcal{A}_n$ mit Dichte L_n.

Aufgabe 5.2   Sei $(X_n)_{n\in I\!N}$ eine Folge von unabhängigen, identisch verteilten Zufallsvariablen auf einem Wahrscheinlichkeitsraum $(\Omega, \mathcal{A}, P)$ mit Werten in einer Menge E, die mit einer σ-Algebra $\mathcal{E}$ versehen ist. Sei Q ein weiteres Wahrscheinlichkeitsmaß auf $(\Omega, \mathcal{A})$ so, daß $(X_n)_{n\in I\!N}$ ebenfalls unabhängig, identisch verteilt ist bezüglich Q. Ferner gebe es ein $B \in \mathcal{E}$ mit $P(X_1 \in B) \neq Q(X_1 \in B)$. Zeigen Sie:

P und Q sind orthogonal, d.h. es gibt ein $A \in \mathcal{A}$ mit $P(A) = 0$ und $Q(A^c) = 0$.

Aufgabe 5.3   Seien $X_1, \ldots, X_N$ unabhängige, identisch verteilte Zufallsgrößen auf einem Wahrscheinlichkeitsraum $(\Omega, \mathcal{A}, P)$. X_1 sei integrierbar, und es gelte $P(X_1 > 0) > 0, P(X_1 < 0) > 0$.

Bestimmen Sie ein zu P äquivalentes Wahrscheinlichkeitsmaß Q so, daß $S_n = \sum_{i=1}^{n} X_i$, $n = 1, \ldots, N$, ein Martingal bezüglich Q ist.

Aufgabe 5.4   Sei Ω endlich. Es liege ein arbitragefreies n-Perioden-Modell vor. Geben Sie einen Beweis der Existenz eines äquivalenten Martingalmaßes, der mit einfachen Überlegungen auskommt.

Hinweis: Benutzen Sie den Satz über die Existenz einer trennenden Hyperebene in der folgenden Form:
Sind $\mathcal{Y}, \mathcal{Z} \subseteq \mathbb{R}^m$ disjunkte, konvexe und abgeschlossene Mengen, von denen eine sogar kompakt ist, so existieren $q \in \mathbb{R}^m$, $\beta \in \mathbb{R}$ so, daß für alle $y \in \mathcal{Y}$, $z \in \mathcal{Z}$ gilt

$$q^T y \leq \beta < q^T z.$$

Aufgabe 5.5   Gegeben sei ein arbitragefreies Ein-Perioden-Modell mit Diskontierungsfaktor B. Sei $\mathcal{M}$ die Menge aller äquivalenten Martingalmaße und $\mathcal{H}$

die Menge der hedgebaren Claims. Wir treffen die Konventionen inf $\emptyset = \infty$ und sup $\emptyset = -\infty$. Für einen Claim Y bezeichnet

$$s_+(Y) = \inf\{E_Q BC : C \geq Y, C \in \mathcal{H}\} \ , \ s_-(Y) = \sup\{E_Q BC : C \leq Y, C \in \mathcal{H}\}$$

den upper bzw. den lower hedging price, wobei zur Definition ein risikoneutrales $Q \in \mathcal{M}$ beliebig gewählt sei. Es gelte

$$\mathcal{S} = \{E_Q BY : Q \in \mathcal{M}, E_Q B|Y| < \infty\} \neq \emptyset.$$

Zeigen Sie:

(a) Die Definition von $s_+(Y)$ und $s_-(Y)$ ist unabhängig vom gewählten $Q \in \mathcal{M}$.

(b) Das um Y mit Preis p erweiterte Modell ist genau dann arbitragefrei, wenn $p \in \mathcal{S}$ ist.

(c) Es gilt $s_+(Y) = \sup \mathcal{S}$ und $s_-(Y) = \inf \mathcal{S}$.

Kapitel 6

Stochastische Grundlagen kontinuierlicher Märkte

Die Finanzmarktrealität beschränkt sich nicht auf endlich viele diskrete Handelsperioden, sondern bietet ein Kontinuum von Handelszeitpunkten. Zur wirklichkeitsnahen Modellierung haben wir daher stochastische Prozesse mit kontinuierlichem Zeitparameter zu benutzen. Bei solchem Zeitparameter $t \in [0, T]$, bzw. $t \in [0, \infty)$ treten nun eine Fülle von neuartigen Phänomenen auf, die wir zu diskutieren haben, bevor wir eine angemessene Behandlung von Finanzmärkten mit kontinuierlichem Zeitparameter, kurz als *kontinuierliche Finanzmärkte* bezeichnet, durchführen können. Die Darstellung dieser von uns benötigten Begriffsbildungen und Resultate über stochastische Prozesse mit kontinuierlicher Zeit sind der Gegenstand dieses und des folgenden Kapitels. Wie schon in der Analyse des n-Perioden-Modells wird auch hier den Begriffen Stopzeit und Martingal eine zentrale Rolle zukommen. Im folgenden behandeln wir die Zeitparametermenge $\mathcal{T} = [0, \infty)$. Die Modifikationen für den Fall $\mathcal{T} = [0, T]$ sind in der Regel offensichtlich, so daß ihre Darstellung unterbleiben kann.

6.1 Zeitkontinuierlicher stochastischer Prozeß

Es sei $\underset{\sim}{X} = (X_t)_{t \in [0,\infty)}$ ein stochastischer Prozeß mit Werten in $\mathcal{X}$. Wir können ihn betrachten als Abbildung

$$X : [0, \infty) \times \Omega \to \mathcal{X}, \ X(t, \omega) = X_t(\omega).$$

Die für jedes $\omega \in \Omega$ definierten Abbildungen

$$X(\cdot, \omega) : \ [0, \infty) \to \mathcal{X} \ \text{mit} \ X(t, \omega) = X_t(\omega)$$

werden *Pfade* des stochastischen Prozesses genannt. Betrachten wir nun den Fall $\mathcal{X} = \mathbb{R}^g$. Ein stochastischer Prozeß $\underset{\sim}{X}$ mit Werten in $\mathbb{R}^g$ wird als *stetiger Prozeß* bezeichnet, falls sämtliche Pfade stetig sind. Entsprechend nennen wir $\underset{\sim}{X}$ *rechtsseitig-stetigen* bzw. *linksseitig-stetigen Prozeß*, falls sämtliche Pfade rechtsseitig-stetig, bzw. sämtliche Pfade linksseitig-stetig sind. Im Fall von linksseitig- oder rechtsseitig-stetigen Prozessen gilt

$$\underset{\sim}{X} = \underset{\sim}{Y} \text{ genau dann, wenn } X_t = Y_t \text{ für alle } t \in [0, \infty)$$

gilt, wobei ersteres gemäß unserer Konvention als $P(X_t = Y_t \text{ für alle } t \in [0, \infty)) = 1$, letzteres als $P(X_t = Y_t) = 1$ für alle $t \in [0, \infty)$ zu verstehen ist. Entsprechendes gilt natürlich auch im Fall reellwertiger Prozesse für die Begriffsbildung $\underset{\sim}{X} \geq \underset{\sim}{Y}$.

Im Fall kontinuierlichen Zeitparameters erweist sich auch eine Stetigkeitsbedingung für Filtrationen als nützlich: Eine Filtration $\underset{\sim}{\mathcal{A}}$ heißt *rechtsseitig-stetig*, falls für alle t gilt

$$\mathcal{A}_t = \bigcap_{s>t} \mathcal{A}_s.$$

Definiert man zu einer beliebigen Filtration $\underset{\sim}{\mathcal{A}}$ die Filtration

$$\underset{\sim}{\mathcal{A}}^+ = (\mathcal{A}_t^+)_{t \in [0,\infty)}, \ \mathcal{A}_t^+ = \bigcap_{s>t} \mathcal{A}_s,$$

so ist $\underset{\sim}{\mathcal{A}}^+$ rechtsseitig-stetig.

6.2 Stopzeiten im zeitkontinuierlichen Fall

Sei $\underset{\sim}{X} = (X_t)_{t \in [0,\infty)}$ ein stochastischer Prozeß mit Werten in $\mathcal{X}$. Sei $B \subseteq \mathcal{X}$ meßbar. Wir definieren die *Eintrittszeit* in B durch

$$\tau_B = \inf\{t : X_t \in B\}$$

mit der Festsetzung $\inf \emptyset = \infty$.

Im Falle eines adaptierten stochastischen Prozesses mit diskretem Zeitparameter sind Eintrittszeiten offensichtlich stets Stopzeiten. In Fall kontinuierlichen Zeitparameters ist dies eine schwierigere Fragestellung. Leicht einzusehen ist die folgende Aussage: τ_B ist eine Stopzeit, falls

(*i*) $\underset{\sim}{X}$ ein stetiger adaptierter Prozeß und B eine abgeschlossene Menge ist oder

(*ii*) $\underset{\sim}{X}$ ein rechtsseitig-stetiger adaptierter Prozeß, B eine offene Menge und die zugehörige Filtration rechtsseitig-stetig ist.

Ist $\underset{\sim}{X} = (X_t)_{t \in [0,\infty)}$ ein adaptierter stochastischer Prozeß und τ eine Stopzeit, so bilden wir

$$X_\tau \text{ durch } X_{\tau(\omega)}(\omega) = X(\tau(\omega), \omega)$$

mit geeigneter Festlegung von X_∞. Im Fall diskreten Zeitparameters erhalten wir sofort die $\mathcal{A}_\tau$-Meßbarkeit von X_τ. Im Fall kontinuierlichen Zeitparameters ist dieses im Fall rechtsseitig-stetiger oder linksseitig-stetiger Prozesse erfüllt. Diese hiermit vorgestellten Resultate sind für unsere Zwecke ausreichend. Es sei allerdings erwähnt, daß wesentlich allgemeinere Aussagen möglich sind.

Wie im Fall diskreten Zeitparameters wird auch bei der Untersuchung kontinuierlicher Finanzmärkte der Martingalbegriff eine wesentliche Rolle spielen. Um mit diesem Begriff erfolgreich umgehen zu können, benötigen wir das Optional-Sampling-Theorem und die Doobschen Ungleichungen ebenso für Martingale mit kontinuierlichem Zeitparameter. Die benutzte Beweismethode für das Optional-Sampling-Theorem ist einfach beschrieben: Allgemeine Stopzeiten werden durch Stopzeiten mit endlichem Wertebereich approximiert. Auf diese werden die Resultate für den Fall diskreten Zeitparameters angewandt, und die gewünschten Aussagen ergeben sich schließlich durch Grenzübergang. Zur Durchführung dieser Grenzübergänge benötigen wir den Begriff der gleichgradigen Integrierbarkeit.

6.3 Gleichgradige Integrierbarkeit

Eine Familie $(Z_i)_{i \in I}$ von Zufallsgrößen heißt gleichgradig integrierbar, falls gilt:

$$\sup_i E|Z_i| < \infty, \quad \sup_i \int_A |Z_i|\, dP \to 0 \text{ für } P(A) \to 0.$$

Eine wichtige Konsequenz dieser Begriffsbildung ist die folgende Aussage:

$(Z_n)_{n \in I\!N}$ sei gleichgradig integrierbar. Es gelte $Z_n \to Z$ in Wahrscheinlichkeit, was eine schwächere Anforderung als die fast sichere Konvergenz ist. Dann folgt

$$E|Z_n - Z| \underset{n \to \infty}{\to} 0, \text{ insbesondere } EZ_n \underset{n \to \infty}{\to} EZ.$$

Ein wichtige Beispielklasse für gleichgradig integrierbare Familien wird durch folgendes Resultat geliefert: Es sei X eine Zufallsgröße mit $E|X| < \infty$. $(\mathcal{G}_i)_{i \in I}$ sei eine Familie von Unter-σ-Algebren. Dann gilt:

$$(E(X \mid \mathcal{G}_i))_{i \in I} \text{ ist gleichgradig integrierbar.}$$

Wir verzichten bei den folgenden Ausagen auf die explizite Nennung der Filtration $\underset{\sim}{\mathcal{A}} = (\mathcal{A}_t)_{t \in [0,\infty)}$, zu der die betrachteten Prozesse als adaptiert angenommen werden.

6.4 Optional-Sampling-Theorem – zeitkontinuierlicher Fall

Es sei $\underset{\sim}{M} = (M_t)_{t \in [0,\infty)}$ ein rechtsseitig-stetiges Martingal.

Für jede Stopzeit τ mit $P(\tau < \infty) = 1$, $E|M_\tau| < \infty$ und $\int_{\{\tau > n\}} |M_n|\, dP \underset{n \to \infty}{\to} 0$ gilt

$$EM_\tau = EM_0.$$

Insbesondere gilt diese Identität für jede beschränkte Stopzeit.

6.5 Optional-Sampling-Theorem - erweiterte Version

Seien $\underset{\sim}{X} = (X_t)_{t \in [0,\infty)}$ ein rechtseitig-stetiges Submartingal und σ, τ beschränkte Stopzeiten. Es gelte $\sigma \leq \tau$. Dann folgt

$$X_\sigma \leq E(X_\tau \mid \mathcal{A}_\sigma), \quad insbesondere \ EX_\sigma \leq EX_\tau.$$

Im Supermartingal- bzw. Martingalfall ist $\leq$ durch $\geq$, bzw. $=$ zu ersetzen. Entsprechend zu 6.4 ergibt sich die Formulierung für unbeschränkte Stopzeiten.

Im diskreten Fall hatten wir die Erweiterung des Optional-Sampling-Theorems unter Benutzung der Doobschen Zerlegung $\underset{\sim}{X} = \underset{\sim}{M} + \underset{\sim}{A}$ eines Submartingals bzw. eines Supermartingals in ein Martingal und einen Prozeß mit wachsenden bzw. fallenden Pfaden erhalten. Im Fall des kontinuierlichen Zeitparameters ist eine solche Zerlegung unter gewissen zusätzlichen Voraussetzungen weiterhin gültig, jedoch nun wesentlich schwieriger nachzuweisen. Sie ist unter dem Namen *Doob-Meyer-Zerlegung* bekannt.

6.6 Doobsche Ungleichungen

(i) $\underset{\sim}{X} = (X_t)_{t \in [0,\infty)}$ *sei ein rechtsseitig-stetiges Submartingal.*
    Dann gilt für alle t und $\gamma > 0$

$$P(\sup_{s \leq t} X_s \geq \gamma) \leq \frac{1}{\gamma} E(X_t^+), \quad ferner \ E(\sup_{s \leq t} X_s^2) \leq 4E(X_t^2) \ für \ \underset{\sim}{X} \geq 0.$$

(ii) $\underset{\sim}{M} = (M_t)_{t \in [0,\infty)}$ *sei ein rechtsseitig-stetiges Martingal.*
     Dann gilt für alle t und $\gamma > 0$

$$P(\sup_{s \leq t} |M_s| \geq \gamma) \leq \frac{1}{\gamma^2} E(M_t^2) \ und \ E(\sup_{s \leq t} M_s^2) \leq 4E(M_t^2).$$

Aufgaben

Aufgabe 6.1   Sei $\underset{\sim}{M}$ ein rechtsseitig-stetiges Martingal bezüglich einer Filtration $\mathcal{A}$ und τ eine Stopzeit. Zeigen Sie - mit der Bezeichnung $s \wedge t = \min\{s, t\}$:

(a) $A \cap \{\tau > s\} \in \mathcal{A}_{\tau \wedge s}$ für alle $A \in \mathcal{A}_s, s \geq 0$.

(b) $EM_{\tau \wedge t} 1_A = EM_{\tau \wedge s} 1_A$ für alle $A \in \mathcal{A}_s, t > s \geq 0$.

(c) $\underset{\sim}{M}^\tau = (M_{\tau \wedge t})_{t \in [0,\infty)}$ ist ein Martingal.

Aufgabe 6.2   Sei $\underset{\sim}{M}$ ein stetiges Martingal ≥ 0 und $\tau = \inf\{t : M_t = 0\}$. Definiere

$$\underset{\sim}{M}' = (M_{\tau+t} 1_{\{\tau<\infty\}})_{t\in[0,\infty)}.$$

Zeigen Sie

$$\underset{\sim}{M}' = 0.$$

Aufgabe 6.3   Es sei $\underset{\sim}{M}$ ein stetiges Martingal ≥ 0. Es gelte $\lim_{t\to\infty} M_t = 0$ fast sicher. Zeigen Sie für $t \geq 0, b > 0$ unter Benutzung der Stopzeit $\tau = \inf\{s \geq t : M_s = b\}$:

(a) $P(\sup_{s>t} M_s \geq b | \mathcal{F}_t) = \frac{M_t}{b}$ auf $\{M_t < b\}$.

(b) $P(\sup_{s>t} M_s \geq b) = P(M_t \geq b) + \frac{1}{b} E M_t 1_{\{M_t<b\}}$.

Aufgabe 6.4   Sei $(Z_i)_{i\in I}$ eine Familie von integrierbaren Zufallsgrößen. Zeigen Sie:

$(Z_i)_{i\in I}$ ist gleichgradig integrierbar genau dann, wenn gilt

$$\sup_{i\in I} \int_{\{|Z_i|\geq k\}} Z_i dP \to 0 \text{ für } k \to \infty.$$

Aufgabe 6.5   Sei $(Z_i)_{i\in I}$ eine Familie von integrierbaren Zufallsgrößen. Es existiere eine Abbildung $f : [0,\infty) \to [0,\infty)$ mit $\frac{f(x)}{x} \to \infty$ für $x \to \infty$ und $\sup_{i\in I} E f(|Z_i|) < \infty$.

Zeigen Sie, daß $(Z_i)_{i\in I}$ gleichgradig integrierbar ist.

Aufgabe 6.6   Sei $(Z_n)_{n\in I\!N}$ eine gleichgradig integrierbare Familie von Zufallsgrößen. Es gelte $Z_n \to Z$ in Wahrscheinlichkeit für eine Zufallsgröße Z. Zeigen Sie

$$E|Z_n - Z| \to 0 \text{ für } n \to \infty.$$

Kapitel 7

Der Wienerprozeß

Da wir die Preisentwicklungen an kontinuierlichen Finanzmärkten durch stochastische Prozesse mit kontinuierlichem Zeitparameter zu beschreiben haben, stellt sich uns sofort die Frage, wie wir die konkrete Modellierung durchführen wollen, d. h. welche stochastischen Prozesse wir zur Modellbildung heranziehen wollen. Die derzeit gebräuchlichen Modelle basieren auf dem *Wienerprozeß*, benannt nach dem Mathematiker Wiener, der oft auch als *Brownsche Bewegung* nach dem Botaniker Brown bezeichnet wird. Zunächst zur Beschreibung physikalischer Phänomene entwickelt, wurde dieser Prozeß schon im Jahre 1900 von Bachelier in seiner Arbeit *Théorie de la spéculation* zur Modellierung von Finanzmärkten benutzt. Inhalt des Kapitels ist die Beschreibung dieses stochastischen Prozesses und seiner für uns wesentlichen Eigenschaften.

7.1 Wienerprozeß

Sei $\underset{\sim}{\mathcal{A}} = (\mathcal{A}_t)_{t\in[0,\infty)}$ eine Filtration. Ein adaptierter, reellwertiger stochastischer Prozeß $\underset{\sim}{W} = (W_t)_{t\in[0,\infty)}$ mit $W_0 = 0$ wird als Wienerprozeß bzgl. $\underset{\sim}{\mathcal{A}}$ bezeichnet, falls gilt:

(i) $W_t - W_s$ ist $N(0, t-s)$-verteilt für alle $0 \leq s < t$, d.h. normalverteilt mit Mittelwert 0 und Varianz $t - s$.

(ii) $W_t - W_s$ ist stochastisch unabhängig von $\mathcal{A}_s$ für alle $0 \leq s < t$.

(iii) $\underset{\sim}{W}$ besitzt stetige Pfade.

Es kann gezeigt werden, daß dann die Eigenschaft (ii) auch für $\mathcal{A}_s^+$ vorliegt, so daß ein Wienerprozeß bzgl. einer Filtration $\underset{\sim}{\mathcal{A}}$ auch ein solcher bzgl. $\underset{\sim}{\mathcal{A}}^+$ ist.

Wir werden oft die explizite Erwähnung der Filtration unterlassen, also kurz von einem Wienerprozeß sprechen.

7.2 Eigenschaften des Wienerprozesses

Es sei $\underset{\sim}{W}$ ein Wienerprozeß bzgl. einer Filtration $\underset{\sim}{\mathcal{A}}$.

(i) Mittels Induktion folgt, daß für $0 = t_0 < t_1 < t_2 < \ldots < t_n$ die als *Zuwächse* bezeichneten Zufallsgrößen $W_{t_1} - W_{t_0}, \ldots, W_{t_n} - W_{t_{n-1}}$ stochastisch unabhängig sind, insgesamt stochastisch unabhängig von $\mathcal{A}_0$.

Aus $W_{t_i} = \sum_{k=1}^{i}(W_{t_k} - W_{t_{k-1}})$ erhalten wir dann, daß die Verteilung der Zufallsvariablen $(W_{t_1}, \ldots, W_{t_n})$ eine n-dimensionale Normalverteilung ist, die den Mittelwertvektor $(0, \ldots, 0)$ und die Kovarianzmatrix $(\min\{t_i, t_j\})_{i,j}$ besitzt. Ferner ist diese Zufallsvariable stochastisch unabhängig von $\mathcal{A}_0$. Entsprechend ergibt sich, daß für $0 < s < t_1 < t_2 < \ldots < t_n$ die Zufallsvariable $(W_{t_1} - W_s, \ldots, W_{t_n} - W_s)$ eine n-dimensionale Normalverteilung besitzt und stochastisch unabhängig von $\mathcal{A}_s$ ist.

(ii) Folgende Prozesse bilden wieder Wienerprozesse:

$(-W_t)_{t \in [0,\infty)}$ ist Wienerprozeß bzgl. $\underset{\sim}{\mathcal{A}}$.

$(c^{-1/2} W_{ct})_{t \in [0,\infty)}$ ist Wienerprozeß bzgl. $(\mathcal{A}_{ct})_{t \in [0,\infty)}$ für jedes $c > 0$.

$(W_{t+s} - W_s)_{t \in [0,\infty)}$ ist Wienerprozeß bzgl. $(\mathcal{A}_{t+s})_{t \in [0,\infty)}$ für jedes $s > 0$.

7.3 Kanonische Filtration und kanonische Darstellung

Betrachten wir allgemein einen stochastischen Prozeß $\underset{\sim}{X}$, so wird seine *kanonische Filtration* $\mathcal{G}$ definiert durch

$$\mathcal{G}_t = \sigma((X_s)_{s \leq t}).$$

Offensichtlich ist jeder stochastische Prozeß zu seiner kanonischen Filtration adaptiert. Ist nun $\underset{\sim}{W}$ ein Wienerprozeß, so bleibt die Bedingung (iii) offensichtlich gültig, wenn wir $\mathcal{A}_s$ durch $\mathcal{G}_s$ ersetzen. Also ist jeder Wienerprozeß auch ein solcher bzgl. seiner kanonischen Filtration.

Für ein $I \subseteq I\!R^g$ benutzen wir im folgenden die Bezeichnung $\mathcal{C}(I)$ für die Menge der stetigen Funktionen $f : I \to I\!R$. Für $t \in I$ sind die Projektionen $\pi_t : \mathcal{C}(I) \to I\!R$ definiert durch $\pi_t(f) = f(t)$, ferner für $S \subseteq I$ entsprechend $\pi_S : \mathcal{C}(I) \to I\!R^S$ durch $\pi_S(f) = (f(s))_{s \in S}$.

Wir betrachten $\mathcal{C}(I)$ als meßbaren Raum mit der durch die Projektionen induzierten σ-Algebra $\mathcal{B}_{\mathcal{C}} = \sigma((\pi_t)_{t \in I})$, die gerade die Borelsche σ-Algebra bzgl. der üblichen Metrik auf $\mathcal{C}(I)$ ist. Ein Wahrscheinlichkeitsmaß Q auf $\mathcal{C}(I)$ ist schon durch seine endlich-dimensionalen Verteilungen Q^{π_S} eindeutig bestimmt.

Vorliegen möge nun ein stetiger reellwertiger stochastischen Prozeß $\underset{\sim}{X}$. Bezeichnen wir dann die Abbildung, die jedem ω den zugehörigen Pfad $X(\cdot, \omega)$ zuordnet, ebenfalls mit $\underset{\sim}{X}$, so erhalten wir eine Zufallsvariable

$$\underset{\sim}{X} : \Omega \to \mathcal{C}([0, \infty)) \text{ mit zugehöriger Verteilung } Q = P^{\underset{\sim}{X}}.$$

Betrachten wir den stochastischen Prozeß $\underset{\sim}{\pi} = (\pi_t)_{t \in [0, \infty)}$ auf dem Wahrscheinlichkeitsraum $(\mathcal{C}([0, \infty)), \mathcal{B}_{\mathcal{C}}, Q)$, so liegt offensichtlich ein Prozeß mit stetigen Pfaden vor, für den gilt $P^{\underset{\sim}{X}} = Q^{\underset{\sim}{\pi}}$. $\underset{\sim}{\pi}$ wird auch als *kanonische Darstellung* zu $\underset{\sim}{X}$ bezeichnet. Ist $\underset{\sim}{W}$ ein Wienerprozeß, so sind die endlich-dimensionalen Verteilungen zum Wahrscheinlichkeitsmaß $Q = P^{\underset{\sim}{W}}$ eindeutig festgelegt gemäß 7.2. Q ist somit eindeutig festgelegt und wird als *Wienermaß* bezeichnet.

7.4 Der Wienerprozeß und Summen unabhängiger Zufallsgrößen

Der Wienerprozeß kann als eine Übertragung des wahrscheinlichkeitstheoretischen Konzepts der Partialsummen von stochastisch unabhängigen, identisch verteilten Zufallsvariablen auf den zeitkontinuierlichen Fall angesehen werden. Zur Erläuterung seien dazu $X_1, X_2, \ldots$ stochastisch unabhängige, identisch verteilte Zufallsgrößen mit $EX_i = 0$, $EX_i^2 = 1$. Wir definieren dazu die Partialsummen durch $S_0 = 0, S_n = \sum_{i=1}^{n} X_i$, $n = 1, 2, \ldots$.

Liegt ein hinreichend großes n vor, so besteht, wie in Simulationsstudien sichtbar gemacht werden kann, große Ähnlichkeit zwischen den Pfaden des stochastischen Prozesses $(S_t^n)_{t \in [0,1]}$ mit $S_t^n = \frac{S_{[tn]}}{\sqrt{n}}$ und linearer Interpolation an den Zwischenpunkten und denjenigen einer physikalisch realisierten Brownschen Bewegung. Die mathematische Formulierung dazu liefert der *Satz von Donsker*, der besagt: Für jede beschränkte und bzgl. der Supremumsnorm stetige Funktion $h : \mathcal{C}[0,1] \to I\!\!R$ gilt

$$Eh((S_t^n)_{t \in [0,1]}) \underset{n \to \infty}{\to} Eh((W_t)_{t \in [0,1]}).$$

Resultate dieses Typs werden benutzt, um kontinuierliche Finanzmärkte durch Cox-Ross-Rubinstein-Modelle zu approximieren.

7.5 Martingaleigenschaften beim Wienerprozeß

Es sei $\underset{\sim}{W}$ ein Wienerprozeß bzgl. einer Filtration $\mathcal{A}$. Aus 7.1 ergibt sich sofort, daß die folgenden stochastischen Prozesse Martingale sind:

$$(W_t)_{t \in [0, \infty)}, \quad (W_t^2 - t)_{t \in [0, \infty)} \text{ und } (e^{aW_t - \frac{1}{2}a^2 t})_{t \in [0, \infty)}.$$

Letzteres wird als *Exponentialmartingal* bezeichnet. Im Zusammenspiel mit dem Optional-Sampling-Theorem ergeben sich viele interessante Anwendungen. Insbesondere gilt der folgende Satz:

Es sei $\underset{\sim}{W}$ ein Wienerprozeß. τ sei eine Stopzeit mit $E\tau < \infty$. Dann gilt

$$EW_\tau = 0.$$

Wir haben beim Wienerprozeß den Startpunkt als $W_0 = 0$ festgelegt. In der folgenden Definition lassen wir diesen Startpunkt variieren.

7.6 Wienersystem und Markoveigenschaft

Es sei $\underset{\sim}{\mathcal{A}}$ eine Filtration. Wir bezeichnen eine Familie von stochastischen Prozessen $(\underset{\sim}{W}^x)_{x\in\mathbb{R}}$ als *Wienersystem* bzgl. $\underset{\sim}{\mathcal{A}}$, falls für jedes $x \in \mathbb{R}$ gilt:

$$\underset{\sim}{W}^x - x \text{ ist Wienerprozeß bzgl. } \underset{\sim}{\mathcal{A}}.$$

Jeder der stochastischen Prozesse $\underset{\sim}{W}^x$ erfüllt die Bedingungen 7.1 $(i) - (iii)$, besitzt aber nun den Anfangswert $W_0^x = x$. Wir bezeichnen ihn als *Wienerprozeß mit Startpunkt x*. Offensichtlich gilt: Ist $\underset{\sim}{W}$ ein Wienerprozeß, so wird durch die stochastischen Prozesse $(W_t + x)_{t\in[0,\infty)}$ ein Wienersystem definiert.

Die Markoveigenschaft eines Wienersystems ergibt sich so: Seien $t, h_1, \ldots, h_n > 0$. Es folgt für beschränktes, geeignet integrierbares $g : \mathbb{R}^n \to \mathbb{R}$

$$E(g(W_{t+h_1}^y, \ldots, W_{t+h_n}^y) \mid \mathcal{A}_t) = Eg(W_{h_1}^x, \ldots, W_{h_n}^x) \text{ mit } x = W_t^y.$$

Dies läßt die folgende Interpretation zu: Gegeben $\mathcal{A}_t$ verhält sich $(W_{t+s}^y)_{s\in[0,\infty)}$ stochastisch wie ein Wienerprozeß $(W_s^x)_{s\in[0,\infty)}$ mit Startpunkt $x = W_t^y(\omega)$.

Die nun definierte Filtration $\underset{\sim}{\mathcal{F}}$ wird als *Standardfiltration* bezeichnet. Sprechen wir von einem Wienerprozeß ohne explizite Angabe der Filtration, so benutzen wir die Standardfiltration.

7.7 Satz zur Standardfiltration für den Wienerprozeß

Es sei $\underset{\sim}{W}$ ein Wienerprozeß, $\underset{\sim}{\mathcal{G}}$ die kanonische Filtration.
Sei $\mathcal{N} = \{A \in \mathcal{A} : P(A) = 0\}$. Die Filtration $\underset{\sim}{\mathcal{F}}$ sei definiert durch

$$\mathcal{F}_t = \sigma(\mathcal{G}_t \cup \mathcal{N}).$$

Dann ist $\underset{\sim}{W}$ Wienerprozeß bzgl. $\underset{\sim}{\mathcal{F}}$, und $\underset{\sim}{\mathcal{F}}$ ist rechtsseitig-stetig.

Als Folgerung ergibt sich das sogenannte Blumenthalsche 0-1-Gesetz.

7.8 Blumenthalsches 0-1-Gesetz

Es sei $\underset{\sim}{W}$ ein Wienerprozeß, $\underset{\sim}{\mathcal{G}}$ die kanonische Filtration. Dann gilt

$$P(A) \in \{0, 1\} \text{ für jedes } A \in \mathcal{G}_0^+.$$

Ein wichtiges Hilfsmittel zur Berechnung von Wahrscheinlichkeiten beim Wienerprozeß ist durch das Reflexionsprinzip gegeben.

7.9 Reflexionsprinzip für den Wienerprozeß

Es seien $\underset{\sim}{W}$ ein Wienerprozeß und τ eine Stopzeit. Wir definieren den bei τ gespiegelten Prozeß $\underset{\sim}{\hat{W}}$ durch

$$\hat{W}_t(\omega) = W_t(\omega) \text{ für } t \leq \tau(\omega),$$
$$\hat{W}_t(\omega) = W_\tau(\omega) - (W_t(\omega) - W_\tau(\omega)) = 2W_\tau(\omega) - W_t(\omega) \text{ für } t > \tau(\omega).$$

Dann kann das *Reflexionsprinzip* bewiesen werden. Dieses besagt:

Der gespiegelte Prozeß $\underset{\sim}{\hat{W}}$ ist ein Wienerprozeß, d.h.

$$P\underset{\sim}{W} = P\underset{\sim}{\hat{W}}.$$

Im Fall der Stopzeit $\tau_b = \inf\{t : W_t = b\}$ gilt für den reflektierten Prozeß

$$\hat{W}_t(\omega) = 2b - W_t(\omega) \text{ für } t > \tau_b(\omega),$$

so daß der Wienerprozeß bei Erreichen der horizontalen Geraden der Höhe b an dieser reflektiert wird. Eine wichtige Anwendung ist die Berechnung der Verteilung des Maximums bis zum Zeitpunkt t.

7.10 Maximumsverteilung

Es sei $\underset{\sim}{W}$ ein Wienerprozeß, und für $t \geq 0$ sei $M_t = \sup\{W_s : 0 \leq s \leq t\}$. Dann gilt für alle $t > 0, y > 0$ und $x \geq 0$

$$P(M_t \geq y, W_t < y - x) = P(W_t > y + x) \text{ und } P(M_t \geq y) = 2\,P(W_t \geq y).$$

Als Folgerung ergibt sich das starke Gesetz der großen Zahlen für den Wienerprozeß.

7.11 Starkes Gesetz der großen Zahlen

Es sei $\underset{\sim}{W}$ ein Wienerprozeß. Dann gilt

$$\frac{W_t}{t} \to 0 \text{ fast sicher für } t \to \infty.$$

7.12 Starke Markoveigenschaft

$(W_{t+s} - W_s)_{t \in [0,\infty)}$ ist ein von $\mathcal{A}_s$ stochastisch unabhängiger Wienerprozeß. Die entsprechende Aussage bleibt gültig, wenn s durch eine Stopzeit σ ersetzt wird. Zur Formalisierung betrachten wir

$\underset{\sim}{W}_\sigma = (W_{\sigma+t} - W_\sigma)_{t \in [0,\infty)}$ als stochastischen Prozeß auf $\{\sigma < \infty\}$,

$\underset{\sim}{\mathcal{A}}_\sigma = (\mathcal{A}_{\sigma+t}|_{\{\sigma<\infty\}})_{t \in [0,\infty)}$ als zugehörige Filtration,

$P(\cdot \mid \sigma < \infty)$ als Wahrscheinlichkeitsmaß auf $\{\sigma < \infty\}$.

Dann kann bewiesen werden:

Es seien $\underset{\sim}{W}$ ein Wienerprozeß bezüglich einer Filtration $\underset{\sim}{\mathcal{A}}$ und σ eine Stopzeit. Dann ist $\underset{\sim}{W}_\sigma$ unter $P(\cdot \mid \sigma < \infty)$ ein Wienerprozeß bezüglich $\underset{\sim}{\mathcal{A}}_\sigma$, der stochastisch unabhängig von $\mathcal{A}_{\sigma,0} = \mathcal{A}_\sigma$ ist.

Natürlich gilt die vorstehende Aussage entsprechend für Wienerprozesse mit Startpunkt y. Betrachten wir also ein Wienersystem $(\underset{\sim}{W}^y)_{y \in \mathbb{R}}$ bzgl. einer Filtration $\underset{\sim}{\mathcal{A}}$, so folgt für jedes meßbare, geeignet integrierbare $g : \mathbb{R}^n \to \mathbb{R}$

$$E(g(W^y_{\sigma+t_1}, \ldots, W^y_{\sigma+t_n})|\mathcal{F}_\sigma) = Eg(W^x_{t_1}, \ldots, W^x_{t_n}) \text{ auf } \{\sigma < \infty\} \text{ mit } x = W^y_\sigma.$$

Wir bezeichnen diese Eigenschaft als die *starke Markoveigenschaft*:

Bei gegebenem $\mathcal{A}_\sigma$ verhält sich der Prozeß $(W^y_{\sigma+t})_{t \in [0,\infty)}$ auf $\{\sigma < \infty\}$ wie ein Wienerprozeß mit Startpunkt $x = W^y_\sigma(\omega)$.

Die starke Markoveigenschaft liefert ein wichtiges Werkzeug zur Untersuchung von Wienerprozessen. Als Anwendung läßt sich z.B. die Wahrscheinlichkeit berechnen, daß ein Wienerprozeß eine ansteigende Gerade erreicht.

Sei $\underset{\sim}{W}$ ein Wienerprozeß und $\tau_{a,b} = \inf\{t : W_t = a + bt\}$ für $a, b \in \mathbb{R}$. Für $a > 0$, $b > 0$ gilt dann $P(\tau_{a,b} < \infty) = e^{-2ab}$.

7.13 Gaußprozesse

Sei $\underset{\sim}{X} = (X_t)_{t \in T}$ ein reellwertiger stochastischer Prozeß. Für jedes endliche $I \subset T$ ist $P^{(X_t)_{t \in I}}$ ein Wahrscheinlichkeitsmaß auf $\mathbb{R}^I$.

$\underset{\sim}{X}$ heißt *Gaußprozeß*, falls $P^{(X_t)_{t \in I}}$ für alle endlichen $I \subset T$ eine Gaußverteilung ist. Dabei bezeichnen wir ein Wahrscheinlichkeitsmaß Q auf $\mathbb{R}^n$ als *Gaußverteilung*, falls ein $c \in \mathbb{R}^n$ und eine $n \times k$-Matrix A und stochastisch unabhängige, $N(0,1)$-verteilte Zufallsgrößen $Y_1, \ldots, Y_k$ so existieren, daß

$$Q = P^{AY+c}$$

gilt, wobei Y der aus $Y_1, \ldots, Y_k$ gebildete Spaltenvektor sei.

Falls $k = n$ vorliegt und A eine nicht singuläre $n \times n$-Matrix ist, so ist Q die n-dimensionale Normalverteilung $N(c, AA^T)$. Q ist eindeutig bestimmt durch den

Mittelwertvektor c und die Kovarianzmatrix AA^T, wobei diese Bezeichnungsweise darin begründet liegt, daß für die Zufallsvariable $Z = AY + c$

$$EZ_i = c_i \text{ und } [E((Z_i - c_i)(Z_j - c_j))]_{i,j} = AA^T$$

gilt. Für einen Gaußprozeß sind also die Verteilungen $P^{(X_t)_{t \in I}}$ eindeutig bestimmt durch die Mittelwertfunktion $m(t) = EX_t$ und die Kovarianzfunktion $K(s,t) = E((X_s - m(s))(X_t - m(t)))$.

Nützliche Resultate sind:

(i) Ist X eine n-dimensionale gaußverteilten Zufallsvariable und B eine $m \times n$-Matrix, so zeigt die Definition, daß auch BX eine Gaußverteilung besitzt.

(ii) Bildet $X_1, X_2, \ldots$ eine Folge von n-dimensionalen gaußverteilten Zufallsvariablen, die in Wahrscheinlichkeit gegen eine Zufallsvariable X konvergieren, so ist X ebenfalls gaußverteilt ist.

(iii) Ist $\underset{\sim}{X}$ ein Gaußprozeß mit stetigen Pfaden, so können wir einen neuen Prozeß $\underset{\sim}{Z}$ bilden durch

$$Z_t = \int_{[0,t]} X_s ds.$$

Dieser Prozeß ist wiederum ein Gaußprozeß. Besitzt $\underset{\sim}{X}$ die Mittelwertfunktion m und die Kovarianzfunktion K, so hat $\underset{\sim}{Z}$ Mittelwertfunktion $\int_{[0,t]} m(s) ds$ und Kovarianzfunktion $\int_{[0,t]} \int_{[0,s]} K(u,v) du dv$.

(iv) Ein Wienerprozeß $\underset{\sim}{W}$ ist offensichtlich ein Gaußprozeß mit $m(t) = 0$ und $K(s,t) = \min\{s,t\}$. Umgekehrt erhalten wir folgende Charakterisierung: Ein Gaußprozeß $\underset{\sim}{X}$ mit stetigen Pfaden, für den $X_0 = 0$, $m(t) = 0$ und $K(s,t) = \min\{s,t\}$ gelten, ist ein Wienerprozeß bzgl. seiner kanonischen Filtration. Als Anwendung erhalten wir, daß der Prozeß $X_t = t W_{\frac{1}{t}}$ mit $X_0 = 0$ ein Wienerprozeß ist.

Aufgaben

Aufgabe 7.1   Sei $\underset{\sim}{W}$ ein Wienerprozeß bzgl. einer Filtration $\mathcal{A}$. Zeigen Sie unter Angabe geeigneter Filtrationen:

(a) $(W_{s+t} - W_s)_{t \in [0,\infty)}$ ist ein Wienerprozeß für jedes $s \geq 0$.

(b) $(-W_t)_{t \in [0,\infty)}$ ist ein Wienerprozeß.

(c) $(\sqrt{c} W_{\frac{t}{c}})_{t \in [0,\infty)}$ ist ein Wienerprozeß für jedes $c > 0$.

Aufgabe 7.2 Sei $\underset{\sim}{W}$ ein Wienerprozeß. Zeigen Sie:

(a) $P(\{\omega : t \to W_t(\omega) \text{ ist monoton auf } [0,1]\}) = 0$.

Betrachten Sie dazu Ereignisse der Form $\{W_1 \geq W_{\frac{n-1}{n}} \geq \ldots \geq W_{\frac{1}{n}} \geq 0\}$.

(b) $P(\{\omega : \text{ Es gibt ein Intervall } I \text{ mit } t \to W_t(\omega) \text{ ist monoton auf } I\}) = 0$.

Aufgabe 7.3 Eine Funktion $f : [0, \infty) \to I\!R$ heißt Lipschitz-stetig in s, falls $c > 0$, $\delta > 0$ existieren mit $|f(t) - f(s)| \leq c|t - s|$ für $|t - s| \leq \delta$.
Sei $\underset{\sim}{W}$ ein Wienerprozeß und sei

$A = \{\omega : t \to W_t(\omega) \text{ ist Lipschitz-stetig in } s \text{ für mindestens ein } s \in [0, \infty)\}$.

Zeigen Sie:

Es existiert eine meßbare Menge N mit $P(N) = 0$ und $A \subseteq N$.

Was bedeutet dies für die Differenzierbarkeit der Pfade eines Wienerprozesses?

Aufgabe 7.4 Sei $\underset{\sim}{W}$ ein Wienerprozeß. Sei $t > 0$. Zeigen Sie

$$\sum_{n=1}^{\infty} P(|\sum_{j=1}^{n^3} \left(W_{jt/n^3} - W_{(j-1)t/n^3}\right)^2 - t| > \frac{1}{\sqrt{n}}) < \infty$$

und damit

$$\lim_{n \to \infty} \sum_{j=1}^{n^3} \left(W_{jt/n^3} - W_{(j-1)t/n^3}\right)^2 = t \text{ fast sicher.}$$

Aufgabe 7.5 Sei $\underset{\sim}{W}$ ein Wienerprozeß. Sei $\tau = \inf\{t : W_t \notin (-a, b)\}$ für $a, b > 0$. Zeigen Sie:

(a) $P(\tau < \infty) = 1$.

(b) $P(W_\tau = -a) = \frac{b}{a+b} = 1 - P(W_\tau = b)$.

(c) $E\tau = ab$.

Aufgabe 7.6 $\underset{\sim}{W}^1, \ldots, \underset{\sim}{W}^n$ seien Wienerprozesse bzgl. einer gemeinsamen Filtration $\underset{\sim}{\mathcal{A}}$. Für $r > 0$ sei $\tau = \inf\{t : \sum_{i=1}^{n}(W_t^i)^2 = r^2\}$.

Bestimmen Sie $E\tau$ unter Benutzung eines geeigneten Martingals.

Zeigen Sie außerdem, daß im Falle der Unabhängigkeit von $\underset{\sim}{W}^1, \ldots, \underset{\sim}{W}^n$ durch $\mathcal{G}_t = \sigma((W_s^1, \ldots, W_s^n)_{s \leq t})$, $t \in [0, \infty)$, eine solche Filtration definiert wird.

Aufgabe 7.7   Sei $\underset{\sim}{W}$ ein Wienerprozeß. Sei

$$\tau = \inf\{t : W_t > 0\}, \sigma = \inf\{t : |W_t| > c\sqrt{t}\} \text{ mit } c > 0.$$

Zeigen Sie

$$P(\tau = 0) = P(\sigma = 0) = 1.$$

Aufgabe 7.8   Sei $\underset{\sim}{W}$ ein Wienerprozeß. Sei $\tau_0 = 0$ und $\tau_a = \inf\{t : W_t = a\}$ für $a > 0$. Zeigen Sie:

(a) $P(\tau_a < \infty) = 1$.

(b) $(\tau_a)_a$ ist ein Prozeß mit stochastisch unabhängigen und identisch verteilten Zuwächsen.

Aufgabe 7.9   Sei $\underset{\sim}{W}$ ein Wienerprozeß. Der als Brownsche Brücke bekannte Prozeß $(B_t)_{t\in[0,1]}$ wird definiert durch

$$B_t = W_t - tW_1, t \in [0,1].$$

Zeigen Sie, daß dieser Prozeß ein Gaußprozeß ist und bestimmen Sie Mittelwertfunktion und Kovarianzfunktion.

Wie können Sie die Bezeichnung *Brücke* motivieren?

Kapitel 8

Das Black-Scholes-Modell

Wir werden in diesem Kapitel das Black-Scholes-Modell behandeln. Aufstellung und Untersuchung dieses Modells führte in den bahnbrechenden Arbeiten von Black und Scholes (1973) und Merton (1973) zur Theorie der Bewertung von Finanzderivaten. Obwohl das Black-Scholes-Modell die realen Verhältnisse sicherlich nicht vollständig widerspiegelt, so hat es sich doch in der Praxis der Finanzmärkte bewährt und wird dort mit seinen vielfältigen Modifikationen und Weiterentwicklungen als Marktstandard eingesetzt.

8.1 Kontinuierliches Finanzmarktmodell

Ein *kontinuierliches Finanzmarktmodell mit endlichem Horizont* T ist gegeben durch $T \in [0, \infty)$, den letzten im Modell berücksichtigten Handelszeitpunkt, $\underset{\sim}{\mathcal{F}} = (\mathcal{F}_t)_{t \in [0,T]}$, die den Informationsverlauf beschreibende Filtration, $\underset{\sim}{S^j} = (S^j_t)_{t \in [0,T]}$, $j = 1, \ldots, g$, die die Preisentwicklung von Finanzgut j beschreibenden, adaptierten reellwertigen stochastischen Prozesse $\underset{\sim}{S^j}$. Ein *kontinuierliches Finanzmarktmodell mit unendlichem Horizont* wird entsprechend definiert unter Ersetzung des Intervalls $[0, T]$ durch $[0, \infty)$.

8.2 Black-Scholes-Modell

Das *Black-Scholes-Modell* ist ein kontinuierliches Finanzmarktmodell mit endlichem Horizont T und $g = 2$ Finanzgütern. Finanzgut 1 ist dabei eine festverzinsliche Anlage mit kontinuierlicher Verzinsung bei vorliegender fester Zinsrate ρ, die wir im folgenden kurz als *Bond* bezeichnen wollen. Es liegt damit für den Preisverlauf des Bonds der deterministische Prozeß

$$S^1_t = e^{\rho t}, \ t \in [0, T],$$

vor. Zur Modellierung des Aktienpreises wird ein Wienerprozeß $\underset{\sim}{W}$ herangezogen, ferner zwei Parameter $\mu \in {I\!\!R}$ und $\sigma > 0$. Dann wird - mit einem Anfangspreis

$A_0 > 0$ - der Aktienpreisprozeß, also der Preisprozeß von Finanzgut 2, definiert durch

$$A_t = A_0 \, e^{\mu t} \, e^{\sigma W_t - \frac{\sigma^2}{2} t} = A_0 \, e^{\sigma W_t + (\mu - \frac{\sigma^2}{2})t}, \, t \in [0, T].$$

Dabei sprechen wir von einem Aktienpreisprozeß mit *Volatilität* σ und *Trend* $\mu \in I\!R$. Als Filtration betrachten wir die Standardfiltration. Für die im Black-Scholes-Modell auftretenden Prozesse führen wir die folgenden Bezeichnungen ein.

Ein stochastischer Prozeß $\underset{\sim}{X}$ wird als *Wienerprozeß mit Volatilität $\sigma > 0$ und Drift $a \in I\!R$* bezeichnet, falls der Prozeß $((X_t - at)/\sigma)_{t \in [0, \infty)}$ ein Wienerprozeß ist. Ist $\underset{\sim}{W}$ ein Wienerprozeß, so wird durch $X_t = \sigma W_t + at$ ein solcher Wienerprozeß mit Volatilität σ und Drift a definiert. Betrachten können wir ihn als Gaußprozeß mit stetigen Pfaden, Startpunkt 0 und mit Mittelwertfunktion at und Kovarianzfunktion $\sigma^2 \min\{s, t\}$.

Ein Prozeß der Form

$$(e^{\sigma W_t + at})_{t \in [0, \infty)}$$

heißt *geometrische Brownsche Bewegung mit Volatilität σ und Drift a*. Eine geometrische Brownsche Bewegung ist ein Martingal, falls $a = -\sigma^2/2$ gilt. Wir werden im folgenden Wienerprozesse und geometrische Brownsche Bewegungen auf der eingeschränkten Zeitparametermenge $[0, T]$ zu betrachten haben. Diese Prozesse besitzen die entsprechenden Eigenschaften der auf $[0, \infty)$ definierten Prozesse, allerdings nunmehr nur für Zeitparameter in $[0, T]$. Die Heranziehung einer geometrischen Brownschen Bewegung zur Modellierung von Aktienpreisen wird dadurch motiviert, daß $\underset{\sim}{A}$ Lösung der folgenden stochastischen Differentialgleichung ist: $dA_t = A_t(\mu dt + \sigma dW_t)$, siehe 12.1.

8.3 Approximation des Black-Scholes-Modells durch diskrete Modelle

Das Black-Scholes-Modell kann als kontinuierliches Analogon zum Cox-Ross-Rubinstein-Modell betrachtet werden. Dies zeigt der folgende Approximationsvorgang, der für konkrete Berechnungen im Black-Scholes-Modell Anwendung findet. Wir zerlegen $[0, T]$ in Intervalle der Länge $\frac{1}{n}$ und betrachten Aktienpreise zu den Zeitpunkten $0, \frac{1}{n}, \frac{2}{n}, \cdots, \frac{[nT]}{n}$ in einem Cox-Ross-Rubinstein-Modell der Form

$$A_{\frac{k}{n}}^{(n)} = A_0 \prod_{i=1}^{k} Y_i^{(n)} = A_0 \, \exp(\sum_{i=1}^{k} \log(Y_i^{(n)})),$$

wobei $Y_1^{(n)}, Y_2^{(n)}, \ldots$ stochastisch unabhängig sind mit $P(Y_i^{(n)} = u_n) = 1 - P(Y_i^{(n)} = d_n) = p_n$. Es sei $a_n = E(\log(Y_i^{(n)}))$, $\sigma_n^2 = \text{Var}(\log(Y_i^{(n)}))$. Dann gelten im Sinne einer approximativen Übereinstimmung der Verteilungen

$$A_{\frac{k}{n}}^{(n)} \approx A_0 \, e^{\sigma W_{\frac{k}{n}} + a \frac{k}{n}},$$

falls $\sigma_n \sqrt{n} \approx \sigma$, $na_n \approx a$ vorliegt. Für praktische Anwendungen kann z.B. benutzt werden $u_n = e^{\frac{\sigma}{\sqrt{n}}}$, $d_n = \frac{1}{u_n}$, $p_n = \frac{1}{2}(1 + \frac{a}{\sigma\sqrt{n}})$.

In unserer Darstellung der Black-Scholes-Theorie wählen wir den folgenden Zugang: Da die Behandlung von Begriffen wie Absicherbarkeit und Hedge Methoden aus der Theorie der stochastischen Integration benötigt, wird diese erst im Kapitel 12 durchgeführt. Hier benutzen wir die Analogie des Black-Scholes-Modells zum Cox-Ross-Rubinstein-Modell und formulieren das zum diskreten Fall analoge Preisfestsetzungsprinzip unter Benutzung eines äquivalenten Martingalmaßes in Form eines später mit Arbitrageüberlegungen zu rechtfertigenden Postulats. Als eine Anwendung werden wir schon in diesem Kapitel die bekannte Black-Scholes-Formel kennenlernen. Wir beginnen mit der Angabe eines äquivalenten Martingalmaßes, bekannt als Satz von Girsanov.

8.4 Satz von Girsanov beim Wienerprozeß

Es sei $\underset{\sim}{X}$ ein Wienerprozeß mit Volatilität σ und Drift b. Sei $a \in \mathbb{R}$ und $T > 0$. Wir definieren

$$L_T = \exp\left(\frac{a-b}{\sigma^2}X_T - \frac{a^2-b^2}{2\sigma^2}T\right).$$

Dann wird durch $Q(A) = E(L_T 1_A)$ ein zu P äquivalentes Wahrscheinlichkeitsmaß Q so definiert, daß

$(X_t)_{t\in[0,T]}$ *Wienerprozeß mit Volatilität σ und Drift a bzgl. Q ist.*

In der Sprache der Gaußprozesse besagt diese Aussage: $(X_t)_{t\in[0,T]}$ ist bzgl. Q weiterhin ein Gaußprozeß mit derselben Kovarianzfunktion, jedoch mit der Mittelwertfunktion at, d.h. $EX_t = bt$, $E_Q X_t = at$.

8.5 Das äquivalente Martingalmaß im Black-Scholes-Modell

Wir betrachten ein Black-Scholes-Modell mit Bondpreisprozeß $e^{\rho t}$ und Aktienpreisprozeß $A_t = A_0\, e^{\sigma W_t + (\mu - \frac{\sigma^2}{2})t}$. Der diskontierte Aktienpreisprozeß ist gegeben durch $e^{-\rho t}A_t = A_0\, e^{\sigma W_t + (\mu - \rho - \frac{\sigma^2}{2})t}$. Definieren wir Q durch

$$\frac{dQ}{dP} = L_T = \exp\left(\frac{\rho - \mu}{\sigma}W_T - \frac{(\rho - \mu)^2}{2\sigma^2}T\right),$$

so ist nach dem Satz von Girsanov $e^{-\rho t}A_t$, $t \in [0,T]$, ein Martingal bzgl. Q. Der Aktienpreisprozeß verhält sich also gemäß

$$A_t = A_0\, e^{\sigma W_t + (\mu - \frac{\sigma^2}{2})t}\ \text{bzgl. } P,\ A_t = A_0\, e^{\sigma \overline{W}_t + (\rho - \frac{\sigma^2}{2})t}\ \text{bzgl. } Q,$$

wobei $(\overline{W}_t)_{t\in[0,T]} = (W_t - \frac{\rho-\mu}{\sigma}t)_{t\in[0,T]}$ ein Wienerprozeß bzgl. Q ist. Bei Berechnungen bzgl. des risikoneutralen Q ist also einfach der Trend μ des Ausgangsmodells durch die Zinsrate ρ zu ersetzen. Dies zeigt, daß die Ergebnisse von Berechnungen bzgl. des äquivalenten Martingalmaßes unabhängig vom real angenommenen Trend sind.

Wir formulieren nun das Preisfestsetzungsprinzip in Analogie zum n-Perioden-Modell.

8.6 Preisfestsetzung im Black-Scholes-Modell

Betrachtet werde ein Black-Scholes-Modell mit Zinsrate ρ. Q sei das vorstehend bestimmte äquivalente Martingalmaß. Ein Black-Scholes-Claim ist gegeben durch ein $\mathcal{F}_T$-meßbares $C : \Omega \to \mathbb{R}$. Der faire Preis dieses Claims im Zeitpunkt $t = 0$ wird festgesetzt als

$$s(C) = E_Q e^{-\rho T} C$$

unter der Voraussetzung, daß dieser Erwartungswert existiert. Die Berechnung dieses Erwartungswerts für einen Call liefert die bekannte *Black-Scholes-Formel*. Diese Formel und das zugrundeliegende Modell haben die Entwicklung der realen Finanzmärkte - und damit des Welthandels - entscheidend geprägt. Ebenso sind sie als konstitutiv für die wissenschaftliche Disziplin der Mathematical Finance anzusehen.

8.7 Black-Scholes-Formel

Betrachtet werde ein Black-Scholes-Modell mit Zinsrate ρ. Der faire Preis des europäischen Calls im Zeitpunkt $t = 0$ mit Ausübungspreispreis K und Laufzeit T ist gegeben durch

$$A_0 \; \Phi\left(\frac{\log(\frac{A_0}{K}) + (\rho + \frac{\sigma^2}{2})T}{\sigma\sqrt{T}}\right) - K \; e^{-\rho T} \Phi\left(\frac{\log(\frac{A_0}{K}) + (\rho - \frac{\sigma^2}{2})T}{\sigma\sqrt{T}}\right),$$

wobei Φ die Verteilungsfunktion der $N(0,1)$-Verteilung bezeichnet.

Betrachten wir einen späteren Zeitpunkt s, $0 < s < T$, so ist der Preis des europäischen Calls zum Zeitpunkt s gegeben durch

$$A_s \; \Phi\left(\frac{\log(\frac{A_s}{K}) + (\rho + \frac{\sigma^2}{2})(T-s)}{\sigma\sqrt{T-s}}\right) - K \; e^{-\rho(T-s)} \Phi\left(\frac{\log(\frac{A_s}{K}) + (\rho - \frac{\sigma^2}{2})(T-s)}{\sigma\sqrt{T-s}}\right).$$

Dabei hat s die Rolle des Zeitpunkts 0 übernommen, und die verbleibende Laufzeit ist $T - s$.

8.8 Diskussion der Black-Scholes-Formel

Die Black-Scholes-Formel gibt uns den fairen Preis $p(x, t, K)$ eines europäischen Calls bei aktuellem Aktienkurs x, verbleibender Laufzeit t und Ausübungspreis K. Der Preis ist abhängig von der Volatilität σ, jedoch unabhängig vom Trendparameter μ. Wir stellen leicht folgendes fest:

(i) Führen wir ein

$$h_1(x, t, K) = \frac{\log(\frac{x}{K}) + (\rho + \frac{\sigma^2}{2})t}{\sigma\sqrt{t}}, \quad h_2(x, t, K) = h_1(x, t, K) - \sigma\sqrt{t},$$

so gilt für den Preis

$$p(x, t, K) = x\, \Phi(h_1(x, t, K)) - e^{-\rho t} K\, \Phi(h_2(x, t, K)).$$

Der Preis der Option entspricht dem Wert eines Portfolios mit $\Phi(h_1(x, t, K))$ Einheiten der Aktie und einer short position von $K\, \Phi(h_2(x, t, K))$ Bonds mit Wert 1 am Ende der Restlaufzeit. Wir können ein Portfolio dieser Zusammensetzung als absicherndes Portfolio auffassen.

(ii) p ist strikt wachsend im Aktienpreis x. $\Delta = \partial p/\partial x = \Phi(h_1) > 0$ heißt in der Sprache der Finanzmärkte *Delta der Option* und gibt den Aktienanteil im absichernden Portfolio an.

p ist konvex im Aktienpreis x. $\Gamma = \partial^2 p/\partial x^2 > 0$ heißt *Gamma der Option* und wird interpretiert als Sensitivität des Aktienanteiles im absichernden Portfolio in Abhängigkeit vom Aktienpreis.

Der Optionspreis p wächst mit der Volatilität σ. $\Lambda = \partial p/\partial \sigma > 0$ wird als *Lambda der Option* bezeichnet. Ferner wächst der Optionspreis p mit der verbleibenden Laufzeit, ebenso mit der Zinsrate ρ, und er fällt mit dem Ausübungspreis K.

8.9 Volatilität und implizite Volatilität

Die Volatilität σ ist der Modellierungsparameter für den Aktienpreisprozeß, der in die Black-Scholes-Formel eingeht und daher von großer Bedeutung für den Handel mit Finanzderivaten ist. Die Volatilität ist aus dem Marktgeschehen zu schätzen, wobei eine Vielzahl von Möglichkeiten vorgeschlagen sind. Aktuelle Werte sind z.B. täglich in den Wirtschaftsteilen von Zeitungen zu finden. Zum einen ist die Schätzung möglich aus historischen Preisdaten, benutzt werden häufig Daten aus den letzten 90-180 Handelstagen, zum andern kann dies durch Ermittlung der *impliziten Volatilität* geschehen:

Der gegenwärtige Marktpreis einer Option mit verbleibender Laufzeit t und dem Ausübungspreis K sei gleich $\bar{p}$. Zu aktuellem Aktienpreis x und aktueller Zinsrate ρ lösen wir die Gleichung $p(x, t, K; \sigma) = \bar{p}$ in σ. Als Lösung erhalten wir die implizite Volatilität $\bar{\sigma}$. Bei diesem Vorgehen tritt ein Phänomen auf, das als *Smile-Effekt* bekannt ist: Bei festem Aktienkurs x wird zu Call-Optionen mit unterschiedlichem Ausübungspreis K die jeweilige implizite Volatilität berechnet. Würden die gehandelten Preise tatsächlich gemäß der Black-Scholes-Formel gebildet werden, müßte die implizite Volatilität in allen Fällen übereinstimmen. Tatsächlich wird oft eine Abhängigkeit des folgenden Typs beobachtet, die zu der Namensgebung geführt hat (smile = Lächeln). Im *at the money*-Bereich ist die implizite Volatilität geringer, im *deep in the money*- bzw. *deep out of the money*-Bereich höher.

Dabei heißt eine Option at the money, falls x ungefähr gleich K, in the money, falls x größer als K, deep in the money, falls x wesentlich größer als K, out of the money, falls x kleiner als K, deep out of the money, falls x wesentlich kleiner als K vorliegt.

8.10 Die Barriere-Option

Barriere-Optionen sind solche Optionen, bei denen der Kontrakt verfällt, falls der Aktienpreis ein gewisses Niveau, das wir als Barriere bezeichnen, erreicht. Als Beispiel sei der *down-and-out europäische Call* mit Laufzeit T, Ausübungspreis K und Barriere B betrachtet. Dieser Call verfällt bei Erreichen oder Unterschreiten des Niveaus B durch den Aktienpreis. Er wird beschrieben durch die Auszahlung $C = (A_T - K)^+ 1_{\{\inf_{0 \leq t \leq T} A_t > B\}}$ für den Halter der Option. Es liegt damit eine pfadabhängige, sog. *exotische Option* vor, bei der die Auszahlung nicht nur von A_T sondern vom gesamten Pfad $(A_t)_{t \in [0,T]}$ abhängt. Zur Berechnung des fairen Preises im Black-Scholes-Modell benutzen wir den folgenden Satz:

8.11 Satz zur Verteilung des Maximums bei Drift

Sei $\underset{\sim}{X}$ ein Wienerprozeß mit Volatilität 1 und Drift a. Es sei $Z_t = \underset{0 \leq s \leq t}{\sup} X_s$ für $t > 0$. Dann gilt für $z \geq x$:

$$P(X_t \leq x, Z_t < z) = \Phi\left(\frac{x - at}{\sqrt{t}}\right) - e^{2az}\Phi\left(\frac{x - 2z - at}{\sqrt{t}}\right).$$

8.12 Fairer Preis der Barriere-Option

Betrachtet werde ein Black-Scholes-Modell mit dem äquivalenten Martingalmaß Q und ein down-and-out europäischer Call mit Laufzeit T, Ausübungspreis K und Barriere B, wobei $A_0 > B, K > B$ sei.

Dann gilt für den fairen Preis dieser Barriere-Option

$$E_Q e^{-\rho T}(A_T - K)^+ 1_{\{\inf_{0 \leq t \leq T} A_t > B\}} = p(A_0, T, K) - \frac{e^{2a\beta}}{\gamma}p(A_0, T, \gamma K),$$

wobei p den Black-Scholes-Preis des europäischen Calls bezeichnet und

$$a = \frac{\sigma}{2} - \frac{\rho}{\sigma}, \ \beta = \log(\frac{A_0}{B})\frac{1}{\sigma}, \ \gamma = (\frac{A_0}{B})^2.$$

8.13 Amerikanischer Claim

Wie im n-Perioden-Modell betrachten wir auch im Black-Scholes-Modell Finanz-titel, bei denen innerhalb eines festgelegten Zeitraums der Besitzer eines solchen Titels den Ausübungszeitpunkt frei wählen kann. Als Strategien des Titelbesitzers zur Festlegung des Ausübungszeitpunkts liegen dabei die Stopzeiten in unserem Modell vor.

Ein amerikanischer Claim ist gegeben durch einen adaptierten reellwertigen Pro-zeß $\underset{\sim}{Z} = (Z_t)_{t \in [0,T]}$. Dabei gibt Z_t die Auszahlung an, die der Inhaber bei Ausübung zum Zeitpunkt t erhält. Ausübungsstrategien sind Stopzeiten $\tau : \Omega \to [0,T]$. Zu jeder solchen Strategie τ gehört der Claim $C(\underset{\sim}{Z}, \tau) = Z_\tau$.

Gemäß des No-Arbitrage-Prinzips definieren wir den fairen Preis eines amerika-nischen Claims als Supremum über die fairen Preise aller Claims, die für die-se Auswahl zur Verfügung stehen: $s(\underset{\sim}{Z}) = \sup_\tau s(C(\underset{\sim}{Z}, \tau))$. Mit Benutzung des äquivalenten Martingalmaßes Q und unter der Voraussetzung der Existenz der auftretenden Erwartungswerte erhalten wir

$$s(\underset{\sim}{Z}) = \sup_\tau E_Q e^{-\rho \tau} Z_\tau, \ \text{bzw.} \ s(\underset{\sim}{Z}, t) = \sup_{\tau \geq t} E_Q(e^{-\rho(\tau - t)} Z_\tau \mid \mathcal{F}_t)$$

für den fairen Preis in einem späteren Zeitpunkt t. Es zeigt sich, daß die fairen Preise des amerikanischen und des europäischen Calls im Black-Scholes-Modell übereinstimmen. Im allgemeinen Fall und schon beim amerikanischen Put ist die Situation wesentlich komplizierter. Zu bestimmen ist der Wert

$$\sup_\tau E_Q e^{-\rho \tau} Z_\tau,$$

so daß ein Problem des optimalen Stoppens mit kontinuierlichem Zeitparame-ter vorliegt. Zur Untersuchung von Problemen dieses Typs ist eine entsprechende Theorie wie die schon beschriebene diskrete Theorie entwickelt worden. Allerdings wird ein wesentlich höherer technischer Aufwand nötig, da insbesondere im kon-tinuierlichen Fall die Rückwärtsinduktion nicht zur Verfügung steht. Deutliche Vereinfachungen ergeben sich bei Vorliegen von Markovschen Stopsituationen. Zur effektiven Berechnung der fairen Preise werden dann numerische Approxi-mationen eingesetzt. Diese werden zum einen dadurch gewonnen, daß das Black-Scholes-Modell durch ein Cox-Ross-Rubinstein-Modell approximiert wird und in diesem dann eine Rückwärtsinduktion durchgeführt wird. Zum anderen können Methoden aus der Numerik von Differentialgleichungen eingesetzt werden.

Aufgaben

Aufgabe 8.1   Sei $\underset{\sim}{W}$ ein Wienerprozeß bzgl. einer Filtration $\mathcal{F}$. Sei Q ein weiteres Wahrscheinlichkeitsmaß zu einem reellen Parameter θ so, daß für jedes $t \in [0, \infty)$ gilt

$$Q(A) = \int_A \exp(\theta W_t - \frac{1}{2}\theta^2 t)dP \text{ für alle meßbaren } A \in \mathcal{F}_t.$$

Zeigen Sie:

$$E\exp(\theta W_\tau - \frac{1}{2}\theta^2 \tau)1_{\{\tau < \infty\}} = 1$$

für jede Stopzeit τ mit $Q(\tau < \infty) = 1$.

Aufgabe 8.2   Betrachtet sei ein Black-Scholes-Modell. Seien $c, K > 0$.

(a) Eine Cash-or-Nothing-Option liefert die Auszahlung $c1_{\{A_T > K\}}$.
    Berechnen Sie den fairen Preis dieser Option.

(b) Eine Gap-Option liefert die Auszahlung $(A_T - c)1_{\{A_T > K\}}$.
    Berechnen Sie den fairen Preis dieser Option.

Aufgabe 8.3   Betrachtet sei ein Black-Scholes-Modell. Ein Lookback-Call liefert die Auszahlung $A_T - \inf_{0 \leq t \leq T} A_t$.

Berechnen Sie den fairen Preis dieser Option.

Aufgabe 8.4   Betrachtet sei ein Black-Scholes-Modell. Konstruieren Sie weitere Barriere-Optionen (vgl. 8.10) und berechnen Sie deren faire Preise.

Aufgabe 8.5   Betrachtet sei ein Black-Scholes-Modell. Schreiben Sie ein Computerprogramm, das näherungsweise den Wert eines amerikanischen Puts bestimmt. Führen Sie hierzu eine Approximation durch ein diskretes Modell durch.

Aufgabe 8.6   Wir betrachten ein kontinuierliches Finanzmarktmodell mit Zinsrate $\rho > 0$ und Aktienpreisprozeß $A_t = e^{\rho t}\exp(\sigma W_t - \frac{1}{2}\sigma^2 t), t \in [0, \infty)$, mit einem zugrundeliegenden Wienerprozeß. Sei $\mathcal{S}$ die Menge aller Stopzeiten. Zeigen Sie:

(a) Es gibt genau ein $\alpha > 0$ so, daß $M_\alpha(t) = e^{-\rho t}A_t^{-\alpha}$ ein positives Martingal definiert.

(b) Die Funktion $h(x) = x^\alpha(K - x)^+$ ist beschränkt mit eindeutiger Maximalstelle $m = K\frac{\alpha}{1+\alpha}$.

(c)
$$\sup_{\tau \in S} E(e^{-\rho\tau}(K - A_\tau)^+) \leq (K - K\frac{\alpha}{1+\alpha})(K\frac{\alpha}{1+\alpha})^\alpha.$$

(d) Falls $K\frac{\alpha}{1+\alpha} \leq 1$ vorliegt, so gilt für $\tau^* = \inf\{t \geq 0 : A_t = K\frac{\alpha}{1+\alpha}\}$:

$$\sup_{\tau \in S} E(e^{-\rho\tau}(K - A_\tau)^+) = E(e^{-\rho\tau^*}(K - A_{\tau^*})^+)$$
$$= (K - K\frac{\alpha}{1+\alpha})(K\frac{\alpha}{1+\alpha})^\alpha.$$

Kapitel 9

Das stochastische Integral

In den folgenden drei Kapiteln werden die Grundbegriffe der stochastischen Integrationstheorie bereitgestellt, deren Kenntnis erst ein vertieftes Verständnis des Black-Scholes-Modells und seiner Verallgemeinerungen ermöglicht. Wir beginnen mit einigen Gedanken zur Motivation der sich anschließenden, recht aufwendigen theoretischen Überlegungen.

9.1 Elementare Handelsstrategien

Betrachtet sei ein kontinuierliches Finanzmarktmodell. In Analogie zum n-Perioden-Modell wird der Begriff der *elementaren Handelsstrategie* eingeführt. Eine elementare Handelsstrategie $\underset{\sim}{H} = (H_t)_{t \in [0,T]}$ ist für eine Zerlegung $0 = t_0 < t_1 < ... < t_m = T$ und $\mathcal{F}_{t_i}$-meßbare Abbildungen $h_i : \Omega \to I\!\!R^g$, $i = 0, ..., m-1$ gegeben durch $H_t = h_i$ für $t_i < t \le t_{i+1}$. Das Portfolio der Zusammensetzung h_i wird im Anschluß an den Zeitpunkt t_i gebildet und bis zum Zeitpunkt t_{i+1} gehalten. Wir setzen aus formalen Gründen noch $H_0 = h_0$ und erhalten

$$H_t = h_0 1_{\{0\}}(t) + \sum_{i=0}^{m-1} h_i 1_{(t_i, t_{i+1}]}(t).$$

Der sich ergebende Gewinn zum vorliegenden Preisprozeß ist dann

$$\sum_{i=0}^{m-1} h_i^T (S_{t_{i+1}} - S_{t_i}).$$

Betrachten wir zur Illustration den Fall $g = 1$, so läßt sich zu jedem ω der Gewinn $\sum_{i=0}^{m-1} h_i(\omega)(S_{t_{i+1}}(\omega) - S_{t_i}(\omega))$ auffassen als Integral $\int_{[0,T]} H_t(\omega) dS_t(\omega)$.

Natürlich reicht der Begriff der elementaren Handelsstrategie nicht aus, um die an realen Finanzmärkten benutzten Strategien zur Portfolioanpassung zu beschreiben, da diese Anpassungen insbesondere den Marktverlauf zu berücksichtigen haben und somit im allgemeinen zu zufälligen Zeitpunkten geschehen. Wir stehen also vor der Frage, wie wir den mathematischen Begriff der Handelsstrategie in Einklang mit den realen Verhältnissen an Finanzmärkten so ausweiten können, daß sich der Gewinn in Form eines geeigneten Integrals $\int H_t dS_t$ für die uns interessierenden Preisprozesse bilden läßt. Für gewisse Handelsstrategien $\underset{\sim}{H}$ und Preisprozesse $\underset{\sim}{S}$ kann das Integral $\int H_t dS_t$ mit den Methoden der elementaren Analysis als pfadweises Integral definiert werden. Besitzt $\underset{\sim}{H}$ stetige Pfade und $\underset{\sim}{S}$ Pfade von beschränkter Variation, so können wir für jedes ω

$$\int\limits_{[0,T]} H_t(\omega)dS_t(\omega) = \lim_{n\to\infty} \sum_{k\leq nT} H_{\frac{k-1}{n}}(\omega)(S_{\frac{k}{n}}(\omega) - S_{\frac{k-1}{n}}(\omega))$$

als Riemann-Stieltjes-Integral definieren. Bei den uns interessierenden Preisprozessen, wie wir sie schon im Black-Scholes-Modell kennengelernt haben, treten jedoch aus dem Wienerprozeß abgeleitete stochastische Prozesse auf. Es ist nun wohlbekannt, daß die Pfade von Wienerprozessen fast sicher nicht von beschränkter Variation sind. Damit sind auch die Pfade der in den gebräuchlichen kontinuierlichen Finanzmarktmodellen benutzten Preisprozesse nicht von beschränkter Variation. Dies hat zur Folge, daß das uns interessierende Integral $\int H_t dS_t$ nicht elementar eingeführt werden kann. Die Aufgabe, solche Integrale zu definieren, wird durch die auf Itô zurückgehende Theorie der stochastischen Integration bewältigt. Ihre Grundzüge, soweit sie zur Behandlung von kontinuierlichen Finanzmärkten notwendig sind, werden wir im folgenden darstellen.

Zugrundegelegt werden dabei ein Wahrscheinlichkeitsraum $(\Omega, \mathcal{A}, P)$ und eine Filtration $\underset{\sim}{\mathcal{F}}$ mit den folgenden Eigenschaften:

(i) $\underset{\sim}{\mathcal{F}}$ ist rechtsseitig-stetig,

(ii) $\{A \in \mathcal{A} : P(A) = 0\} \subseteq \mathcal{F}_0$.

Als Beispiel einer solchen Filtration haben wir die Standardfiltration eines Wienerprozesses kennengelernt. (i) liefert uns insbesondere, daß wir eine ausreichende Menge von Stopzeiten zur Verfügung haben. (ii) wird oft für folgenden Schluß benutzt: Ist $\underset{\sim}{X}$ ein adaptierter stochastischer Prozeß und $\underset{\sim}{Y}$ ein weiterer stochastischer Prozeß mit $P(X_t = Y_t) = 1$ für alle t, so folgt aus (ii), daß $\underset{\sim}{Y}$ ebenfalls adaptiert ist.

Um zu einer geeigneten formalen Begriffsbildung von Handelsstrategien zu gelangen, beginnen wir mit folgender Überlegung. Sicherlich sollte jede elementare Handelsstrategie unter diese Begriffsbildung fallen. Betrachten wir nun elementare Handelsstrategien als Abbildungen von $[0, \infty) \times \Omega$ nach $\mathbb{R}^g$ gemäß 6.1 , so können wir die durch alle elementaren Handelsstrategien erzeugte σ-Algebra auf $[0, \infty) \times \Omega$ betrachten, also die kleinste σ-Algebra, bzgl. der sämtliche elementaren Handelsstrategien meßbar sind. Als Handelsstrategien könnten wir nun solche $I\!R^g$-wertigen stochastischen Prozesse betrachten, die bzgl. dieser σ-Algebra meßbar sind und gegebenenfalls noch gewisse Zusatzbedingungen erfüllen. Wie wir im folgenden sehen werden, liefert uns dieses Vorgehen tatsächlich eine angemessene Begriffsbildung. Begonnen sei mit der formalen Einführung der beschriebenen σ-Algebra.

9.2 Previsible σ-Algebra

Das System der previsiblen Rechtecke wird definiert als

$$\mathcal{R} = \{\ \{0\} \times F_0 : F_0 \in \mathcal{F}_0\}\ \cup\ \{(s,t] \times F_s : F_s \in \mathcal{F}_s,\ s,t \in [0,\infty) \text{ mit } s < t\}.$$

$\mathcal{R}$ ist $\cap$-stabil. Wir definieren die *previsible σ-Algebra* durch

$$\mathcal{P} = \sigma(\mathcal{R}).$$

Wir bezeichnen ihre Elemente als previsible Mengen, ferner einen stochastischen Prozeß $\underset{\sim}{X} = (X_t)_{t \in [0,\infty)}$ als *previsibel*, falls er, betrachtet als Abbildung X auf $[0,\infty) \times \Omega$, meßbar bzgl. $\mathcal{P}$ ist.

$$\mathcal{E} = \{\sum_{j=1}^{n} \alpha_j 1_{R_j} : n \in I\!N,\ \alpha_1, \ldots, \alpha_n \in I\!R,\ R_1, \ldots, R_n \in \mathcal{R} \text{ paarweise disjunkt }\}$$

sei die Menge der *elementaren previsiblen Prozesse*. Für $R = (s,t] \times F_s$ definiert 1_R den stochastischen Prozeß mit den Pfaden $u \to 1_{(s,t]}(u)1_{F_s}(\omega)$. Wir merken an, daß ein previsibler Prozeß $\underset{\sim}{X}$ adaptiert ist, ferner jeder linksseitig-stetige adaptierte Prozeß previsibel.

9.3 Stochastische Intervalle

σ, τ seien Stopzeiten. Dann werden Mengen der Form

$$[\sigma, \tau], (\sigma, \tau], [\sigma, \tau), (\sigma, \tau) \subseteq [0, \infty) \times \Omega$$

als *stochastische Intervalle* bezeichnet. Dabei ist z.B. $[\sigma, \tau] = \{(t, \omega) \in [0, \infty) \times \Omega : \sigma(\omega) \le t \le \tau(\omega)\}$. Es folgt leicht:

Stochastische Intervalle der Form $[0, \tau]$, $(\sigma, \tau]$ *sind previsibel.*

Zur abkürzenden Schreibweise dient folgende Definition:

9.4 L_p-Prozeß

Sei $p \ge 1$. Ein reellwertiger stochastischer Prozeß $\underset{\sim}{Z}$ wird als L^p-Prozeß bezeichnet, falls $E|Z_t|^p < \infty$ für alle t gilt.

Damit kommen wir zu einer für die stochastische Integrationstheorie nützlichen Begriffsbildung.

9.5 Doléansmaß

$\underset{\sim}{Z}$ sei ein L^1-Prozeß. Dann wird eine Abbildung $\nu_Z : \mathcal{R} \to I\!R$ definiert durch

$$\nu_Z(\{0\} \times F_0) = 0, \ \nu_Z((s,t] \times F_s) = E 1_{F_s}(Z_t - Z_s).$$

Ist $\underset{\sim}{M}$ ein Martingal, so gilt $\nu_M = 0$. Entsprechend ist $\nu_M \geq 0$ bei einem Submartingal. Ferner gilt für ein L^2-Martingal

$$\nu_{M^2}((s,t] \times F_s) = E(1_{F_s}(M_t - M_s)^2).$$

Als Integratoren werden wir zunächst rechtsseitig-stetige L^2-Martingale benutzen. Das folgende Resultat ist fundamental für den hier gewählten Zugang zur stochastischen Integration.

$\underset{\sim}{M}$ sei ein rechtsseitig-stetiges L^2-Martingal. Dann existiert ein eindeutig bestimmtes Maß

$$\mu_M : \mathcal{P} \to [0, \infty] \ \textit{mit} \ \mu_M \mid_{\mathcal{R}} = \nu_{M^2}.$$

μ_M wird als Doléansmaß bezeichnet.

Für das Doléansmaß des Wienerprozesses gilt $\mu_W = \lambda \otimes P$.

9.6 Elementares stochastisches Integral

Wir beginnen mit der Einführung des stochastischen Integrals für elementare previsible Prozesse. Dabei sind keine Voraussetzungen über den Integrator nötig. $\underset{\sim}{Z}$ sei ein reellwertiger stochastischer Prozeß. Dann wird definiert:

$$\int 1_{\{0\} \times F_0} dZ = 0, \ \int 1_{(s,t] \times F_s} dZ = 1_{F_s}(Z_t - Z_s).$$

Dies definiert für jedes previsible Rechteck $R \in \mathcal{R}$ das stochastische Integral $\int 1_R \, dZ$. Es liegt dabei eine pfadweise Definition im üblichen Sinne der Analysis vor. Für elementares previsibles

$$\underset{\sim}{X} = \sum_{j=1}^{n} \alpha_j 1_{R_j} \ \text{wird definiert} \ \int X dZ = \sum_{j=1}^{n} \alpha_j \int 1_{R_j} \, dZ.$$

Man sieht aus der pfadweisen Definition, daß Wohldefiniertheit und Linearität, also $\int (\alpha X + \beta Y) dZ = \alpha \int X dZ + \beta \int Y dZ$, vorliegen.

9.7 Die Isometrie-Eigenschaft

Es sei $\underset{\sim}{M}$ ein rechtsseitig-stetiges L^2 -Martingal. Wir definieren die folgenden Räume quadrat-integrierbarer Funktionen:

$$L^2 = L^2(\Omega, \mathcal{A}, P) \text{ und } \mathcal{L}^2 = L^2([0, \infty) \times \Omega, \mathcal{P}, \mu_M).$$

Bei Bedarf schreiben wir auch $\mathcal{L}^2(M)$. Mit der üblichen Identifizierung von Funktionen, die bis auf Nullmengen übereinstimmen, erhalten wir zwei Hilberträume und damit zwei vollständige normierte Räume, jeweils mit der durch das innere Produkt induzierten, wohlbekannten L^2- bzw. $\mathcal{L}^2$-Norm $\|\cdot\|_2$. Offensichtlich kann $\mathcal{E}$ als linearer Unterraum von $\mathcal{L}^2$ aufgefaßt werden. Wir können das bisher definierte stochastische Integral also als linearen Operator

$$I : \mathcal{E} \to L^2, \, I(\underset{\sim}{X}) = \int X \, dM$$

betrachten. Damit können wir die folgende fundamentale *Isometrie-Eigenschaft* formulieren:

Es sei $\underset{\sim}{M}$ ein rechtsseitig-stetiges L^2-Martingal. Dann gilt für $\underset{\sim}{X} \in \mathcal{E}$

$$\int X^2 d\mu_M = E((\int X \, dM)^2), \, \text{ also } \|X\|_2 = \|I(X)\|_2,$$

so daß $I : \mathcal{E} \to L^2$ eine Isometrie ist.

9.8 Hilfsaussagen zur Einführung des stochastischen Integrals

Um zur Definition des stochastischen Integrals zu gelangen, benötigen wir:
(i) Es seien H_1, H_2 vollständige normierte Räume, $\mathcal{E}_1$ dichter Teilraum von H_1 und $J : \mathcal{E}_1 \to H_2$ lineare Isometrie. Dann läßt sich J eindeutig als lineare Isometrie $\tilde{J} : H_1 \to H_2$ fortsetzen.
(ii) Es sei $\underset{\sim}{M}$ ein rechtsseitig-stetiges L^2-Martingal. Dann ist $\mathcal{E}$, der Raum der elementaren previsiblen Prozesse, dicht in $\mathcal{L}^2$.

9.9 Das stochastische Integral

Sei also $\underset{\sim}{M}$ ein rechtsseitig-stetiges L^2-Martingal. Mit vorstehenden Aussagen läßt sich $I : \mathcal{E} \to L^2$ eindeutig als lineare Isometrie $\tilde{I} : \mathcal{L}^2 \to L^2$ fortsetzen. Für $\underset{\sim}{X} \in \mathcal{L}^2$ wird $\tilde{I}$ als stochastisches Integral von $\underset{\sim}{X}$ bzgl. $\underset{\sim}{M}$ bezeichnet, und wir schreiben

$$\tilde{I}(X) = \int X \, dM.$$

Gemäß seiner Einführung ist das stochastische Integral linear, d.h. es gilt

$$\int (\alpha X + \beta Y) dM = \alpha \int X \, dM + \beta \int Y \, dM.$$

Aufgaben

Aufgabe 9.1 Die optionale σ-Algebra $\mathcal{O}$ ist diejenige σ-Algebra, die erzeugt wird vom System aller stochastischen Intervalle der Form $[\tau, \infty)$, wobei τ die Menge aller Stopzeiten durchläuft. Zeigen Sie $\mathcal{P} \subseteq \mathcal{O}$.

Aufgabe 9.2 Eine Stopzeit τ wird als previsibel bezeichnet, falls eine monoton wachsende Folge von Stopzeiten $(\tau_n)_n$ existiert so, daß gilt

$$\lim_{n \to \infty} \tau_n = \tau \text{ und } \tau_n|_{\{\tau > 0\}} < \tau|_{\{\tau > 0\}}.$$

Zeigen Sie, daß die previsible σ-Algebra $\mathcal{P}$ erzeugt wird vom System aller stochastischen Intervalle der Form $[\tau, \infty)$, wobei τ die Menge aller previsiblen Stopzeiten durchläuft.

Aufgabe 9.3 Sei $\underset{\sim}{W}$ ein Wienerprozeß. Es sei $\tau_a = \inf\{t \geq 0 : W_t = a\}$ für reelles a. Berechnen Sie $\mu_W([0, \tau_a \wedge \tau_b])$ für $a < 0 < b$ sowie $\mu_W([0, \tau_a])$ für $a \neq 0$.

Aufgabe 9.4 Zu einem Wienerprozeß $\underset{\sim}{W}$ bzgl. einer Filtration $\underset{\sim}{\mathcal{F}}$ sei das Martingal $\underset{\sim}{M}$ mit $M_t = \exp(W_t - \frac{1}{2}t), t \in [0, \infty)$, betrachtet. Zeigen Sie:

(a) $E(M_t^2 | \mathcal{F}_s) = e^{t-s} M_s^2$ für alle $0 \leq s < t$.

(b) $\int_{(s,t]} \frac{M_u^2}{M_s^2} du$ ist stochastisch unabhängig von $\mathcal{F}_s$ für alle $0 \leq s < t$.

(c) $E \int_{(s,t]} \frac{M_u^2}{M_s^2} du = e^{t-s} - 1$ für alle $0 \leq s < t$.

Aufgabe 9.5 Zeigen Sie in der Situation von Aufgabe 9.4:

(a) Das zu $\underset{\sim}{M}$ gehörige Doléansmaß μ_M ist gegeben durch

$$\mu_M(A) = E \int_{[0,\infty)} 1_A M_s^2 ds$$

für jedes A aus der previsiblen σ-Algebra.

(b) $(M_t^2 - \int_{[0,t]} M_s^2 ds)_{t \in [0,\infty)}$ ist ein Martingal.

Aufgabe 9.6 Sei $\underset{\sim}{W}$ ein Wienerprozeß, $t > 0$. Zeigen Sie durch eine geeignete Approximation

$$2 \int W_s 1_{[0,t]} dW_s = W_t^2 - t.$$

Kapitel 10

Stochastische Integration und Lokalisation

Wir werden in diesem Kapitel wichtige Eigenschaften des stochastischen Integrals kennenlernen. Die Herleitung dieser Eigenschaften geschieht in der Regel so: Für elementare previsible Prozesse, für die das stochastische Integral pfadweise definiert worden ist, können wir die Gültigkeit direkt nachprüfen. Für allgemeine Integranden $\underset{\sim}{X} \in \mathcal{L}^2$ benutzen wir die Approximation durch elementare previsible Prozesse und führen einen Grenzübergang unter Benutzung der Isometrie-Eigenschaft des stochastischen Integrals aus. Wir werden dieses Vorgehen im folgenden als den *üblichen Erweiterungsprozeß* bezeichnen.

Eine fruchtbare Sichtweise aus der Analysis ist die Betrachtung von Integralen $\int_a^x$ als Funktion der oberen Grenze x. Eine entsprechende Vorgehensweise wollen wir nun für die stochastische Integration kennenlernen.

10.1 Bezeichnungsweisen

Es sei $\underset{\sim}{X}$ ein reellwertiger stochastischer Prozeß. Für eine Stopzeit τ wird der stochastische Prozeß $1_{[0,\tau]}\underset{\sim}{X}$ definiert durch

$$(1_{[0,\tau]}X)(s,\omega) = 1_{[0,\tau]}(s,\omega)X_s(\omega),$$

der identisch 0 für $s > \tau$ ist; insbesondere erhalten wir für jedes $t \geq 0$ den stochastischen Prozeß $1_{[0,t]}\underset{\sim}{X}$ mit $(1_{[0,t]}X)(s,\omega) = 1_{[0,t]}(s)X_s(\omega)$. Ist $\underset{\sim}{M}$ ein rechtsseitig-stetiges L^2-Martingal und gilt $\underset{\sim}{X} \in \mathcal{L}^2$, so folgt offensichtlich $1_{[0,\tau]}\underset{\sim}{X} \in \mathcal{L}^2$ für jedes τ, und wir können bilden

$$\int 1_{[0,\tau]}X\,dM, \quad \int 1_{(\sigma,\tau]}X\,dM, \quad \int 1_{(s,t]}X\,dM.$$

Wir wollen noch eine der Abkürzung dienende Bezeichnungsweise für die im folgenden häufig auftretende Minimumsbildung einführen. Für $s, t \in I\!R$ benutzen wir $s \wedge t = \min\{s, t\}$ und entsprechend $\sigma \wedge \tau = \min\{\sigma, \tau\}$ für Stopzeiten σ, τ.

10.2 Satz zur Martingaleigenschaft

Es seien $\underset{\sim}{M}$ ein rechtsseitig-stetiges L^2-Martingal und $\underset{\sim}{X} \in \mathcal{L}^2$. Dann gilt

$$E(\int X dM \mid \mathcal{F}_t) = \int 1_{[0,t]} X dM \text{ für jedes } t,$$

und $(\int 1_{[0,t]} X dM)_{t \in [0,\infty)}$ ist ein L^2-Martingal. Insbesondere gilt

$$E \int X dM = 0.$$

10.3 Auswahl von Versionen

Das stochastische Integral ist als ein Element des L^2 definiert worden. Es handelt sich also im strengen Sinne nicht um eine Zufallsgröße, sondern umeine Äquivalenzklasse von Zufallsgrößen bzgl. der Relation der fast sicheren Gleichheit. Wie üblich haben wir bisher auf die Darstellung dieser Unterscheidung verzichtet. Für das folgende Resultat ist es jedoch notwendig, den vorliegenden Unterschied zu berücksichtigen. Dazu dient die folgende Definition.

Es seien $Z_t \in L^2$ für alle $t \in [0, \infty)$. Dann heißt ein stochastischer Prozeß $\underset{\sim}{Y}$ *Version* von $(Z_t)_{t \in [0,\infty)}$, falls Y_t Repräsentant von Z_t für alle $t \in [0, \infty)$ ist, d. h. falls Y_t Element von Z_t für alle $t \in [0, \infty)$ ist, wobei wir Z_t exakt als Äquivalenzklasse, also Menge von Zufallsgrössen betrachten. Es läßt sich folgendes Resultat beweisen.

Zu $\underset{\sim}{X} \in \mathcal{L}^2$ existiert eine Version $\underset{\sim}{Y}$ von $(\int 1_{[0,t]} X dM)_{t \in [0,\infty)}$ mit rechtsseitig-stetigen Pfaden, die also ein rechtsseitig-stetiges L^2-Martingal bildet.

Wir schreiben für eine solche rechtsseitig-stetige Version

$$Y_t = \int_{[0,t]} X dM.$$

Besitzt $\underset{\sim}{M}$ stetige Pfade, so erhalten wir durch den vorstehenden Satz sogar eine Version mit stetigen Pfaden. Im folgenden werden wir stets, ohne dies noch besonders zu erwähnen, solche rechtsseitig-stetigen Versionen bzw. bei Vorliegen eines stetigen $\underset{\sim}{M}$ stetigen Versionen benutzen.

10.4 Zum Umgang mit stochastischen Integralen

(i) Für $s < t$ und alle beschränkten $\mathcal{F}_s$-meßbaren $h : \Omega \to \mathbb{R}$ gilt

$$h \cdot \int 1_{(s,t]} X \, dM = \int h 1_{(s,t]} X \, dM.$$

(ii) Für jede endliche Stopzeit τ gilt

$$\int 1_{[0,\tau]} X \, dM = \int_{[0,\tau]} X \, dM, \, insbesondere \int 1_{[0,\tau \wedge t]} dM = M_{\tau \wedge t} - M_0 \, für \, alle \, t.$$

Wir haben mit $(\int_{[0,t]} X \, dM)_{t \in [0,\infty)}$ ein weiteres rechtsseitig-stetiges L^2-Martingal erhalten und können dieses als Integrator benutzen. Dann können wir beweisen:

10.5 Stochastische Integrale als Integratoren

Es seien $\underset{\sim}{M}$ ein rechtsseitig-stetiges L^2-Martingal und $\underset{\sim}{X} \in \mathcal{L}^2$, ferner $\underset{\sim}{Y} = (\int_{[0,t]} X \, d\widetilde{M})_{t \in [0,\infty)}$.

(i) Es gilt $\dfrac{d\mu_Y}{d\mu_M} = \underset{\sim}{X}^2$, d.h. $\mu_Y(A) = \int_A X^2 d\mu_M$ für alle $A \in \mathcal{P}$.

(ii) Sei $\underset{\sim}{Z} \in \mathcal{L}^2(Y)$. Dann ist $\underset{\sim}{Z}\underset{\sim}{X} = (Z_t X_t)_{t \in [0,\infty)} \in \mathcal{L}^2$, und es gilt

$$\int Z \, dY = \int ZX \, dM.$$

Die vorstehende Integralbeziehung bezeichnen wir als *Substitutionsprinzip*. Wenden wir es auf $1_{[0,t]}\underset{\sim}{Z}$ an, so ergibt sich

$$\int_{[0,t]} Z \, dY = \int_{[0,t]} ZX \, dM \text{ für alle } t.$$

Die für unsere Behandlung kontinuierlicher Finanzmärkte benutzte Version des stochastischen Integrals ergibt sich schließlich durch das nun vorgestellte Prinzip der Lokalisation.

10.6 Lokalisation

Sei $\mathcal{C}$ eine Menge von stochastischen Prozessen. Ein stochastischer Prozeß $\underset{\sim}{X}$ heißt *lokaler $\mathcal{C}$-Prozeß*, falls eine Folge von Stopzeiten $(\tau_n)_{n \in \mathbb{N}}$ so existiert, daß $\tau_1 \leq \tau_2 \leq \ldots \uparrow \infty$ und für alle $n \in \mathbb{N}$ gilt

$$\underset{\sim}{X}^{\tau_n} = (X_{\tau_n \wedge t})_{t \in [0,\infty)} \in \mathcal{C}.$$

$(\tau_n)_{n \in \mathbb{N}}$ heißt *lokalisierende Folge* für $\underset{\sim}{X}$. Im Fall $\mathcal{C} = \{\underset{\sim}{X} : \underset{\sim}{X} \ L^2\text{-Martingal}\}$ sprechen wir von *lokalen L^2-Martingalen*. Von besonderer Bedeutung wird für uns der Fall

$$\mathcal{C} = \{\underset{\sim}{X} : \underset{\sim}{X} \ \text{Martingal mit beschränktem } X_0\}$$

sein. Wir sprechen dann von einem *lokalen Martingal*. Hat man endlich viele lokale Martingale, so kann man durch Minimumsbildung stets eine gemeinsame lokalisierende Folge von Stopzeiten finden. Die Forderung der Beschränktheit von X_0 dient hier nur der Vereinfachung einiger Formulierungen. Es gilt folgendes Resultat:

$\underset{\sim}{M}$ sei stetiges lokales Martingal. Dann ist $\underset{\sim}{M}$ lokales beschränktes Martingal.

Ferner besitzen nach unten beschränkte lokale Martingale die Supermartingaleigenschaft. Es gilt nämlich:

Es sei $\underset{\sim}{M}$ ein rechtsseitig-stetiges lokales Martingal so, daß eine integrierbare Zufallsgröße Y existiert mit der Eigenschaft $M_t \geq Y$ für jedes t. Dann gilt für alle $s < t$

$$M_s \geq E(M_t \mid \mathcal{F}_s).$$

10.7 Ausdehnung des stochastischen Integrals

Wir wollen nun das stochastisches Integral auf rechtsseitig-stetige lokale L^2-Martingale und damit auf stetige lokale Martingale ausdehnen. Dazu ist die folgende einfache Aussage, die wir als *Lokalisationslemma* bezeichnen werden, grundlegend.

Es seien $\underset{\sim}{M}$ ein rechtsseitig-stetiges L^2-Martingal und $\underset{\sim}{X} \in \mathcal{L}^2$. Für jede Stopzeit τ gilt $1_{[0,\tau]} X \in \mathcal{L}^2(M^\tau)$ und

$$\int 1_{[0,\tau]} X dM = \int 1_{[0,\tau]} X dM^\tau.$$

Der Raum der Integranden wird wie folgt erweitert: $\underset{\sim}{M}$ sei rechtsseitig-stetiges lokales L^2-Martingal. Sei

$$\mathcal{L} \ - \ \{\underset{\sim}{X} : \underset{\sim}{X} \ \text{previsibel so, daß eine lokalisierende Folge } (\tau_n)_{n \in \mathbb{N}} \ \text{für} \ \underset{\sim}{M}$$
$$\text{existiert mit } 1_{[0,\tau_n]} \underset{\sim}{X} \in \mathcal{L}^2(M^{\tau_n}) \ \text{für alle } n\}.$$

Bei Bedarf schreiben wir auch $\mathcal{L}(M)$. Zu $\underset{\sim}{X} \in \mathcal{L}$ definieren wir

$$\underset{\sim}{Y}^n = (\int_{[0,t]} 1_{[0,\tau_n]} X \, dM^{\tau_n})_{t \in [0,\infty)}.$$

Aus dem Lokalisationslemma folgt, daß $\underset{\sim}{Y}^{n+k}$ eine Fortsetzung von $\underset{\sim}{Y}^n$ ist. Außerhalb einer Nullmenge kann dann definiert werden $Y_t(\omega) = \lim_{n \to \infty} Y_t^n(\omega)$. Dieses liefert uns das stochastische Integral

$$(Y_t)_{t \in [0,\infty)} = (\int_{[0,t]} X \, dM)_{t \in [0,\infty)}.$$

Mit dem Lokalisationslemma ist leicht einzusehen, daß diese Definition unabhängig von der zugrundegelegten lokalisierenden Folge ist.

Eigenschaften des stochastischen Integrals für L^2-Martingale und Prozesse aus $\mathcal{L}^2$ lassen sich durch Lokalisation auf den allgemeineren Fall leicht übertragen. Insbesondere gelten:

Es seien $\underset{\sim}{M}$ ein rechtsseitig-stetiges lokales L^2-Martingal und $\underset{\sim}{X} \in \mathcal{L}$, ferner $\underset{\sim}{Y} = (\int_{[0,t]} X dM)_{t \in [0,\infty)}$. Sei $\underset{\sim}{Z} \in \mathcal{L}(Y)$. Dann ist $\underset{\sim}{Z}\underset{\sim}{X} \in \mathcal{L}$, und es gilt

$$\int_{[0,t]} Z \, dY = \int_{[0,t]} ZX \, dM \ \textit{für alle } t.$$

Sei $\underset{\sim}{M}$ ein stetiges lokales Martingal und $\underset{\sim}{X}$ ein stetiger Prozeß mit beschränktem X_0. Dann gilt $\underset{\sim}{X} \in \mathcal{L}$, und

$$(\int_{[0,t]} X \, dM)_{t \in [0,\infty)} \ \textit{ist ein stetiges lokales Martingal.}$$

Aufgaben

Aufgabe 10.1   Sei $(M_t)_{t \in [0,\infty)}$ ein rechtsseitig-stetiger stochastischer Prozeß und $(\tau_n)_{n \in \mathbb{N}}$ eine Folge von Stopzeiten mit $\tau_1 \leq \tau_2 \leq \dots \uparrow \infty$. Zeigen Sie, daß $\underset{\sim}{M}$ genau dann ein lokales Martingal ist, wenn $\underset{\sim}{M}^{\tau_n}$ für jedes n ein lokales Martingal ist.

Aufgabe 10.2   Seien $\underset{\sim}{M}$ ein rechtsseitig-stetiges L^2-Martingal, σ, τ Stopzeiten mit $\sigma \leq \tau$, sowie h eine beschränkte $\mathcal{F}_\sigma$-meßbare Zufallsgröße. Zeigen Sie

$$\int_{[0,t]} h 1_{(\sigma,\tau]} dM = h(M_{\tau \wedge t} - M_{\sigma \wedge t}) \ \text{für alle } t.$$

Aufgabe 10.3   Sei $\underset{\sim}{M}$ ein rechtsseitig-stetiges lokales L^2-Martingal und $\underset{\sim}{X}$ ein lokal beschränkter previsibler Prozeß. Zeigen Sie

$$\underset{\sim}{X} \in \mathcal{L}(M).$$

Aufgabe 10.4 Sei $\underset{\sim}{M}$ ein rechtsseitig-stetiges lokales L^2-Martingal mit lokalisierender Folge $(\tau_n)_n$. Es sei $(M^2_{t\wedge\tau_n})_n$ gleichgradig integrierbar für jedes t.

Zeigen Sie, daß $\underset{\sim}{M}$ ein L^2-Martingal ist.

Aufgabe 10.5 Betrachten Sie die Situation von 10.7. Zeigen Sie, daß die Definition von $(Y_t)_t$ unabhängig von der lokalisierenden Folge ist.

Kapitel 11

Quadratische Variation und die Itô-Formel

In diesem Kapitel werden wir die wichtigste Rechenregel für die stochastische Integration bzgl. eines stetigen lokalen Martingals kennenlernen, die als Itô-Formel bekannt ist. Es handelt sich dabei um die Übertragung der aus der elementaren Analysis wohlbekannten Formel für Riemann-Stieltjes- Integrale

$$f(F(x)) - f(F(a)) = \int_a^x f'(F(y)) dF(y)$$

auf den Fall des stochastischen Integrals, wobei allerdings ein zusätzlicher Term auftreten wird.

11.1 Quadratischer Variationsprozeß

Es sei $\underset{\sim}{M}$ ein stetiges lokales Martingal. Wir definieren den *quadratischen Variationsprozeß*

$$[M] = ([M]_t)_{t \in [0,\infty)} \text{ durch } [M]_t = M_t^2 - M_0^2 - 2 \int_{[0,t]} M \, dM.$$

Der quadratische Variationsprozeß ist ein stetiger stochastischer Prozeß mit Startpunkt $[M]_0 = 0$.

Für $t \in [0, \infty)$ bezeichnen wir ein Tupel $\mathcal{Z}^t = (t_0, \dots, t_k)$ mit $0 = t_0 < t_1 < \dots < t_k = t$ als *Zerlegung* von $[0,t]$. Eine Folge von Zerlegungen $(\mathcal{Z}_n^t)_n$ mit der Eigenschaft $\max\{|t_{j+1}^n - t_j^n| : j = 0, \dots, k_n - 1\} \underset{n \to \infty}{\to} 0$ bezeichnen wir als *reguläre Zerlegungsfolge*.

Damit läßt sich der folgende Satz beweisen, welcher auch die Begründung dafür liefert, warum $[M]$ als quadratischer Variationsprozeß bezeichnet wird.

Es sei $\underset{\sim}{M}$ ein stetiges lokales Martingal. Sei $t > 0$ und $(\mathcal{Z}_n^t)_n$ eine reguläre Zerlegungsfolge. Dann gilt

$$\sum_{j=0}^{k_n-1} (M_{t_{j+1}^n} - M_{t_j^n})^2 \underset{n\to\infty}{\to} [M]_t \ \textit{in Wahrscheinlichkeit}.$$

Falls $\underset{\sim}{M}$ zusätzlich beschränkt ist, liegt Konvergenz in L^2 vor.

Daraus folgt

$$[M]_s \leq [M]_t \ \text{für } s < t,$$

und wir können ohne Einschränkung annehmen, daß sämtliche Pfade des quadratischen Variationsprozesses monoton wachsend sind. Für einen Wienerprozeß $\underset{\sim}{W}$ ergibt sich $[W]_t = t$ mit der Folgerung

$$2 \int_{[0,t]} W \, dW = W_t^2 - t.$$

11.2 Prozeß von beschränkter Variation

Ein rechtsseitig-stetiger, adaptierter stochastischer Prozeß $\underset{\sim}{V}$ mit beschränktem V_0 wird als Prozeß von *lokal beschränkter Variation* bezeichnet, falls sämtliche Pfade $t \mapsto V_t(\omega)$ von beschränkter Variation auf jedem endlichen Intervall sind. Da monotone Funktionen die angesprochene Eigenschaft der beschränkten Variation besitzen, ist somit $[M]$ ein Prozeß von lokal beschränkter Variation. Ist nun $\underset{\sim}{V}$ ein solcher Prozeß, so können wir unter geeigneten Voraussetzungen an den Prozeß $\underset{\sim}{X}$ das pfadweise Integral bilden

$$\int X(t,\omega) dV(t,\omega), \ \text{also die Zufallsgröße} \int X \, dV.$$

Die folgende Aussage zeigt, daß nur triviale stetige lokale Martingale von lokal beschränkter Variation sind, und ist insbesondere für Eindeutigkeitsnachweise nützlich.

Es sei $\underset{\sim}{M}$ ein stetiges lokales Martingal von lokal beschränkter Variation mit $M_0 = 0$. Dann gilt

$$\underset{\sim}{M} = 0.$$

Als Folgerung ergibt sich

Es seien $\underset{\sim}{M}$, $\underset{\sim}{M}'$ stetige lokale Martingale mit $M_0 = M_0'$ und $\underset{\sim}{V}$, $\underset{\sim}{V}'$ Prozesse von lokal beschränkter Variation. Dann gilt:

$$\textit{Aus } \underset{\sim}{M} + \underset{\sim}{V} = \underset{\sim}{M}' + \underset{\sim}{V}' \textit{ folgt } \underset{\sim}{M} = \underset{\sim}{M}', \ \underset{\sim}{V} = \underset{\sim}{V}'.$$

11.3 Semimartingal

Ein stochastischer Prozeß der Form

$$Z = M + V$$

mit einem stetigen lokalen Martingal M und einem stetigen Prozeß V von lokal beschränkter Variation wird als *stetiges Semimartingal* bezeichnet. Das vorstehende Korollar zeigt, daß mit der Normierungsbedingung $M_0 = 0$ diese Darstellung eindeutig ist. Das stochastische Integral bzgl. eines Semimartingals wird definiert durch

$$\int_{[0,t]} X\, dZ = \int_{[0,t]} X\, dM + \int_{[0,t]} X\, dV,$$

wobei $\int_{[0,t]} X\, dV$ das pfadweise gebildete Integral ist. Als quadratischen Variationsprozeß definieren wir

$$[Z] = [M].$$

11.4 Satz zum Zusammenhang zwischen Doléansmaß und quadratischem Variationsprozeß

Es sei M ein stetiges L^2-Martingal. Dann ist $(\int_{[0,t]} M\, dM)_{t\in[0,\infty)}$ ein Martingal, $E[M]_t < \infty$ für alle t, und es gilt

$$\mu_M(A) = E(\int 1_A\, d[M]) \text{ für alle } A \in \mathcal{P}.$$

Insbesondere ergibt sich $EM_t^2 - EM_0^2 = E[M]_t$ für alle t.

Als Folgerung erhalten wir eine einfachere Charakterisierung der previsiblen stochastischen Prozesse, für die wir das stochastische Integral definieren konnten.

Es sei M ein stetiges lokales Martingal. Dann gilt

$$\mathcal{L} = \{X : X \text{ previsibel}, P(\int_{[0,t]} X^2\, d[M] < \infty) = 1 \text{ für alle } t\,\}.$$

Bilden wir einen stochastischen Integralprozeß, so erhalten wir wiederum ein stetiges lokales Martingal. Die folgende Aussage zeigt die Gestalt des zugehörigen quadratischen Variationsprozesses.

11.5 Quadratische Variation von Integralprozessen

Es sei M ein stetiges lokales Martingal und $X \in \mathcal{L}$. Sei $Y = (\int_{[0,t]} X\, dM)_{t\in[0,\infty)}$. Dann gilt

$$[Y] = (\int_{[0,t]} X^2\, d[M])_{t\in[0,\infty)}.$$

Wir kommen nun zu dem zentralen Resultat der stochastischen Integration.

11.6 Itô-Formel

Es sei $\underset{\sim}{M}$ ein stetiges lokales Martingal und $\underset{\sim}{V}$ ein stetiger Prozeß von lokal beschränkter Variation. Sei $f : \mathbb{R}^2 \to \mathbb{R}$ stetig mit stetigen partiellen Ableitungen $\frac{\partial f}{\partial x}$, $\frac{\partial f}{\partial y}$ und $\frac{\partial^2 f}{\partial x^2}$. Dann gilt für jedes t

$$f(M_t, V_t) - f(M_0, V_0)$$

$$= \int_{[0,t]} \frac{\partial f}{\partial x}(M, V)\, dM + \int_{[0,t]} \frac{\partial f}{\partial y}(M, V)\, dV + \frac{1}{2} \int_{[0,t]} \frac{\partial^2 f}{\partial x^2}(M, V)\, d[M].$$

Die folgenden Aussagen sind für die Anwendung der Itô-Formel nützlich.

(*i*) Die Itô-Formel liefert uns die Semimartingaldarstellung von $f(\underset{\sim}{M}, \underset{\sim}{V})$ und damit, unter Anwendung des Substitutionsprinzips, das stochastische Integral bzgl. dieses Prozesses als

$$\int_{[0,t]} X d\, f(M, V)$$

$$= \int_{[0,t]} X \frac{\partial f}{\partial x}(M, V)\, dM + \int_{[0,t]} X \frac{\partial f}{\partial y}(M, V)\, dV + \frac{1}{2} \int_{[0,t]} X \frac{\partial^2 f}{\partial x^2}(M, V)\, d[M].$$

Ist nun $\underset{\sim}{Z} = \underset{\sim}{M} + \underset{\sim}{V}$ ein stetiges Semimartingal, so zeigt uns die Itô-Formel für zweimal stetig-differenzierbares $f : \mathbb{R} \to \mathbb{R}$

$$f(Z_t) - f(Z_0) = \int_{[0,t]} f'(Z) dZ + \frac{1}{2} \int_{[0,t]} f''(Z) d[Z].$$

(*ii*) Ist $I \subseteq \mathbb{R}^2$ ein offenes Intervall so, daß $(\underset{\sim}{M}, \underset{\sim}{V})$ nur Werte in I annimmt, und besitzt $f : I \to \mathbb{R}$ die vorstehenden Differenzierbarkeitseigenschaften, so gilt entsprechend die Itô-Formel.

(*iii*) Oft ist es von Nutzen, die Schreibweise $\int X_s \, dM_s$ für $\int X \, dM$ zu benutzen. Mit dieser Notation ergibt sich die Itô-Formel als

$$f(M_t, V_t) - f(M_0, V_0)$$

$$= \int_{[0,t]} \frac{\partial f}{\partial x}(M_s, V_s)\, dM_s + \int_{[0,t]} \frac{\partial f}{\partial y}(M_s, V_s)\, dV_s + \frac{1}{2} \int_{[0,t]} \frac{\partial^2 f}{\partial x^2}(M_s, V_s)\, d[M]_s.$$

Sehr nützlich und häufig gebraucht ist die differentielle Notation

$$df(M_t, V_t) = \frac{\partial f}{\partial x}(M_t, V_t)\, dM_t + \frac{\partial f}{\partial y}(M_t, V_t)\, dV_t + \frac{1}{2} \frac{\partial^2 f}{\partial x^2}(M_t, V_t)\, d[M]_t.$$

Die Itô-Formel wird das wesentliche Hilfsmittel für viele Berechnungen sein. Es folgen einige Anwendungen:

11.7 Partielle Integration

Es sei $\underset{\sim}{M}$ ein stetiges lokales Martingal und $\underset{\sim}{V}$ ein stetiger Prozeß von lokalbeschränkter Variation. Anwendung der Itô-Formel auf $f(x,y) = x \cdot y$ ergibt

$$M_t V_t - M_0 V_0 = \int_{[0,t]} V\, dM + \int_{[0,t]} M\, dV, \text{ also } d(M_t V_t) = V_t dM_t + M_t dV_t.$$

11.8 Aktienkurs im Black-Scholes-Modell

Im Black-Scholes-Modell wird der Aktienkurs modelliert durch

$$A_t = A_0\, e^{\sigma W_t - (\frac{\sigma^2}{2} - \mu)t}.$$

Anwendung der Itô-Formel auf $f(x,y) = e^{\sigma x - (\frac{\sigma^2}{2} - \mu)y}$
zeigt

$$dA_t = \sigma\, A_t\, dW_t + \mu\, A_t\, dt.$$

11.9 Exponentialprozeß

Zu einem stetigen lokalen Martingal $\underset{\sim}{M}$ bilden wir den stochastischen Prozeß

$$\mathcal{E}(M, \lambda) = (e^{\lambda M_t - \frac{\lambda^2}{2}[M]_t})_{t \in [0,\infty)}.$$

Anwendung der Itô-Formel auf $f(x,y) = e^{\lambda x - \frac{\lambda^2}{2}y}$ zeigt daß $\mathcal{E}(M, \lambda)$ ein stetiges lokales Martingal bildet mit

$$d\mathcal{E}(M, \lambda)_t = \lambda \mathcal{E}(M, \lambda)_t dM_t.$$

Diese Prozesse werden als *Exponentialprozesse* zu $\underset{\sim}{M}$ bezeichnet. Ein solcher Exponentialprozeß liefert uns ein lokales Martingal ≥ 0. Gemäß 10.6 ist dieses ein Supermartingal.

Die Betrachtung von Exponentialprozessen liefert einen einfachen Beweis für eine auf Levy zurückgehende Charakterisierung des Wienerprozesses.

11.10 Charakterisierung des Wienerprozesses

Es sei $\underset{\sim}{M}$ ein stetiges lokales Martingal mit $M_0 = 0$. Gilt $[M]_t = t$ für alle t, so ist $\underset{\sim}{M}$ ein Wienerprozeß.

Ziel ist nun die Angabe der mehr-dimensionalen Itô-Formel. Dazu wird die folgende Beriffsbildung benötigt:

11.11 Kovariationsprozeß

Es seien $\underset{\sim}{M}, \underset{\sim}{N}$ stetige lokale Martingale. Dann wird der *Kovariationsprozeß* $[M, N]$ definiert durch

$$[M, N] = \frac{1}{4}([M + N] - [M - N]).$$

Dies definiert einen stetigen stochastischen Prozeß von lokal beschränkter Variation. Es ist $MN - [M, N] = \frac{1}{4}((M + N)^2 - [M + N] - ((M - N)^2 - [M - N]))$ ein lokales Martingal, was die Semimartingaldarstellung von $\underset{\sim}{M}\underset{\sim}{N}$ liefert, und

$$[M, M] = [M].$$

Sind $\underset{\sim}{M}, \underset{\sim}{N}$ sogar stetige L^2-Martingale, so zeigt 11.4, daß

$$E M_t N_t - E M_0 N_0 = E[M, N]_t$$

für alle t gilt.

Sind $\underset{\sim}{Z} = \underset{\sim}{M} + \underset{\sim}{V}$, $\underset{\sim}{Z}' = \underset{\sim}{M}' + \underset{\sim}{V}'$ stetige Semimartingale, so definieren wir

$$[Z, Z'] = [M, M'].$$

Ferner erhalten wir:

Sei $t > 0$ und $(\mathcal{Z}_n^t)_n$ eine reguläre Zerlegungsfolge. Dann gilt

$$\sum_{j=0}^{k_n-1} (Z_{t_{j+1}^n} - Z_{t_j^n})(Z'_{t_{j+1}^n} - Z'_{t_j^n}) \underset{n \to \infty}{\longrightarrow} \frac{1}{4}([Z + Z']_t - [Z - Z']_t).$$

Kovariationen von Integralprozessen werden gemäß folgender Regel berechnet:

Es seien $\underset{\sim}{M}, \underset{\sim}{N}$ stetige lokale Martingale und $\underset{\sim}{X} \in \mathcal{L}(\underset{\sim}{M})$, $\underset{\sim}{X}' \in \mathcal{L}(\underset{\sim}{N})$. Seien $\underset{\sim}{Y} = (\int_{[0,t]} X dM)_{t \in [0,\infty)}$, $\underset{\sim}{Y}' = (\int_{[0,t]} X' dN)_{t \in [0,\infty)}$. Dann gilt für alle t

$$[Y, Y']_t = \int_{[0,t]} X X' d[M, N].$$

11.12 Mehrdimensionaler Wienerprozeß

Sind $\underset{\sim}{W}^1, \ldots, \underset{\sim}{W}^k$ stochastisch unabhängige Wienerprozesse, so wird $(\underset{\sim}{W}^1, \ldots, \underset{\sim}{W}^k)$ als *k-dimensionaler Wienerprozeß* bezeichnet. Schon bekannt ist $[W^i]_t = t$. Für die Kovariation gilt $[W^i, W^l]_t = 0$ für $i \neq l$.

11.13 Mehrdimensionale Itô-Formel

Es seien $\underset{\sim}{M}^i$, $i = 1, \ldots, m$, stetige lokale Martingale und $\underset{\sim}{V}^l$, $l = 1, \ldots, n$, stetige Prozesse von lokal beschränkter Variation. Sei $f : I\!R^{n+m} \to I\!R$ stetig mit stetigen partiellen Ableitungen $\frac{\partial f}{\partial x_i}$, $\frac{\partial^2 f}{\partial x_i \partial x_j}$, $i, j = 1, \ldots, m$, $\frac{\partial f}{\partial y_l}$, $l = 1, \ldots, n$.

Dann gilt für alle t

$$f(M_t^1, \ldots, M_t^m, V_t^1, \ldots, V_t^n) - f(M_0^1, \ldots, M_0^m, V_0^1, \ldots, V_0^n)$$

$$= \sum_{i=1}^m \int_{[0,t]} \frac{\partial f}{\partial x_i}(M^1, \ldots, V^n) dM^i + \sum_{l=1}^n \int_{[0,t]} \frac{\partial f}{\partial y_l}(M^1, \ldots, V^n) dV^l$$

$$+ \frac{1}{2} \sum_{i,j=1}^m \int_{[0,t]} \frac{\partial f}{\partial x_i \partial x_j}(M^1, \ldots, V^n) d[M^i, M^j].$$

Mit dem Laplace-Operator $\Delta f = \sum_{i=1}^k \frac{\partial^2 f}{\partial x_i^2}$ ist beim k-dimensionalen Wienerprozeß

$$f(W_t^1, \ldots, W_t^k) - f(0, \ldots, 0)$$

$$= \sum_{i=1}^k \int_{[0,t]} \frac{\partial f}{\partial x_i}(W^1, \ldots, W^k) dW^i + \frac{1}{2} \int_{[0,t]} \Delta f(W_s^1, \ldots, W_s^k) ds.$$

Ist f eine harmonische Funktion, d.h. gilt $\Delta f = 0$, so ist $f(W_t^1, \ldots, W_t^k)$ ein lokales Martingal.

Die folgenden Resultate liefern uns die Möglichkeit, in allgemeineren Finanzmarktmodellen äquivalente Martingalmaße aufzufinden, und sind von großer Bedeutung für die Finanzmathematik.

11.14 Dichteprozeß

Sei $T > 0$. Q sei ein weiteres Wahrscheinlichkeitsmaß auf $\mathcal{F}_T$ so, daß $P|\mathcal{F}_T$ und $Q|\mathcal{F}_T$ äquivalent sind, damit auch $P|\mathcal{F}_t$ und $Q|\mathcal{F}_t$ für alle $t \in [0, T]$. Sei

$$L_T = \frac{dQ}{dP}|\mathcal{F}_T, \text{ ferner } L_t = E(L_T|\mathcal{F}_t) \text{ für alle } t \in [0, T].$$

Dann ist $(L_t)_{t \in [0,T]}$ ein Martingal, und es gilt

$$\frac{dQ}{dP}|\mathcal{F}_t = L_t \text{ für alle } t \in [0, T].$$

Wir nehmen für das folgende an, daß $(L_t)_{t\in[0,T]}$ rechtsseitig-stetig und stets > 0 ist. Ferner sei $L_0=1$ angenommen, also $P|\mathcal{F}_0 = Q|\mathcal{F}_0$. Der stochastische Prozeß $(L_t)_{t\in[0,T]}$ wird dann als *Dichteprozeß* bezeichnet.

Es ergibt sich leicht, daß $(X_t)_{t\in[0,T]}$ ein lokales Martingal bzgl. Q genau dann ist, wenn $(L_t X_t)_{t\in[0,T]}$ lokales Martingal bzgl. P ist.

11.15 Satz von Girsanov

Sei angenommen, daß der Dichteprozeß $(L_t)_{t\in[0,T]}$ ein stetiger Prozeß ist. $(M_t)_{t\in[0,T]}$ sei ein stetiges lokales Martingal bzgl. P. Für $t \in [0,T]$ setzen wir

$$D_t = \int\limits_{[0,t]} \frac{1}{L} d[L,M].$$

Dann ist $(M_t - D_t)_{t\in[0,T]}$ stetiges lokales Martingal bzgl. Q.

11.16 Satz zur Transformation von Martingalen

Es seien $\underset{\sim}{M}$ ein stetiges lokales Martingal und $\underset{\sim}{Z} \in \mathcal{L}$. Sei

$$\underset{\sim}{N} = (\int\limits_{[0,t]} Z dM)_{t\in[0,\infty)} \text{ mit Exponentialprozeß } \underset{\sim}{L} = \mathcal{E}(N) = (e^{N_t - \frac{1}{2}[N]_t})_{t\in[0,\infty)}.$$

Es sei $EL_T = 1$ für ein $T > 0$, Q das durch $\frac{dQ}{dP}|\mathcal{F}_T = L_T$ gegebene Wahrscheinlichkeitsmaß auf $\mathcal{F}_T$. Dann gilt:

$$(M_t - \int\limits_{[0,t]} Z d[M])_{t\in[0,T]}$$

ist bzgl. Q ein stetiges lokales Martingal mit quadratischem Variationsprozeß $([M]_t)_{t\in[0,T]}$. Liegt insbesondere ein Wienerprozeß $\underset{\sim}{W}$ vor, so ist $(W_t - \int\limits_{[0,t]} Z_s ds)_{t\in[0,T]}$ ein Wienerprozeß bzgl. Q.

Damit wir dieses Resultat fruchtbar anwenden können, benötigen wir ein einfach nachprüfbares Kriterium für das Vorliegen von $EL_T = 1$. Dies ist, wie wir wissen, äquivalent dazu, daß $(L_t)_{t\in[0,T]}$ ein Martingal bildet. Das folgende Resultat liefert ein solches Kriterium, das als *Novikovsche Bedingung* bekannt ist.

11.17 Novikovsche Bedingung

Sei $\underset{\sim}{N}$ ein stetiges lokales Martingal und $\mathcal{E}(N) = (e^{N_t - \frac{1}{2}[N]_t})_{t\in[0,\infty)}$ der zugehörige Exponentialprozeß. Für ein $T > 0$ gelte $Ee^{\frac{1}{2}[N]_T} < \infty$.

Dann folgt $E\mathcal{E}(N)_T = 1$ und $(\mathcal{E}(N)_t)_{t\in[0,T]}$ ist ein Martingal.

Aufgaben

Aufgabe 11.1   Bestimmen Sie für einen Wienerprozeß den zu $(W_t^2 - t)_{t \in [0,\infty)}$ gehörigen quadratischen Variationsprozeß und nutzen Sie dies zur Bestimmung von EW_t^4.

Aufgabe 11.2   Sei $\underset{\sim}{M}$ ein rechtsseitig-stetiges L^2-Martingal mit $M_0 = 0$. Zeigen Sie:

$$EM_\tau = 0, EM_\tau^2 = E[M]_\tau$$

für jede Stopzeit τ mit $E[M]_\tau < \infty$.

Aufgabe 11.3   Sei $\underset{\sim}{M}$ ein stetiges Martingal und ebenfalls ein Gaußprozeß. Zeigen Sie:

(a) $\underset{\sim}{M}$ besitzt unabhängige Zuwächse.

(b) Der quadratische Variationsprozeß von $\underset{\sim}{M}$ besitzt eine deterministische Version.

Aufgabe 11.4   Sei f eine stetig differenzierbare Funktion, $\underset{\sim}{W}$ ein Wienerprozeß.

(a) Bestimmen Sie die Semimartingaldarstellung von $(f(t)W_t)_{t \in [0,\infty)}$.

(b) Nutzen Sie diese aus zum Nachweis von

$$E\left(\int_0^T f'(s)W_s ds\right)^2 = f(T)^2 T - 2f(T)\int_0^T f(s)ds + \int_0^T f(s)^2 ds.$$

(c) Berechnen Sie $E(\int_0^T W_s ds)^2$.

Aufgabe 11.5   Sei $\underset{\sim}{N}$ ein stetiges lokales Martingal mit Exponentialprozeß $\mathcal{E}(N) = (e^{N_t - \frac{1}{2}[N]_t})_{t \in [0,\infty)}$. Für ein $T > 0$ gelte $[N]_T \leq K$ mit einer Konstanten $K > 0$. Zeigen Sie direkt, d.h. ohne Anwendung von 11.17, daß $(e^{N_t - \frac{1}{2}[N]_t})_{t \in [0,T]}$ ein Martingal ist.

Aufgabe 11.6   Sei $\underset{\sim}{M}$ ein stetiges lokales Martingal. Zeigen Sie, daß für jedes Intervall $[a, b]$ fast sicher gilt:

$\underset{\sim}{M}$ ist konstant auf $[a, b]$ genau dann, wenn $[M]$ konstant auf $[a, b]$ ist.

Kapitel 12

Das Black-Scholes-Modell und stochastische Integration

In diesem Abschnitt geben wir eine vertiefte Darstellung des Black-Scholes-Modells unter Benutzung der Theorie der stochastischen Integration.

12.1 Stochastische Integration bezüglich des Aktienpreisprozesses

Betrachtet sei der Aktienkurs in einem Black-Scholes-Modell. $\underset{\sim}{A}$ besitzt die Semimartingaldarstellung

$$A_t - A_0 = \int_{[0,t]} \mu A_s ds + \int_{[0,t]} \sigma A_s \, dW_s, \text{ also } dA_t = \mu A_t dt + \sigma A_t dW_t.$$

Das stochastische Integral bezüglich $\underset{\sim}{A}$ ist somit gegeben durch

$$\int_{[0,t]} X_s \, dA_s = \int_{[0,t]} X_s \, \mu A_s \, ds + \int_{[0,t]} X_s \, \sigma A_s \, dW_s \; .$$

Die Itô-Formel besagt mit $[A]_t = \int_{[0,t]} \sigma^2 A_s^2 ds$

$$df(A_t, t) = f_x(A_t, t)dA_t + f_t(A_t, t)dt + \frac{1}{2}f_{xx}(A_t, t)\sigma^2 A_t^2 dt.$$

12.2 Handelsstrategien

Eine Handelsstrategie $(\underset{\sim}{g}, \underset{\sim}{h})$ ist ein Paar von previsiblen reellwertigen stochastischen Prozessen $\underset{\sim}{g} = (g_t)_{t \in [0,T]}$, $\underset{\sim}{h} = (h_t)_{t \in [0,T]}$, das die folgende Bedingung technischer Natur erfüllt:

$$P(\int_{[0,T]} |g_t|dt < \infty) = 1 \text{ und } P(\int_{[0,T]} |h_t^2|dt < \infty) = 1.$$

Dies gewährleistet, daß die Prozesse $(\int_{[0,t]} g_s\, dR_s)_{t\in[0,T]}$ und $(\int_{[0,t]} h_s\, dA_s)_{t\in[0,T]}$ definiert sind. Der Wertprozeß $\underset{\sim}{V}$ ist definiert durch

$$V_t = g_t R_t + h_t A_t,\ t \in [0,T].$$

12.3 Selbstfinanzierung

Unter Benutzung des allgemeinen stochastischen Integrals können wir die Begriffsbildung der Selbstfinanzierung für allgemeine Handelsstrategien einführen. Eine Handelsstrategie $(\underset{\sim}{g}, \underset{\sim}{h})$ heißt selbstfinanzierend, falls für alle $t \in [0,T]$ gilt:

$$V_t - V_0 = \int_{[0,t]} g_s\, dR_s + \int_{[0,t]} h_s\, dA_s,\ \text{also } dV_t = g_t dR_t + h_t dA_t.$$

Dies bedeutet, daß der Zugewinn stets gleich der Wertänderung $V_t - V_0$ ist, also keine Entnahmen oder Zuführungen vorliegen. Bei einer selbstfinanzierenden Handelsstrategie bildet der Wertprozeß $\underset{\sim}{V}$ ein stetiges Semimartingal. Sei

$$\Pi = \{(\underset{\sim}{g}, \underset{\sim}{h}) :\ (\underset{\sim}{g}, \underset{\sim}{h}) \text{ ist selbstfinanzierende Handelsstrategie}\}.$$

12.4 Martingaleigenschaft bei Selbstfinanzierung

Betrachtet werde ein Black-Scholes-Modell mit Zinsrate ρ und äquivalentem Martingalmaß Q. Wir erhalten mittels partieller Integration folgende wichtige Aussage:

Für $(\underset{\sim}{g}, \underset{\sim}{h}) \in \Pi$ ist $(e^{-\rho t} V_t)_{t\in[0,T]}$ ein lokales Martingal bezüglich Q.

Im allgemeinen ist der abdiskontierte Wertprozeß bei selbstfinanzierenden Handelsstrategien nur ein lokales Martingal. Einfache Beispiele zeigen, daß dies noch unerwünschte Arbitragephänomene zuläßt. Wir definieren daher: Eine Handelsstrategie $(\underset{\sim}{g}, \underset{\sim}{h}) \in \Pi$ wird als *regulär* bezeichnet, falls der Wertprozeß in folgender Weise nach unten beschränkt ist: Es existiert eine bzgl. Q integrierbare Zufallsgröße Y so, daß gilt $V_t \geq Y$ für alle $t \in [0,T]$. Dann folgt, daß der abdiskontierte Wertprozeß $(e^{-\rho t} V_t)_{t\in[0,T]}$ die Supermartingaleigenschaft bezüglich Q besitzt.

12.5 Arbitrage und Arbitragefreiheit

Eine Handelsstrategie $(\underset{\sim}{g}, \underset{\sim}{h}) \in \Pi$ wird als Arbitrage bezeichnet, falls gilt

$$V_0 \leq 0,\ V_T \geq 0 \text{ und } P(V_T - V_0 > 0) > 0.$$

Betrachten wir den abdiskontierten Wertprozeß für eine Arbitrage, so gilt offensichtlich $E_Q e^{-\rho T} V_T > E_Q V_0$. Ist nun $(\underset{\sim}{g}, \underset{\sim}{h}) \in \Pi$ eine reguläre Handelsstrategie, so gilt mit der Supermartingaleigenschaft $E_Q e^{-\rho T} V_T \leq E_Q V_0$, also liegt keine

Arbitrage vor. In diesem Sinne können wir das Black-Scholes-Modell als arbi-tragefrei auffassen, wenn wir folgende Definition einführen: Ein kontinuierliches Finanzmarktmodell wird als *arbitragefrei* bezeichnet, falls keine reguläre selbstfi-nanzierende Handelsstrategie existiert, die eine Arbitrage ist.

12.6 Absicherbarkeit

Ein Claim C, also eine $\mathcal{F}_T$ -meßbare Abbildung $C : \Omega \to I\!R$, wird als *absicherbar* bezeichnet, falls eine Handelsstrategie $(\underset{\sim}{g}, \underset{\sim}{h}) \in \Pi$ existiert mit der Eigenschaft $V_T = C$. Eine solche Handelsstrategie wird als *Hedge* bezeichnet.

12.7 Preisfestsetzung für einen absicherbaren Claim

Sei C ein absicherbarer Claim mit Hedge $(\underset{\sim}{g}, \underset{\sim}{h})$. Dann wird der faire Preis des Claims definiert durch

$$s(C) = V_0 = g_0 R_0 + h_0 A_0.$$

Diese Preisfestsetzung folgt dem No-Arbitrage-Prinzip, denn falls $s(C) \neq V_0$ vor-liegt, so ergibt sich ein risikoloser Profit. Dazu beachten wir zunächst, daß Besitz des Claims C sowie Benutzung der Handelsstrategie $(\underset{\sim}{g}, \underset{\sim}{h})$ mit abschließender Liquidation die gleiche Auszahlung im Zeitpunkt T liefert, ferner durch Selbst-finanzierung keine Zuflüsse oder Entnahmen für $t \in (0, T)$ stattfinden, so daß Portfolio und Claim sich identisch verhalten. Also erhalten wir im Fall $s(C) < V_0$ folgende Arbitragemöglichkeit: Wir führen ein short selling in der Handelsstrate-gie durch, kaufen den Claim und investieren die Anfangsdifferenz risikolos. Im Fall $s(C) > V_0$ führen wir umgekehrt ein short selling im Claim durch, benutzen die Handelsstrategie und investieren wiederum die resultierende Differenz risikolos.

Anzumerken ist, daß der so definierte faire Preis eindeutig bestimmt ist. Entspre-chend ergibt sich der faire Preis zu einem späteren Zeitpunkt t als

$$s(C, t) = V_t = g_t R_t + h_t A_t.$$

12.8 Preisfestsetzung mit dem äquivalenten Martingalmaß

Sei C ein absicherbarer Black-Scholes-Claim mit Hedge $(\underset{\sim}{g}, \underset{\sim}{h}) \in \Pi$. Wir bezeich-nen $(\underset{\sim}{g}, \underset{\sim}{h})$ als *Martingalhedge*, falls der abdiskontierte Wertprozeß $(e^{-\rho t} V_t)_{t \in [0,T]}$ ein Martingal bzgl. des äquivalenten Martingalmaßes ist. In diesem Fall ergibt sich der faire Preis des Claims als

$$s(C) = V_0 = E_Q(e^{-\rho T} V_T) = E_Q(e^{-\rho T} C)$$

und entsprechend zu einem späteren Zeitpunkt t als

$$s(C, t) = V_t = e^{\rho t} E_Q(e^{-\rho T} V_T \mid \mathcal{F}_t) = E_Q(e^{-\rho(T-t)} C \mid \mathcal{F}_t).$$

Es stellt sich also die Frage nach der Absicherbarkeit von Claims und der Martingaleigenschaft der zugehörigen abdiskontierten Wertprozesse. Zur Beantwortung dieser Frage dient das folgende Resultat, das die Darstellung von Zufallsgrößen als stochastische Integrale zum Inhalt hat.

12.9 Darstellungssatz

Es sei $\underset{\sim}{W}$ ein Wienerprozeß mit Standardfiltration $\underset{\sim}{\mathcal{F}}$. Sei $f \in L^2$ meßbar bzgl. $\mathcal{F}_\infty$. Dann existiert ein eindeutiger previsibler Prozeß $\underset{\sim}{X} \in \mathcal{L}^2$ mit der Eigenschaft

$$f = Ef + \int X\,dW.$$

Bilden wir zu $\mathcal{F}_\infty$-meßbarem $f \in L^2$ ein Martingal durch $M_t = E(f \mid \mathcal{F}_t)$ und liefert $\underset{\sim}{X}$ eine Darstellung gemäß des vorstehenden Satzes, so folgt für alle t

$$M_t = E(f \mid \mathcal{F}_t) = Ef + E(\int X\,dW \mid \mathcal{F}_t) = Ef + \int_{[0,t]} X\,dW.$$

Beachten wir dabei, daß das Martingal $(\int_{[0,t]} X\,dW)_{t \in [0,\infty)}$ stetige Pfade besitzt, so erhalten wir unter Benutzung eines Lokalisationsarguments, daß jedes lokale L^2-Martingal bzgl. der Standardfiltration eines Wienerprozesses eine Version mit stetigen Pfaden besitzt. Daraus folgt, daß jedes rechtsseitig-stetige lokale Martingal bzgl. der Standardfiltration eines Wienerprozesses ebenfalls eine Version mit stetigen Pfaden besitzt. Mit einem Lokalisationsargument ergibt sich dann weiter, daß es auch eine Darstellung als stochastisches Integral besitzt. Die entsprechenden Resultate ergeben sich, wenn wir die Zeitparametermenge $[0, T]$ betrachten. Wir kommen nun zur Anwendung auf die Absicherbarkeit von Claims.

12.10 Absicherung von Claims

Aus dem Darstellungssatz können wir folgendes Resultat herleiten:

Betrachtet werde ein Black-Scholes-Modell mit Zinsrate ρ und äquivalentem Martingalmaß Q. Es sei C ein Claim mit der Eigenschaft $E_Q C^2 < \infty$. Dann gilt:

$$\text{Es existiert ein Martingalhedge } (\underset{\sim}{g}, \underset{\sim}{h}) \text{ für } C.$$

Wir haben damit eine hinreichende Bedingung für die Anwendung des Preisfestsetzungsprinzips mittels des äquivalenten Martingalmaßes Q erhalten. Ist C ein Claim mit der Eigenschaft $E_Q C^2 < \infty$, so folgt für den fairen Preis

$s(C) = E_Q e^{-\rho T} C$ *und entsprechend* $s(C, t) = E_Q(e^{-\rho(T-t)} C \mid \mathcal{F}_t)$.

Anwendung auf den Call ergibt dann die Black-Scholes-Formel.

Mit dem folgenden Satz können wir selbstfinanzierende Handelsstrategien erhalten. Dabei bezeichnen wir zur besseren Lesbarkeit die partiellen Ableitungen einer Funktion $f(x,t)$ mit f_x, f_{xx} und f_t.

12.11 Analytische Bedingung für Selbsfinanzierung

Betrachtet werde ein Black-Scholes-Modell mit Zinsrate ρ. $g, h : (0,\infty) \times [0,T] \to \mathbb{R}$ seien stetig mit stetigen partiellen Ableitungen $g_x, g_{xx}, g_t, h_x, h_{xx}, h_t$. Eine Handelsstrategie $(\underset{\sim}{g}^*, \underset{\sim}{h}^*)$ sei definiert durch

$$\underset{\sim}{g}^* = (g(A_t,t))_{t\in[0,T]} \ und \ \underset{\sim}{h}^* = (h(A_t,t))_{t\in[0,T]}.$$

Dann gilt: Falls g, h die Differentialgleichungen

$$xh_x + e^{\rho t}g_x = 0, \ \frac{1}{2}\sigma^2 x^2 h_x + xh_t + e^{\rho t}g_t = 0$$

erfüllen, so ist $(\underset{\sim}{g}^*, \underset{\sim}{h}^*)$ selbstfinanzierend.

Der folgende Satz eröffnet den analytischen Zugang zur Bewertung von Claims und zeigt, wie die explizite Gestalt eines Hedges gewonnen werden kann.

12.12 Analytischer Zugang zur Bewertung von Claims

Betrachtet werde ein Black-Scholes-Modell mit Zinsrate ρ. $f : (0,\infty) \times [0,T] \to \mathbb{R}$ sei stetig mit stetigen partiellen Ableitungen f_x, f_{xx}, f_t. f erfülle die Differentialgleichung

$$\frac{1}{2}\sigma^2 x^2 f_{xx} + \rho x f_x + f_t - \rho f = 0.$$

Es sei

$$g = e^{-\rho t}(f - xf_x), \ h = f_x.$$

Dann ist die Handelsstrategie $(\underset{\sim}{g}^*, \underset{\sim}{h}^*)$, definiert durch $g(A_t,t)$ und $h(A_t,t)$, selbstfinanzierend mit Wertprozeß $V_t = f(A_t,t)$, $t \in [0,T]$.

12.13 Differentialgleichungsmethode zur Preisbestimmung

Die Differentialgleichung

$$\frac{1}{2}\sigma^2 x^2 f_{xx} + \rho x f_x + f_t - \rho f = 0$$

wird als *Black-Scholes-Differentialgleichung* bezeichnet. Zur Bestimmung des fairen Preises eines Claims der Form $C = c(A_T, T)$ können wir in folgender Weise vorgehen. Wir versuchen, die Black-Scholes-Differentialgleichung mit der Randbedingung $f(x,T) = c(x,T)$, $x \in (0,\infty)$, zu lösen. Gelingt uns dies, so erhalten wir den fairen Preis zum Anfangskurs $A_0 = x$ durch $f(x, 0)$ und einen Hedge durch $g(A_t, t)$, $h(A_t, t)$ mit $g = e^{-\rho t}(f - x f_x)$, $h = f_x$. Wir merken an, daß die Black-Scholes-Differentialgleichung durch Variablentransformation auf die Wärmeleitungsgleichung zurückgeführt werden kann. Anwendung auf den Call liefert eine alternative Herleitung der Black-Scholes-Formel.

Aufgaben

Aufgabe 12.1   Betrachtet sei ein Black-Scholes-Modell. Ein Portfolio sei gebildet aus einer long position in einem Call mit Fälligkeitszeitpunkt T und Ausübungspreis K und einer short position von $\Phi(h_1(A_t, T - t, K))$ Aktien zu jedem Zeitpunkt t, wobei h_1 aus der Black-Scholes-Formel gemäß 8.8 resultiert.

Zeigen Sie, daß der abdiskontierte Portfoliowert ein Martingal bzgl. des äquivalenten Martingalmaßes bildet.

Aufgabe 12.2   In einem Black-Scholes-Modell sei für $\alpha > 0$ der Claim $C = A_T^\alpha$ betrachtet.

Bestimmen Sie den fairen Preis dieses Claims und einen Hedge.

Aufgabe 12.3   Betrachtet sei ein Wienerprozeß mit seiner Standardfiltration $\mathcal{F}$. Zeigen Sie:

(a) Jedes rechtsseitig-stetige lokale Martingal bzgl. $\mathcal{F}$ besitzt eine Version mit stetigen Pfaden. Benutzen Sie dazu 12.9 und eine geeignete Approximation.

(b) Jedes rechtsseitig-stetige lokale Martingal bzgl. $\mathcal{F}$ besitzt eine Darstellung der Form

$$M_t = M_0 + \int_{[0,t]} Y \, dW, \ t \in [0, \infty),$$

mit einem previsiblen Prozeß $\underset{\sim}{Y}$.

Aufgabe 12.4   Betrachtet sei ein Black-Scholes-Modell. Sei $(\underset{\sim}{g}, \underset{\sim}{h})$ eine selbstfinanzierende Handelsstrategie mit Wertprozeß $\underset{\sim}{V}$. Der Anteil des Werts, der zur Zeit t in der Aktie investiert ist, sei bezeichnet als $\pi_t = h_t A_t / V_t$.

Zeigen Sie, daß für den diskontierten Wertprozeß $V_t^* = e^{-\rho t} V_t, t \in [0, T]$, gilt:

$$dV_t^* = V_t^* \pi_t \sigma \, d\hat{W}_t,$$

wobei $\underset{\sim}{\hat{W}}$ Wienerprozeß bzgl. des äquivalenten Martingalmaßes Q ist.

Aufgabe 12.5   Betrachtet sei ein Black-Scholes-Modell. Die Dichte des äqui-valenten Martingalmaßes Q bzgl. des Ausgangswahrscheinlichkeitsmaßes P sei bezeichnet mit $(L_t)_{t\in[0,T]}$. Sei $x > 0$. Zeigen Sie unter Benutzung eines Lagrange-Ansatzes, daß der Claim

$$C = e^{\rho T}\frac{x}{L_T}$$

Lösung des folgenden Maximierungsproblems ist:

Maximiere

$E\log(Y)$ unter allen $\mathcal{F}_T$-meßbaren $Y > 0$ mit $E_Q e^{-\rho T}Y \leq x$ und $E\log(Y)^- < \infty$.

Aufgabe 12.6   Betrachtet sei die Situation von Aufgabe 12.5. Bestimmen Sie einen Hedge für

$$C = e^{\rho T}\frac{x}{L_T}.$$

Aufgabe 12.7   Betrachtet sei die Situation von Aufgabe 12.5. Sei $\mathcal{H}_x$ die Menge aller selbstfinanzierenden Handelsstrategien $\underset{\sim}{H}$, deren Wertprozeß > 0 ist und die Bedingung $V_0(\underset{\sim}{H}) \leq x$ erfüllt.

Zeigen Sie, daß der Hedge aus Aufgabe 12.6 Lösung des folgenden Maximierungs-problems ist:

Maximiere

$$E\log(V(\underset{\sim}{H})_T) \text{ unter allen } \underset{\sim}{H} \in \mathcal{H}_x \text{ mit } E\log(V(\underset{\sim}{H})_T)^- < \infty.$$

Kapitel 13

Märkte und stochastische Differentialgleichungen

Allgemeine kontinuierliche Finanzmärkte werden in Verallgemeinerung des Black-Scholes-Modells durch stochastische Prozesse modelliert, die sich als Lösungen von stochastischen Differentialgleichungen ergeben. Um mit solchen Modellen zu arbeiten, benötigen wir einige Grundkenntnisse über stochastische Differentialgleichungen, die zunächst bereitgestellt werden. Im Anschluß daran werden wir die Konzepte aus dem Black-Scholes-Modell auf allgemeinere Modelle übertragen.

13.1 Stochastische Differentialgleichungen

Es seien $\underset{\sim}{W} = (\underset{\sim}{W}^1, \ldots, \underset{\sim}{W}^k)$ ein k-dimensionaler Wienerprozeß bzgl. einer Filtration $\underset{\sim}{\mathcal{F}}$ und

$$\sigma : I\!\!R^n \times (0, \infty) \to M(n, k), \ b : I\!\!R^n \times (0, \infty) \to I\!\!R^n$$

meßbare Abbildungen. Dabei bezeichnet $M(n, k)$ die Menge der $n \times k$-Matrizen. Die Gleichung

$$dX_t = b(X_t, t)dt + \sigma(X_t, t)dW_t$$

für einen $I\!\!R^n$-wertigen stochastischen Prozeß $\underset{\sim}{X} = (X^1, \ldots X^n)$ wird als *stochastische Differentialgleichung* bezeichnet. In Komponentenschreibweise liegt also das Gleichungssystem

$$dX_t^i = b_i(X_t, t)dt + \sum_{j=1}^{k} \sigma_{ij}(X_t, t)dW_t^j, \ i = 1, \ldots, n,$$

vor. Dies besagt, daß die stochastischen Integralgleichungen

$$X_t^i = X_0^i + \int_{[0,t]} b_i(X_s, s)ds + \sum_{j=1}^{k} \int_{[0,t]} \sigma_{ij}(X_s, s)dW_s^j, \ i = 1, \ldots, n,$$

zu gegebenen Anfangsbedingungen X_0^i vorliegen, also in der im folgenden benutzten Vektornotation

$$X_t = X_0 + \int_{[0,t]} b(X_s, s)ds + \int_{[0,t]} \sigma(X_s, s)dW_s.$$

Ein stochastischer Prozeß $\underset{\sim}{X} = (\underset{\sim}{X^1}, \ldots \underset{\sim}{X^n})$ wird als Lösung bezeichnet, falls $\underset{\sim}{X}$ adaptiert ist, stetige Pfade besitzt und das stochastische Integralgleichungssystem löst. Unter geeigneten Voraussetzungen kann das aus der Theorie der deterministischen Differentialgleichungen unter dem Namen Picard-Lindelöf-Iteration wohlbekannte Vorgehen auf den stochastischen Fall übertragen werden, was die Herleitung von Existenz- und Eindeutigkeitsaussagen ermöglicht.

13.2 Annahmen an σ, b

Wir stellen die folgenden Bedingungen an σ, b: Für alle $\nu, T > 0$ existiert $\gamma = \gamma(\nu, T) < \infty$ so, daß gilt

$$|\sigma(x,t) - \sigma(y,t)| \leq \gamma|x-y|, \ |b(x,t) - b(y,t)| \leq \gamma|x-y| \ \text{ für alle } |x|, |y| \leq \nu, \ t \leq T.$$

Für alle $T > 0$ existiert $\beta = \beta(T) < \infty$ so, daß gilt

$$|\sigma(x,t)|^2 \leq \beta(1 + |x|^2), \ |\sum_{i=1}^{n} x_i b_i(x,t)| \leq \beta(1 + |x|^2) \text{ für alle } t \leq T.$$

Wir bezeichnen dann σ, b als *moderat wachsend und lokal gleichmäßig Lipschitzstetig*.

13.3 Eindeutigkeitssatz

σ, b seien moderat wachsend und lokal gleichmäßig Lipschitz-stetig. Es seien $\underset{\sim}{Y}, \underset{\sim}{Z}$ Lösungen der stochastischen Differentialgleichung 13.1 mit $Y_0 = Z_0$. Dann gilt

$$\underset{\sim}{Y} = \underset{\sim}{Z}.$$

13.4 Existenzsatz

σ, b seien moderat wachsend und lokal gleichmäßig Lipschitz-stetig. $\xi : \Omega \to I\!R$ sei $\mathcal{F}_0$-meßbar mit $E(\xi^2) < \infty$.

Dann existiert eine Lösung $\underset{\sim}{X}$ der stochastischen Differentialgleichung 13.1 mit $X_0 = \xi$, und es gilt $E(X_t^2) < \infty$ für alle t.

Es gilt dabei:

(i) Betrachten wir ein allgemeines $\mathcal{F}_0$-meßbares ξ als Anfangsbedingung, so erhalten wir ebenfalls eine Lösung der stochastischen Differentialgleichung 13.1, wobei natürlich im allgemeinen die Eigenschaft $E(X_t^2) < \infty$ verloren geht. Dies ergibt sich durch Anwendung des vorstehenden Satzes auf $\xi 1_{\{|\xi| \le n\}}$ für jedes n.

(ii) σ, b können zusätzlich von ω abhängen, d.h. wir betrachten

$$\sigma : [0, \infty) \times I\!R^n \times \Omega \to M(n, k), \ b : [0, \infty) \times I\!R^n \times \Omega \to I\!R^n.$$

Falls die Bedingungen aus 13.2 gleichmäßig in ω vorliegen, so erhalten wir mit unverändertem Beweis Existenz- und Eindeutigkeitsaussage.

Ebenso wie in der Theorie der deterministischen Differentialgleichungen spielen lineare Gleichungstypen, also in unserem Fall lineare stochastische Differentialgleichungen, eine wichtige Rolle. Der in der Finanzmathematik zur Modellierung von Zinsraten benutzte *Ornstein-Uhlenbeck-Prozeß* ist Lösung einer solchen Gleichung.

13.5 Ornstein-Uhlenbeck-Prozeß

Der Wienerprozeß wurde als Modell für die Wärmebewegung eines kleinen Teilchens in einer Flüssigkeit benutzt. Da die Pfade des Wienerprozesses nicht differenzierbar sind, erhalten wir damit keine direkte Modellierung für die Geschwindigkeit des betrachteten Teilchens. Physikalische Erwägungen führen dazu, die Geschwindigkeit eines Teilchens in einer Flüssigkeit als Lösung der als Langevin-Gleichung bezeichneten stochastischen Differentialgleichung

$$dX_t = -\alpha X_t \, dt + \sigma \, dW_t$$

mit Parametern $\alpha, \sigma > 0$ einzuführen. Diese Gleichung besitzt eine eindeutige Lösung, die zu einer Anfangsbedingung ξ explizit gegeben ist durch

$$X_t \ = \ e^{-\alpha t}\xi + \sigma e^{-\alpha t} \int_{[0,t]} e^{\alpha s} \, dW_s,$$

als Ornstein-Uhlenbeck-Prozeß bezeichnet.

Betrachtet sei ein solcher Prozeß in Abhängigkeit von einem Startwert x und in Bezug auf die Standardfiltration des zugrundeliegenden Wienerprozesses. Aus der entsprechenden Eigenschaft des Wienerprozesses erhalten wir die Markoveigenschaft: Gegeben $\mathcal{F}_t$ verhält sich $(X_{t+s}^x)_s$ wie ein Ornstein-Uhlenbeck-Prozeß mit Startpunkt $y = X_t^x(\omega)$. Die folgende Aussage zeigt, daß der Ornstein-Uhlenbeck-Prozeß mit Startpunkt y ein Gaußprozeß ist, der die Mittelwertfunktion $ye^{-\alpha t}$ und die Kovarianzfunktion $\frac{1}{2}\sigma^2 e^{-\alpha(s+t)}(e^{2\alpha(s\wedge t)} - 1)$ besitzt.

Es seien $h : [0, \infty) \to I\!\!R$ eine stetige Funktion und $\underset{\sim}{W}$ ein Wienerprozeß. Der stochastische Prozeß $\underset{\sim}{Z}$ sei definiert durch

$$Z_t = \int_{[0,t]} h(s)dW_s.$$

Dann ist $\underset{\sim}{Z}$ ein Gaußprozeß mit Mittelwertfunktion 0 und Kovarianzfunktion $\int_{[0, s \wedge t]} h(u)^2 du$.

Es liegt beim Ornstein-Uhlenbeck-Prozeß der Spezialfall einer homogenen linearen stochastischen Differentialgleichung vor.

13.6 Homogene lineare stochastische Differentialgleichungen

Gegeben seien previsible stochastische Prozesse $b : [0, \infty) \times \Omega \to M(n, n)$ und $\sigma^l : [0, \infty) \times \Omega \to M(n, n)$ für $l = 1, \ldots, k$. Als *homogene lineare stochastische Differentialgleichung* bezeichnen wir die Gleichung

$$dX_t = b(t)X_t \, dt + [\sigma^1(t)X_t, \ldots, \sigma^k(t)X_t] \, dW_t.$$

Dabei ist $\underset{\sim}{W} = (\underset{\sim}{W}^1, \ldots, \underset{\sim}{W}^k)$ ein k-dimensionaler Wienerprozeß und die gesuchte Lösung $\underset{\sim}{X} = (\underset{\sim}{X}^1, \ldots, \underset{\sim}{X}^n)$ ein adaptierter stetiger n-dimensionaler Prozeß. Zu beachten ist dabei, daß $[\sigma^1(t)X_t, \ldots, \sigma^k(t)X_t]$ eine $n \times k$-Matrix ist. In Komponentenschreibweise erhalten wir das stochastische Differentialgleichungssystem

$$dX_t^i = \sum_{j=1}^{n} b_{ij}(t)X_t^j \, dt + \sum_{l=1}^{k} \left(\sum_{j=1}^{n} \sigma_{ij}^l(t)X_t^j \right) dW_t^l.$$

Nehmen wir nun an, daß die Beschränktheitsbedingungen

$$\sup_{t \leq T, \omega} |\sigma^l(t, \omega)| < \infty, \, l = 1, \ldots, k, \, \sup_{t \leq T, \omega} |b(t, \omega)| < \infty$$

für alle $T > 0$ erfüllt sind, so folgt die eindeutige Lösbarkeit. Die Lösung $\underset{\sim}{X}$ zur Anfangsbedingung ξ kann dabei unter Anwendung der Itô-Formel im Fall $n = 1$ explizit angegeben werden als

$$X_t = \xi \exp \left(\sum_{l=1}^{k} \int_{[0,t]} \sigma^l(s) \, dW_s^l - \frac{1}{2} \sum_{l=1}^{k} \int_{[0,t]} \sigma^l(s)^2 \, ds + \int_{[0,t]} b(s) \, ds \right).$$

Angemerkt sei noch, daß entsprechend zur deterministischen Theorie inhomogene lineare stochastische Differentialgleichungen betrachtet werden, deren Lösungen dann mittels der Lösungen der zugehörigen homogenen Gleichungen angegeben werden können.

13.7 Ein allgemeines Finanzmarktmodell

Betrachtet wird ein kontinuierliches Finanzmarktmodell mit endlichem Horizont T und $g+1$ Finanzgütern. Es sei $\underset{\sim}{W}$ ein k-dimensionaler Wienerprozeß mit seiner Standardfiltration $\underset{\sim}{\mathcal{F}}$. Der $(g+1)$-dimensionale Preisprozeß $\underset{\sim}{S} = (S_t^0, \ldots, S_t^g)_{t\in[0,T]}$ genüge der folgenden Modellierung:

$$
\begin{aligned}
dS_t^0 &= r(t)S_t^0 \, dt, \ S_0^0 = s_0, \\
dS_t^i &= b_i(t)S_t^i \, dt + S_t^i \sum_{j=1}^{k} \sigma_{ij}(t) \, dW_t^j, \ S_0^i = s_i, \ i = 1, \ldots, g.
\end{aligned}
$$

Dabei seien $r, b_i, \sigma_{ij} : [0,T] \times \Omega \to \mathbb{R}$, $i = 1, \ldots, g$, $j = 1, \ldots, k$, beschränkte previsible stochastische Prozesse. Die explizite Gestalt des Preisprozesses kann damit wie vorstehend angegeben werden. Wir können nun etliche Grundüberlegungen aus dem Black-Scholes-Modell auf dieses allgemeine Modell übertragen.

13.8 Handelsstrategien

Eine *Handelsstrategie* $\underset{\sim}{H} = (H_t^0, \ldots, H_t^g)_{t\in[0,T]}$ ist ein previsibler stochastischer Prozeß der die folgende Bedingung technischer Natur erfüllt:

$$
P(\int_{[0,T]} |H_t^0| dt < \infty) = 1 \text{ und } P(\int_{[0,T]} (H_t^i)^2 dt < \infty) = 1 \text{ für } i = 1, \ldots, g.
$$

Dies gewährleistet, daß die im folgenden auftretenden stochastischen Integralprozesse definiert sind. Der *Wertprozeß* zu $\underset{\sim}{H}$ ist gegeben durch $V_t = \sum_{i=0}^{g} H_t^i S_t^i$. Eine Handelsstrategie $\underset{\sim}{H}$ heißt *selbstfinanzierend*, falls für alle $t \in [0,T]$ gilt:

$$
V_t - V_0 = \sum_{i=0}^{g} \int_{[0,t]} H_r^i \, dS_r^i, \text{ also } dV_t = \sum_{i=0}^{g} H_t^i \, dS_t^i.
$$

Sei $\Pi = \{\underset{\sim}{H} : \underset{\sim}{H} \text{ ist selbstfinanzierende Handelsstrategie}\}$.

13.9 Wertprozeß bei Selbstfinanzierung

Es sei $\underset{\sim}{H} \in \Pi$. Wir setzen nun in die Gleichung $dV_t = \sum_{i=0}^{g} H_t^i \, dS_t^i$ die in der Modellierung des Preisprozesses angegebene Gestalt der dS_t^i ein und lösen die resultierende stochastische Differentialgleichung. Mit $\varphi_t^i = H_t^i S_t^i, i = 1, \ldots, g$, und $\varrho(t) = \int_{[0,t]} r(s) \, ds$ ergibt dies für den abdiskontierten Wertprozeß einer selbstfinanzierenden Handelsstrategie

$$
\begin{aligned}
e^{-\varrho(t)} V_t &= V_0 + \int_{[0,t]} e^{-\varrho(s)} \sum_{i=1}^{g} (b_i(s) - r(s)) \varphi_s^i \, ds \\
&\quad + \int_{[0,t]} e^{-\varrho(s)} \sum_{i=1}^{g} \sum_{j=1}^{k} \varphi_s^i \sigma_{ij}(s) \, dW_s^j.
\end{aligned}
$$

Im Black-Scholes-Modell haben wir gesehen, daß bzgl. des äquivalenten Martingalmaßes der abdiskontierte Wertprozeß jeder selbstfinanzierenden Handelsstrategie ein lokales Martingal bildet. Wir werden nun sehen, wie dieses im allgemeinen Modell erreicht werden kann. Wir nehmen dazu an, daß $\sigma(t, \omega)$ stets invertierbar und der resultierende previsible Prozeß σ^{-1} beschränkt ist. In vektorieller Notation unter Benutzung des Vektors $\tilde{1}$, dessen sämtliche Komponenten 1 sind, gilt dann für alle $t \in [0, T]$

$$e^{-\varrho(t)} V_t = V_0 + \int_{[0,t]} e^{-\varrho(s)} \varphi_s^T \sigma(s) \, d\hat{W}_s$$

mit $\hat{W}_t = W_t + \int_{[0,t]} \sigma^{-1}(s)(b(s) - r(s)\tilde{1}) \, ds$. Ist also Q ein Wahrscheinlichkeitsmaß auf $\mathcal{F}_T$ so, daß $\underset{\sim}{\hat{W}} = (\hat{W}_t)_{t \in [0,T]}$ ein Wienerprozeß bezüglich Q ist, so ist der abdiskontierte Wertprozeß jeder selbstfinanzierenden Handelsstrategie ein lokales Martingal bzgl. Q. Zur Angabe eines solchen Q können wir die folgende Version des Satzes von Girsanov benutzen. Der Übergang von P zu Q wird dabei als *Girsanov-Transformation* bezeichnet.

13.10 Satz von Girsanov

Es sei $\underset{\sim}{W}$ ein k-dimensionaler Wienerprozeß. Sei $T > 0$ und $\underset{\sim}{\beta} = (\beta_t)_{t \in [0,T]}$ ein $I\!R^k$-wertiger previsibler beschränkter stochastischer Prozeß. Sei

$$Z_T = e^{\int_{[0,T]} \beta_s^T \, dW_s - \frac{1}{2} \int_{[0,T]} |\beta_s|^2 \, ds} = e^{\sum_{i=1}^k \int_{[0,T]} \beta_s^i \, dW_s^i - \frac{1}{2} \sum_{i=1}^k \int_{[0,T]} (\beta_s^i)^2 \, ds}.$$

Dann gilt $E Z_T = 1$. Ist Q das durch $\frac{dQ}{dP}|\mathcal{F}_T = Z_T$ definierte Wahrscheinlichkeitsmaß auf $\mathcal{F}_T$, so ist

$$\hat{W} = (W_t - \int_{[0,t]} \beta_s \, ds)_{t \in [0,T]}$$

ein k-dimensionaler Wienerprozeß bezüglich Q.

13.11 Martingaleigenschaft bei Selbstfinanzierung

Betrachtet werde ein allgemeines Finanzmarktmodell. Es sei $\sigma(t, \omega)$ stets invertierbar und der Prozeß σ^{-1} beschränkt. Sei $\underset{\sim}{\beta} = (\beta_t)_{t \in [0,T]}$ definiert durch $\beta_t = \sigma^{-1}(t)(b(t) - r(t)\tilde{1})$. Sei Q auf $\mathcal{F}_T$ definiert durch

$$\frac{dQ}{dP}|\mathcal{F}_T = e^{\int_{[0,T]} -\beta_s^T \, dW_s - \frac{1}{2} \int_{[0,T]} |\beta_s|^2 \, ds}.$$

Dann ist Q äquivalentes Martingalmaß zu P, und $(e^{-\varrho(t)} V_t)_{t \in [0,T]}$ ist ein lokales Martingal für jede selbstfinanzierende Handelsstrategie.

Es können nun in unserem allgemeinen Finanzmarktmodell die entsprechenden Überlegungen wie im speziellen Fall des Black-Scholes-Modells durchgeführt werden.

13.12 Arbitrage

Wir bezeichnen eine Handelsstrategie als Arbitrage, falls für den zugehörigen Wertprozeß

$$V_0 \leq 0, V_T \geq 0 \text{ und } P(V_T - V_0 > 0) > 0$$

gilt. Liegt eine reguläre (vgl. 12.4) selbstfinanzierende Handelsstrategie vor, so folgt wie im Black-Scholes-Modell mit der Supermartingaleigenschaft des abdiskontierten Wertprozesses, daß keine Arbitrage vorliegt. In diesem Sinne ist also auch das allgemeine Modell arbitragefrei.

13.13 Bewertung von Claims

Ein Claim C ist wiederum eine $\mathcal{F}_T$-meßbare Abbildung $C : \Omega \to \mathbb{R}$. C heißt *absicherbar*, falls eine selbstfinanzierende Handelsstrategie $\underset{\sim}{H}$ mit Wertprozeß $\underset{\sim}{V}$ so existiert, daß $C = V_T$ gilt. Der faire Preis eines absicherbaren Claims ist wie im Black-Scholes-Modell gegeben durch

$$s(C) = V_0.$$

Bezüglich des äquivalenten Martingalmaßes Q ist $(e^{-\varrho(t)}V_t)_{t\in[0,T]}$ ein lokales Martingal bzgl. Q. Falls sogar ein Martingal vorliegt, so folgt

$$s(C) = E_Q(e^{-\varrho(T)}C|\mathcal{F}_0) \text{ und } s(C,t) = E_Q(e^{-(\varrho(T)-\varrho(t))}C|\mathcal{F}_t).$$

Wie im Black-Scholes-Modell läßt sich zeigen, daß jedes C mit $E_Q(C^2) < \infty$ einen Martingalhedge (vgl.12.8) besitzt.

Einfache explizite Formeln wie die Black-Scholes-Formel stehen auch in allgemeineren Modellen in einigen Fällen zur Verfügung. Einen solchen Fall werden wir jetzt kennenlernen.

13.14 Ein Finanzmarktmodell für zwei korrelierte Aktien

Wir betrachten ein kontinuierliches Finanzmarktmodell gemäß 13.7 mit endlichem Horizont T für drei Finanzgüter - einen Bond und zwei Aktien. Es habe die Form

$$
\begin{aligned}
dS_t^0 &= r(t)S_t^0 dt, \\
dS_t^1 &= b_1(t)S_1^t dt + \sigma_1 S_t^1 dW_t^1, \\
dS_t^2 &= b_2(t)S_2^t dt + \sigma_2 S_t^2(\alpha dW_t^1 + \sqrt{1-\alpha^2}dW_t^2)
\end{aligned}
$$

mit Anfangswerten $S_0^0 = s_0$, $S_0^1 = s_1$, $S_0^2 = s_2$. Dabei seien $\sigma_1, \sigma_2 > 0, 0 < \alpha < 1$ Konstanten und r, b_1, b_2 beschränkte previsible Prozesse. $\underset{\sim}{W}^\alpha$ definiert durch $W_t^\alpha = \alpha W_t^1 + \sqrt{1 - \alpha^2} W_t^2$ ist wiederum ein Wienerprozeß, und es gilt $Kov(W_t^\alpha, W_t^1) = \alpha t$. Wir betrachten damit zwei korrelierte Aktienpreisprozesse bei stochastischer Zinsrate. Durch eine Girsanov-Transformation erhalten wir das äquivalente Martingalmaß Q. Es ergibt sich mit einem 2-dimensionalen Wiener-prozeß $\underset{\sim}{\hat{W}}$ bzgl. Q und $\varrho(t) = \int_{[0,t]} r(s) ds$

$$S_t^1 = e^{\varrho(t)} e^{\sigma_1 \hat{W}_t^1 - \frac{\sigma_1^2}{2} t}, \quad S_t^2 = e^{\varrho(t)} e^{\sigma_2 \hat{W}_t^\alpha - \frac{\sigma_2^2}{2} t}.$$

Für einen Claim der Form $h(S_T^1, S_T^2)$ ist der Preis $E_Q e^{-\varrho(T)} h(S_T^1, S_T^2)$. Dies führt bei deterministischer Zinsrate auf die Berechnung eines Integrals bzgl. einer 2-dimensionalen Normalverteilung, was in vielen Fällen mit numerischen Methoden durchzuführen ist. Im folgenden Beispiel ergibt sich bei beliebiger stochastischer Zinsrate eine einfache Formel, ähnlich zu der Black-Scholes-Formel.

Betrachtet sei eine Option, die das Recht gibt, Aktie 1 in Aktie 2 zum Zeitpunkt T einzutauschen. Sie wird als *Exchange-Option* bezeichnet und hat die Auszahlung

$$C = (S_T^2 - S_T^1)^+ \text{ und den Preis } s(C) = E_Q e^{-\varrho(T)} (S_T^2 - S_T^1)^+.$$

Optionen, bei denen verschiedene Aktien involviert sind, heißen auch *Rainbow-Optionen*; die Anzahl der Farben im Regenbogen entspricht der Anzahl der beteiligten verschiedenen Aktien. In unserem Fall liegt damit eine Two-Colour-Rainbow-Option vor. Der faire Preis ergibt sich mit $\hat{\sigma}^2 = \sigma_1^2 + \sigma_2^2 - 2\alpha\sigma_1\sigma_2$ als

$$s(C) = s_2 \, \Phi \left(\frac{\log(\frac{s_2}{s_1}) + \frac{\hat{\sigma}^2}{2} T}{\hat{\sigma}\sqrt{T}} \right) - s_1 \, \Phi \left(\frac{\log(\frac{s_2}{s_1}) - \frac{\hat{\sigma}^2}{2} T}{\hat{\sigma}\sqrt{T}} \right).$$

13.15 Wechsel des Numeraires

Ein Preisprozeß, der zur Diskontierung benutzt wird, wird als *Numeraire* bezeichnet. Bei einer Änderung des Diskontierungsprozesses ändert sich ebenfalls das Martingalmaß. Durch eine geschickte Wahl des Numeraire lassen sich in etlichen Fallen explizite Preisformeln gewinnen. Zum Einsatz des Numerairewechsels benötigen wir Kenntnisse über das Verhalten der Preisprozesse bzgl. des zum Numeraire gehörigen Martingalmaßes. Ein oft benutztes Hilfsmittel dazu ist der Satz von Girsanov. Im Zusammenspiel liefern die Techniken von Numerairewechsel und Anwendung des Satzes von Girsanov eine wichtige Methodik zur Bewertung von Derivaten. Der Numerairewechsel kann allgemein im Rahmen des folgenden Resultats beschrieben werden:

Betrachtet sei ein kontinuierliches Finanzmarktmodell mit endlichem Horizont T. $\underset{\sim}{B}$ *sei der vorliegende positive Diskontierungsprozeß.* $\underset{\sim}{A}$ *und* $\underset{\sim}{N}$ *seien positive Preisprozesse.* Q *sei ein Wahrscheinlichkeitsmaß, für das die abdiskontierten*

Preisprozesse $(B_t A_t)_{t \in [0,T]}$ und $(B_t N_t)_{t \in [0,T]}$ Martingale sind. Definiere ein Wahrscheinlichkeitsmaß Q' durch

$$\frac{dQ'}{dQ}\Big|_{\mathcal{F}_T} = \frac{B_T N_T}{B_0 N_0}.$$

Dann ist Q' äquivalent zu Q, $(A_t/N_t)_{t \in [0,T]}$ ist Martingal bzgl. Q', und für jeden $\mathcal{F}_T$-meßbaren Claim C mit bzgl. Q integrierbarem $B_T C$ gilt

$$B_t^{-1} E_Q(B_T C \mid \mathcal{F}_t) = N_t E_{Q'}(N_T^{-1} C \mid \mathcal{F}_t) \text{ für alle } t \in [0,T].$$

Aufgaben

Aufgabe 13.1   Sei $\underset{\sim}{W}$ ein Wienerprozeß. Finden Sie eine Lösung $\underset{\sim}{Y} = (\underset{\sim}{Y^1}, \underset{\sim}{Y^2})$ der stochastischen Differentialgleichung

$$
\begin{aligned}
dY_t^1 &= -\frac{1}{2} Y_t^1 dt - Y_t^2 dW_t, \\
dY_t^2 &= -\frac{1}{2} Y_t^2 dt + Y_t^1 dW_t.
\end{aligned}
$$

Die Lösung wird als Wienerprozeß auf dem Einheitskreis bezeichnet.

Aufgabe 13.2   Betrachtet sei ein Black-Scholes-Modell mit der Verallgemeinerung, daß Drift μ, Zinsrate r und Volatilität σ als zeitabhängig, jedoch deterministisch angenommen seien. Es gelte $\int_{[0,T]} (\mu(t) - r(t))^2 / \sigma(t)^2 dt < \infty$.

Berechnen Sie den fairen Preis eines Calls in diesem Modell.

Aufgabe 13.3   Betrachtet sei ein Finanzmarktmodell mit einem Bond und einer Aktie mit endlichem Horizont T. Drift und Zinsrate seien wie in Aufgabe 13.2. Die Volatilität sei nunmehr als zufallsabhängig angesehen, und es möge bzgl. eines zweidimensionalen Wienerprozesses $\underset{\sim}{W} = (\underset{\sim}{W^1}, \underset{\sim}{W^2})$ mit deterministischen Funktionen α und β folgendes Modell vorliegen:

$$
\begin{aligned}
d\sigma_t &= \alpha(\sigma_t, t)dt + \beta(\sigma_t, t)dW_t^1, \\
dA_t &= A_t(\mu(t)dt + \sigma_t dW_t^2).
\end{aligned}
$$

(a) Bestimmen Sie unter geeignet von Ihnen formulierten Bedingungen äquivalente Martingalmaße in diesem Modell so, daß die Struktur der obigen stochastischen Differentialgleichung bzgl. der resultierenden Wienerprozesse erhalten bleibt. Wie ändern sich die Driftterme? Die Volatilität wird hier als nicht-handelbares Gut betrachtet.

(b) Bestimmen Sie den Preis eines Calls in Abhängigkeit vom gewählten Martingalmaß. Bedingen Sie dabei bzgl. der Volatilität.

Aufgabe 13.4   Sei $\underset{\sim}{W}$ ein n-dimensionaler Wienerprozeß. Betrachtet sei ein Finanzmarktmodell mit n Finanzgütern, gegeben durch

$$dS_t^i = S_t^i(\rho dt + \sigma_i dW_t^i), i = 1, \ldots, n,$$

mit Konstanten $\rho, \sigma_1, \ldots, \sigma_n > 0$. Zu $\alpha = (\alpha_1, \ldots, \alpha_n) \in I\!R^n$ sei

$$M_t^\alpha = e^{-\rho t} \prod_{i=1}^n (S_t^i)^{\alpha_i}.$$

Finden Sie die Darstellung des dadurch definierten stochastischen Prozesses als Semimartingal in der Form

$$dM_t^\alpha = M_t^\alpha(h(\alpha, \rho)dt + \sum_{i=1}^n \sigma_i \alpha_i dW_t^i).$$

Aufgabe 13.5   Betrachtet sei das Finanzmarktmodell 13.14 für zwei korrelierte Aktien. Berechnen Sie den Preis der dort eingeführten Exchange-Option durch Aufspaltung des zu berechnenden Erwartungswerts und Benutzung von S_t^1 und von S_t^2 als Numeraire.

Aufgabe 13.6   Betrachtet sei ein allgemeines Finanzmarktmodell gemäß 13.7.

Untersuchen Sie das Problem der Portfoliooptimierung aus den Aufgaben 12.5 – 12.7 in diesem allgemeinen Rahmen.

Kapitel 14

Anleihenmärkte und Zinsstrukturen

In diesem Kapitel sollen Finanzgüter mathematisch untersucht werden, deren Auszahlungen und Preise sich im Kontext von Zinsstrukturen bewegen.

14.1 Anleihenmarktmodell

Als grundlegende am Markt gehandelte Finanzgüter betrachten wir dabei *Null-kouponanleihen, Zero-Coupon-Bonds*, die zum Fälligkeitszeitpunkt T die feste Auszahlung 1 erbringen. Bonitätsrisiken werden dabei ausgeschlossen, so daß eine solche Nullkouponanleihe zum Zeitpunkt T den deterministischen Wert 1 besitzt. Es sei $p(t, T)$ der Preis der Nullkouponanleihe zur Zeit $t \leq T$ mit $p(t, T) > 0$ und $p(T, T) = 1$.

Damit gibt $p(t, T)$ den Wert an, den das sichere Versprechen auf 1 Geldeinheit in T zum Zeitpunkt t besitzt. Wir betrachten damit ein kontinuierliches Finanzmarktmodell mit geeignet gewähltem endlichen Horizont T^*, wobei für jedes $T \leq T^*$ Nullkouponanleihen mit Fälligkeitszeitpunkt T vorliegen mögen. Wir werden im folgenden eine solche Nullkouponanleihe mit Fälligkeitszeitpunkt T auch als T-Bond bezeichnen. Diese seien die Basisgüter in unserem Modell, das wir als *An-leihenmarktmodell* bezeichnen. Hier haben wir ein Kontinuum von Preisprozessen im Modell, denn für jedes $T \leq T^*$ liegt der Preisverlauf des T-Bonds vor. Obwohl beim tatsächlichen Marktgeschehen nur endlich viele Erfüllungszeitpunkte auftreten, hat es sich als nützlich erwiesen, den Erfüllungszeitpunkt T als kontinuierlichen Parameter anzusehen.

Würde, wie im Black-Scholes-Modell, eine konstante Zinsrate ρ vorliegen, so wäre $p(t, T) = e^{-\rho(T-t)}$. Wir verlassen hier diesen Rahmen und interessieren uns nun für die zufallsabhängigen Schwankungen von Zinsgrößen. Mathematische Modelle, die solche Zinsgrößen, insbesondere die Preise von T-Bonds, unter dem Gesichtspunkt der Abhängigkeit vom Fälligkeitszeitpunkt T beschreiben, werden als *Zinsstrukturmodelle, term structure models* bezeichnet.

Wir werden nun einige Zinsgrößen angeben, die im Modell eines Anleihenmarkts aus den Preisprozessen der T-Bonds hergeleitet werden.

14.2 Verzinsung und LIBOR

Wollen wir zum Zeitpunkt t den Betrag 1 festverzinslich bis zum Zeitpunkt T anlegen, so können wir dies durch den Kauf von $1/p(t,T)$ T-Bonds durchführen. Die Verzinsung im betrachteten Anleihenmarktmodell ist daher

$$\frac{1}{p(t,T)} - 1 \text{ mit dem nominalen Zinssatz } L(t,T) = \frac{\frac{1}{p(t,T)} - 1}{T - t}.$$

Ein solcher Zinssatz tritt - mit einer Notierung per anno - im Interbankenhandel auf als *LIBOR - London interbank offer rate*.

14.3 Forwardrendite

Seien Zeitpunkte $t \le T < T_1$ gegeben. Zur Zeit t möchte ein Anleger mit einer in diesem Zeitpunkt festgesetzten Zinsrate ρ den Betrag 1 von T bis T_1 anlegen. Dies wird beschrieben durch den Zahlungsstrom 0 in t, -1 in T und $e^{\rho(T_1-T)}$ in T_1. Aus dem No-Arbitrage-Prinzip folgt

$$e^{\rho(T_1-T)} = \frac{p(t,T)}{p(t,T_1)}.$$

Als Forwardrendite und als Rendite des T-Bonds werden eingeführt

$$\rho(t,T,T_1) = -\frac{\log p(t,T_1) - \log p(t,T)}{T_1 - T} \text{ und } \rho(t,T) = \rho(t,t,T).$$

Es gilt damit $p(t,T) = e^{-\rho(t,T)(T-t)}$.

14.4 Forwardrate und Shortrate

Wir nehmen hier und auch im weiteren an, daß die Preisprozesse $p(t,T)$ differenzierbar in T seien. Dann bilden wir

$$\text{die } \textit{Forwardrate } f(t,T) = -\frac{\partial \log p(t,T)}{\partial T} \text{ und die } \textit{Shortrate } r(t) = f(t,t),$$

letztere auch als *Spotrate* bezeichnet. Die Shortrate $r(t)$ ist die zum Zeitpunkt t am Markt vorliegende *konforme Zinsrate*, also die augenblickliche Zinsrate bei kontinuierlicher Verzinsung.

Unter Benutzung des No-Arbitrage-Prinzips können wir die Bewertung einiger Derivate mittels Nullkouponanleihen durchführen.

14.5 Forwardpreise

Betrachtet sei ein am Markt gehandeltes Finanzgut mit Preis S zum Zeitpunkt t. Gefragt wird nach dem Erfüllungspreis F eines Forwardkontrakts auf dieses Finanzgut mit Erfüllungszeitpunkt $T > t$. Dieser Erfüllungspreis, auch als *Forwardpreis* des Finanzguts bezeichnet, ergibt sich als $F = \frac{S}{p(t,T)}$, da sich anderenfalls offensichtliche Arbitragemöglichkeiten ergeben. Handelt es sich beim Finanzgut um einen T_1-Bond, $T_1 > T$, so ergibt sich als Erfüllungspreis $F = \frac{p(t,T_1)}{p(t,T)}$.

14.6 Swaps

Die Bezeichnung *Swaps* wird für solche Kontrakte auf Finanzmärkten benutzt, bei denen der Tausch von Finanzgütern zwischen den Vertragspartnern im Vordergrund steht. Hier sei mit Swap ein Kontrakt bezeichnet, bei dem Zahlungen mit festen Beträgen gegen Zahlungen mit variablen Beträgen, die von zukünftigen Zinssätzen abhängen, getauscht werden. Vorliegen mögen Zeitpunkte $t = T_0 < T_1 < \ldots < T_n$. Betrachten wir zunächst eine Anleihe mit den festen Kouponzahlungen der Höhe k zu den Zeitpunkten $T_1, \ldots, T_n$ und zusätzlich der Auszahlung 1 im Zeitpunkt T_n. Der Wert zum Zeitpunkt t ist gegeben durch $V = p(t, T_n) + k \sum_{i=1}^n p(t, T_i)$. Betrachtet sei weiter eine Anleihe mit variablen und zufallsabhängigen Koupons der Höhe $L(T_{i-1}, T_i)(T_i - T_{i-1}) = \frac{1}{p(T_{i-1}, T_i)} - 1$ zu den Zeitpunkten $T_1, \ldots, T_n$ und zusätzlich der Auszahlung 1 im Zeitpunkt T_n. Der zufallsabhängige Koupon ist gerade die Verzinsung, die sich durch Anlage des Betrags 1 zum Zeitpunkt T_{i-1} in den T_i-Bond ergibt, also die Verzinsung bezüglich des nominalen Zinssatzes $L(T_{i-1}, T_i)$.

Der Wert W dieser Anleihe zum Zeitpunkt t ist $W = 1$, wie ein No-Arbitrage-Argument zeigt. Bei einem *Payer Swap* leistet der Halter die festen Zahlungen und erhält die variablen. Der Wert des Swaps zum Zeitpunkt t ist $W - V$. Bei einem Swapkontrakt ohne Kosten muß dieser Wert gleich 0 sein, was die Höhe der festen Auszahlungen als

$$k = \frac{1 - p(t, T_n)}{\sum_{i=1}^n p(t, T_i)}$$

festlegt. Dieser Wert von k wird als *Swaprendite* bezeichnet.

14.7 Optionen an Anleihenmärkten

Natürlich existieren, entsprechend zu den Optionen an Aktienmärkten, die vielfältigsten Optionskontrakte an Anleihenmärkten. Dabei treten als Basisgüter sowohl

Anleihen als auch Zinsgrößen auf, und die Optionen können vom europäischen oder amerikanischen Typ sein. So hat ein europäischer Call mit Ausübungspreis K, Laufzeit T auf einen T_1-Bond, $T_1 > T$, als Auszahlung $(p(T, T_1) - K)^+$, der entsprechende Put $(K - p(T, T_1))^+$.

14.8 Caps und Floors

Ein *Cap* ist eine Option, die zur Absicherung gegen steigende Zinsen dient; entsprechend soll ein *Floor* gegen fallende Zinsen absichern. Wir betrachten einen speziellen Cap zum Nennwert 1. Es mögen vorliegen Zeitpunkte $t = T_0 < T_1 < \ldots < T_n$ und Zinssätze $L(T_{i-1}, T_i)$, $i = 1, \ldots, n$, gemäß 14.2., ferner ein fester Vergleichszinssatz L. Auszahlungen des Caps fallen zu den Zeitpunkten $T_i, i = 2, \ldots, n$, an und betragen jeweils $C_i = (T_i - T_{i-1})(L(T_{i-1}, T_i) - L)^+$. Eine derartige Auszahlung wird als *Caplet* bezeichnet. Die Höhe der Auszahlung zum Zeitpunkt T_i ist schon zum Zeitpunkt T_{i-1} bekannt; ihr Wert in T_{i-1} beträgt $p(T_{i-1}, T_i)C_i$ Das Problem der Bewertung eines Caps läßt sich auf dasjenige der Bewertung von Puts auf Nullkouponanleihen zurückführen. Bei einem Floor ist C_i durch $(T_i - T_{i-1})(L - L(T_{i-1}, T_i))^+$ zu ersetzen, und es ergibt sich die Zurückführung auf die entsprechenden Calls.

14.9 Martingalmodellierung und Kalibrierung

Wie schon bei den Aktienoptionen ist zur Bewertung von Optionen auf Nullkouponanleihen die stochastische Modellierung der Basisinstrumente, also der Nullkouponanleihen, notwendig. Da wir bei Anlagemarktmodellen in Abhängigkeit von T ein Kontinuum von Preisprozessen $(p(t, T))_{t \in [0, T]}$ zu berücksichtigen haben, ist dies mit größeren Schwierigkeiten verbunden als bei einem Finanzmarktmodell mit nur endlich vielen Preisprozessen. So liegt bei Anlagemarktmodellen kein Standardmodell vergleichbar dem Black-Scholes-Modell vor, es gibt vielmehr etliche konkurrierende Modelle.

Wir folgen dem gebräuchlichen Ansatz der *Martingalmodellierung*. Dabei wird die Modellierung nicht bzgl. eines real vorliegenden Wahrscheinlichkeitsmaßes durchgeführt sondern bzgl. eines als existent vorausgesetzten risikoneutralen Wahrscheinlichkeitsmaßes, also eines Martingalmaßes. Die Existenz ist dabei als mathematisches Kriterium für die Arbitragefreiheit des Marktes anzusehen. Preisberechnungen werden dann durchgeführt bzgl. eines solchen Martingalmaßes $Q = Q(\theta)$, das von modellierungsspezifischen Parametern, zusammengefaßt als θ, abhängt. θ kann dabei endlich-dimensional oder unendlich-dimensional sein. Die Anpassung an die realen Gegebenheiten geschieht dadurch, daß am Markt beobachtete Preise, zum Beispiel diejenigen von Nullkouponanleihen, mit den in Abhängigkeit von θ berechneten Preisen verglichen werden. Durch geeignete Wahl θ^* von θ wird eine möglichst gute Anpassung gesucht, und das resultierende Martingalmaß $Q(\theta^*)$ wird dann für die weiteren Preisberechnungen benutzt. Dieses Vorgehen wird als *Kalibrierung* bezeichnet.

14.10 Martingalmaß und Preisfestsetzung in einem Anleihenmarkt

Betrachtet sei ein Anleihenmarktmodell. Das mit der Shortrate kontinuierlich verzinste Anlagekonto liefert den Diskontierungsprozeß gemäß $B_t = e^{-\varrho(t)}$ mit $\varrho(t) = \int_{[0,t]} r(s)ds$. Als *Martingalmaß* wird ein Wahrscheinlichkeitsmaß Q bezeichnet, für das gilt:

$$(B_t p(t,T))_{t \in [0,T]} \text{ ist Martingal für alle } T \in [0,T^*].$$

Ist C ein $\mathcal{F}_T$-meßbarer Claim mit Auszahlung zum Zeitpunkt T, so definieren wir unter Voraussetzung der Integrierbarkeit von $B_T C$ seinen Preis bzgl. Q zum Zeitpunkt 0, bzw. t als

$$s(C;Q) = E_Q B_T C, \ s(C,t;Q) = B_t^{-1} E_Q(B_T C \mid \mathcal{F}_t).$$

Damit ergibt sich für alle $0 \le t \le T \le T^*$

$$p(t,T) = B_t^{-1} E_Q(B_T | \mathcal{F}_t) = E_Q(e^{-(\varrho(T) - \varrho(t))} | \mathcal{F}_t).$$

Wir unterscheiden zwischen Modellen, die die Shortrate in Abhängigkeit von t modellieren und Zinsstrukturmodellen, die schon bei der Modellierung die beiden Parameter t und T heranziehen. Wir beginnen mit der Behandlung von *Shortratemodellen*.

14.11 Shortratemodelle

Bei einem Shortratemodell betrachten wir ein Modell der Form

$$dr(t) = b(r(t),t)dt + \sum_{j=1}^{k} \sigma_j(r(t),t)dW_t^j.$$

Dabei ist $\underset{\sim}{W} = (W^1, \ldots, \underset{\sim}{W^k})$ ein k-dimensionaler Wienerprozeß bzgl. der zugrundegelegten Filtration und des zugrundegelegten Wahrscheinlichkeitsmaßes Q. Diese stochastische Differentialgleichung besitze dabei eine eindeutige Lösung.

In einem Shortratemodell *definieren* wir $p(t,T) = B_t^{-1} E_Q(B_T \mid \mathcal{F}_t)$ und erhalten aus dieser Definition, daß $(B_t p(t,T))_{t \in [0,T]}$ stets ein Martingal und damit Q ein Martingalmaß ist. Liegt ein eindimensionaler Wienerprozeß $(W_t)_{t \in [0,T]}$ vor, so sprechen wir dabei von einem *Ein-Faktor-Modell*

$$dr(t) = \beta(r(t),t)dt + \sigma(r(t),t)dW_t.$$

14.12 Vasicek-Modell

Das *Ein-Faktor-Modell von Vasicek* ist gegeben durch $dr(t) = (a - br(t))dt + \sigma dW_t$ zu Parametern $a, b, \sigma > 0$. Es zeigt sich, daß $X_t = r(t) - c$ ein Ornstein-Uhlenbeck-Prozeß mit Startwert $x = r_0 - c$ und Parametern b, σ ist. Gemäß 13.5 ist $r(t)$ normalverteilt mit Mittelwert $e^{-bt}r_0 + c(1 - e^{-bt})$ und Varianz $\sigma^2(1 - e^{-2bt})/2b$. Für $t \to \infty$ strebt der Erwartungswert gegen c, die Varianz gegen $\sigma^2/2b$. In der stochastischen Differentialgleichung für $r(t)$ sorgt der Term $b(c - r(t))$ dafür, daß $r(t)$ vom Wert c angezogen wird - ein Effekt, der auch als *mean reversion* bezeichnet wird. Mit der Markoveigenschaft des Ornstein-Uhlenbeck-Prozesses läßt sich berechnen

$$p(t, T) = e^{-c(T-t)}g(T - t, r(t) - c)$$

mit $g(t, y) = \exp(\frac{y}{b}(e^{-bt} - 1) + \frac{\sigma^2}{4b^3}(2bt - 3 + 4e^{-bt} - e^{-2bt}))$, was wir auch in der gebräuchlichen Form $p(t, T) = e^{-A(T-t) - B(T-t)r(t)}$ mit in offensichtlicher Weise anzugebenden deterministischen Funktionen A, B formulieren können. Auch der Preis eines Calls kann explizit berechnet werden als Integral bzgl. einer zweidimensionalen Normalverteilung.

Im Vasicekmodell erhalten wir einfache geschlossene Formeln für die Preise von Nullkouponanleihen und von den zugehörigen Calls und Puts. Dies wird als ein Vorteil des Modells gesehen. Allerdings ergeben sich sofort zwei Kritikpunkte am Vasicek-Modell : Zum einen ist die shortrate normalverteilt, so daß im Modell negative Zinsraten mit positiver Wahrscheinlichkeit auftreten. Zum anderen treten nur die Parameter a, b, σ in der Modellierung auf, und nur diese drei Parameter können zur Kalibrierung an die tatsächlich vorliegenden Preise der Nullkouponanleihen und an weitere Marktgrößen benutzt werden. Dies führt notwendigerweise zu Fehlern in der Anpassung, was von Marktteilnehmern als Schwäche des Modells gesehen wird.

Das Problem der fehlerbehafteten Anpassung wird im folgenden *Ein-Faktor-Modell von Hull und White* behoben.

14.13 Hull-White-Modell

Dieses Modell ist gegeben durch die stochastische Differentialgleichung

$$dr(t) = (a(t) - b(t)r(t))dt + \sigma(t)dW_t$$

mit meßbaren, beschränkten Funktionen $a, b, \sigma : [0, T^*] \to (0, \infty)$. Der zur Kalibrierung zur Verfügung stehende Parameter besteht also aus Funktionen und ist damit unendlich-dimensional. Die mathematischen Methoden zur Behandlung des Hull-White-Modells entsprechen denjenigen im Vasicek-Modell. Zum

Anfangswert r_0 besitzt die definierende stochastische Differentialgleichung – mit $\beta(t) = \int_{[0,t]} e^{b(s)} ds$ – die Lösung

$$r(t) = e^{-\beta(t)}(r_0 + \int_{[0,t]} e^{\beta(s)} a(s) ds + \int_{[0,t]} e^{\beta(s)} \sigma(s) dW_s).$$

Es handelt sich um einen Gaußprozeß, und es ergibt sich $p(t,T) = e^{-A(t,T)-B(t,T)r(t)}$ mit

$$A(t,T) = \int_{[t,T]} (e^{\beta(s)} a(s)(\int_{[s,T]} e^{-\beta(u)} du) - \frac{1}{2} e^{2\beta(s)} \sigma^2(s)(\int_{[s,T]} e^{-\beta(u)} du)^2) ds,$$

$$B(t,T) = e^{\beta(t)} \int_{[t,T]} e^{-\beta(s)} ds.$$

Hier hängen A und B von (t,T) und nicht nur von der Differenz $T - t$ ab, da das Hull-White-Modell nicht zeitlich homogen wie das Vasicek-Modell ist. Der Preis eines Calls auf eine Nullkouponanleihe ergibt sich wiederum als Integral bzgl. einer zweidimensionalen Normalverteilung.

Der Vorteil des Hull-White-Modells liegt darin, daß eine perfekte Anpassung der theoretischen Preiskurve $p(0,T), t \in [0,T^*]$, an die real vorliegenden Marktpreise durch geeignete Wahl der als Modellparameter auftretenden Funktionen durchgeführt werden kann. Allerdings sind weiterhin negative Zinsraten möglich.

Das *Ein-Faktor-Modell von Cox, Ingersoll und Ross* schließt negative Zinsraten aus.

14.14 Cox-Ingersoll-Ross-Modell

Dieses Modell ist gegeben durch die stochastische Differentialgleichung

$$dr(t) = (a - br(t))dt + \sigma \sqrt{r(t)} dW_t$$

mit Parametern $a, b, \sigma > 0$. Betrachten wir diese stochastische Differentialgleichung für $r(t)$, so ist zu bemerken, daß die Funktion $\sqrt{r}$ die von uns zur Lösbarkeit formulierte Bedingung der Lipschitz-Stetigkeit nicht erfüllt. Es stellt sich die Frage, ob überhaupt eine Lösung durch einen stochastischen Prozeß mit nichtnegativen Werten existiert. Diese Frage kann positiv beantwortet werden: Es existieren stets Lösungen, die im Fall $2a \geq \sigma^2$ positive Pfade besitzen.

Da die Koeffizienten in der stochastischen Differentialgleichung zeitunabhängig sind, besitzen die Lösungen die Markoveigenschaft. Daraus ergibt sich daß die Preise der Nullkouponanleihen die Gestalt $p(t,T) = e^{-A(T-t)-B(T-t)r(t)}$ besitzen. Tatsächlich kann die explizite Gestalt der Funktionen A und B ermittelt werden, und Preise von Calls und Puts auf Nullkouponanleihen können als Integrale bzgl. nichtzentraler χ^2-Verteilungen angegeben werden. Beim Cox-Ingersoll-Ross-Modell treten wie beim Vasicek-Modell Kalibrierungsfehler auf. Es ist daher naheliegend, einen entsprechenden Übergang zu zeitabhängigen Parametern wie im Hull-White-Modell durchzuführen. Solche Modelle sind ebenfalls als Hull-White-Modelle bekannt, führen aber in der Regel nicht zu expliziten Formeln.

In den von uns betrachteten Modellen haben die Preise der Nullkouponanleihen die Form $p(t,T) = e^{-A(t,T)-B(t,T)r(t)}$, in der Literatur als *affine term structure* bekannt. Insbesondere sind dabei die Preisprozesse sämtlicher Nullkouponanleihen vollständig korreliert. Soll dieser Effekt vermieden werden, so können Modelle mit zwei oder mehr Faktoren herangezogen werden.

Wir kommen nun zu dem *Modell von Heath, Jarrow und Morton*, einem echten Zinsstrukturmodell, bei dem die Modellierung in Abhängigkeit von t und T geschieht.

14.15 Heath-Jarrow-Morton-Modell

In diesem Modell werden die Forwardraten modelliert als

$$f(t,T) = f(0,T) + \int_{[0,t]} a(s,T)ds + \int_{[0,t]} \sigma(s,T)dW_s, \ 0 \le t \le T \le T^*.$$

Dabei seien $a, \sigma : [0,T^*] \times [0,T^*] \times \Omega \to I\!R$ meßbare, in s für jedes T previsible Prozesse, wobei wir zur Vereinfachung annehmen wollen, daß für jedes T die Pfade in s beschränkt sind. Als frei wählbare Anfangswerte liegen vor die $f(0,T)$, $0 \le T \le T^*$, so daß wir mit diesem Modell eine perfekte Anpassung an die am Markt beobachteten Forwardraten erzielen können, indem wir letztere als Anfangswerte wählen. Es gilt

$$r(t) = f(t,t) = f(0,t) + \int_{[0,t]} a(s,t)ds + \int_{[0,t]} \sigma(s,t)dW_s,$$

$$p(t,T) = e^{-\int_{[t,T]} f(t,u)du}$$

$$= \exp\left(-\int_{[t,T]} f(0,u)du - \int_{[t,T]}\int_{[0,t]} a(s,u)dsdu - \int_{[t,T]}\int_{[0,t]} \sigma(s,u)dW_sdu\right).$$

Vertauschung der Integrationsreihenfolge zeigt

$$B_t p(t,T) = \exp\left(-\int_{[0,T]} f(0,u)du - \int_{[0,t]} \alpha(s,T)ds + \int_{[0,t]} \gamma(s,T)dW_s\right).$$

mit $\alpha(t,T) = \int_{[t,T]} a(t,u)du$, $\gamma(t,T) = -\int_{[t,T]} \sigma(t,u)du$.

Im Modell von Heath, Jarrow und Morton modellieren wir die Forwardraten unter Heranziehung eines Wienerprozesses bzgl. eines zugrundegelegten Wahrscheinlichkeitsmaßes Q. Daraus erhalten wir durch Integration die Darstellung der Preisprozesse der Nullkouponanleihen, weiter dann die Darstellung der diskontierten Preisprozesse. Natürlich werden diese im allgemeinen keine Martingale bzgl. Q sein. Folgende Ausage an die zur Modellierung benutzten Funktionen a und σ zeigt, wann eine Martingalmodellierung vorliegt.

Die diskontierten Preisprozesse sind lokale Martingale bzgl. Q genau dann, wenn gilt:

$$a(t,T) = \sigma(t,T) \int_{[t,T]} \sigma(t,s)ds \text{ für fast alle } 0 \leq t \leq T \leq T^*,$$

wobei eine Ausnahmemenge in (t,T) mit Lebesguemaß 0 vorliegen darf. Diese Bedingung ist als *Heath-Jarrow-Morton-Driftbedingung* bekannt.

Im Heath-Jarrow-Morton-Modell kann der Preis eines Calls explizit berechnet werden. Dabei wird angenommen, daß das zugrundeliegende Maß Martingalmaß ist, also insbesondere die Heath-Jarrow-Morton-Driftbedingung erfüllt ist.

14.16 Preis des Calls im Heath-Jarrow-Morton-Modell

Betrachtet sei ein Heath-Jarrow-Morton-Modell mit deterministischen Funktionen $a, \sigma : [0, T^*] \times [0, T^*] \to \mathbb{R}$. Q sei Martingalmaß für das Modell. Dann gilt für den Preis eines Calls in 0 mit Ausübungspreis K, Laufzeit T auf einen T_1-Bond, $T_1 > T$, mit $\tau^2 = \int_{[0,t]} (\gamma(s, T_1) - \gamma(s, T))^2 ds$

$$\begin{aligned} &E_Q B_T (p(T, T_1) - K)^+ \\ &= p(0, T_1) \Phi \left(\frac{\log(\frac{p(0,T_1)}{Kp(0,T)}) + \frac{\tau^2}{2}}{\tau} \right) - Kp(0, T) \Phi \left(\frac{\log(\frac{p(0,T_1)}{Kp(0,T)}) - \frac{\tau^2}{2}}{\tau} \right). \end{aligned}$$

Bei der Herleitung benutzen wir die Technik des Numeraire-Wechsels mit dem Preisprozeß $(p(t, T))_{t \in [0,T]}$ als Numeraire. Das resultierende Martingalmaß Q_T auf $\mathcal{F}_T$ bezeichnen wir als *Forwardmartingalmaß*. Diese Bezeichnung ist darin begründet, daß bzgl. Q_T die *Forwardpreise* $\frac{A_t}{p(t,T)}$, $t \in [0, T]$, eines Finanzguts mit Preisprozeß $(A_t)_t$ ein Martingal bilden.

Forwardmartingalmaße können ebenfalls zur Berechnung von Optionspreisen in Shortratemodellen benutzt werden.

Aufgaben

Aufgabe 14.1 Ein Collar besteht aus einer long position in einem Cap und einer short position in einem Floor. Untersuchen Sie dieses Derivat.

Aufgabe 14.2 Betrachtet sei ein Vasicek-Modell. Zeigen Sie, daß die Preisprozesse der Nullkouponanleihen die Darstellung

$$dp(t,T) = p(t,T)(r(t)dt + \sigma\gamma(t)dW_t)$$

mit einer deterministischen Funktion $\gamma(t), t \in [0,T]$, besitzen.

Aufgabe 14.3 Betrachtet sei ein Hull-White-Modell. Bestimmen Sie die Preisprozesse der Nullkouponanleihen.

Aufgabe 14.4 Betrachtet sei ein Vasicek-Modell. Berechnen Sie den Preis des Calls aus 14.12 auf eine Nullkouponanleihe unter Benutzung von Forwardmartingalmaßen gemäß 14.16.

Aufgabe 14.5 Seien $a, b, \sigma > 0$. Bestimmen Sie ein Heath-Jarrow-Morton-Modell, in dem für die Shortrate gilt

$$dr(t) = (a - br(t))dt + \sigma dW_t.$$

Aufgabe 14.6 Sei $\underset{\sim}{W}$ ein Wienerprozeß, $T > 0$. Sei $a : [0,T] \times [0,T] \times \Omega \to I\!R$ meßbar. $a(\cdot,\cdot,\omega)$ sei stetig für jedes ω, $a(t,\cdot,\cdot)$ previsibel für jedes t. Es gelte $E \int_{[0,T]} \int_{[0,T]} a(t,s)^2 ds dt < \infty$. Zeigen Sie:

$$\int_{[0,T]} \int_{[0,T]} a(t,s)dW_s dt = \int_{[0,T]} \int_{[0,T]} a(t,s)dt dW_s.$$

Teil II:

Lösungen zu den Aufgaben

Lösungen zu Kapitel 1

Hinweis: Verweise in den Lösungen wie *siehe 1.11* oder *vgl. 3.5* beziehen sich auf die entsprechenden Stellen im vorstehenden Text. Numerische Werte werden im folgenden stets gerundet angegeben.

1.1

Ein für den Landwirt geeignetes Derivat ist eine Put-Option auf Ferkel mit Ausübungspreis 20 Euro und Fälligkeit in einem Jahr, da diese ihm wie gewünscht das Recht liefert, ein Ferkel in einem Jahr für 20 Euro zu verkaufen, auch wenn der Marktpreis sinken sollte. Zur Bestimmung des arbitragefreien Preises dieser Option formulieren wir die Preisentwicklung der sicheren Anlage und der Ferkel als Ein-Perioden-Modell. Als zugrundeliegenden Wahrscheinlichkeitsraum spezifizieren wir wie in 1.11 $\Omega = \{\omega_1, \omega_2\}$ mit $P(\{\omega_i\}) > 0$, $i = 1, 2$. Seien

$$S_0 = \begin{bmatrix} 1 \\ 20 \end{bmatrix}, \; S_1 = \begin{bmatrix} 1,04 \\ A_1 \end{bmatrix}$$

mit $A_1(\omega_1) = 24$, $A_1(\omega_2) = 12$.

Wir befinden uns also in der Situation von 1.11, wobei die Parameterwerte gegeben sind durch $\rho = 0,04$, $A_0 = 20$, $d = 0,6$ und $u = 1,2$. Die Put-Option läßt sich beschreiben als Zufallsgröße C mit

$$C(\omega_1) = 0, \; C(\omega_2) = 8.$$

Ein Hedge $x = [x_1, x_2]^T$ ergibt sich durch Lösen von

$$\begin{aligned}
x_1(1 + \rho) + x_2 \cdot 20u &= 0, \\
x_1(1 + \rho) + x_2 \cdot 20d &= 8.
\end{aligned}$$

Es folgt

$$\begin{aligned}
x_1 &= \frac{1}{1,04} \cdot \frac{1,2 \cdot (8 - 0)}{1,2 - 0,6} = 15,38, \\
x_2 &= \frac{(0 - 8)}{(1,2 - 0,6) \cdot 20} = -\frac{2}{3}
\end{aligned}$$

und hieraus ergibt sich gemäß 1.14 der faire Preis des Puts

$$x^T S_0 = x_1 + 20x_2 = 2,05.$$

Der Bauer kann also $\frac{1500}{x^T S_0} = 731,25$ Put-Optionen kaufen. Der Investitionsbetrag reicht somit zur Absicherung von 731 Ferkeln.

1.2

Wir können ein zu Aufgabe 1.1 analoges Modell (lediglich mit veränderten Zahlenwerten) zugrundelegen. Ein Hedge $x = [x_1, x_2]^T$ ergibt sich durch Lösen von

$$x_1 \cdot 1{,}05 + x_2 \cdot 2 = 3,$$
$$x_1 \cdot 1{,}05 + x_2 \cdot 0{,}5 = 0{,}2.$$

Es folgt

$$x_1 = \frac{1}{1{,}05} \cdot \frac{2 \cdot 0{,}2 - 0{,}5 \cdot 3}{2 - 0{,}5} = -0{,}70,$$
$$x_2 = \frac{3 - 0{,}2}{2 - 0{,}5} = \frac{28}{15}.$$

Der faire Preis des Derivats ist somit gegeben durch

$$x^T S_0 = x_1 + x_2 = 1{,}17.$$

Ist der tatsächliche Marktpreis höher als der faire Preis, sollten Sie ein short selling im Derivat durchführen und den Hedge kaufen, um sich somit einen risikolosen Gewinn zu sichern. Ist umgekehrt der tatsächliche Marktpreis niedriger, erhalten Sie eine Arbitrage durch short selling im Hedge und Kauf des Derivats.

1.3

Wir formulieren die in der Aufgabenstellung beschriebene Situation zunächst als Ein-Perioden-Modell. Der zugrundeliegende Wahrscheinlichkeitsraum sei $\Omega = \{\omega_1, \omega_2, \omega_3\}$, dabei gelte $P(\{\omega_i\}) > 0$ für $i = 1, 2, 3$. Des weiteren seien

$$S_0 = \begin{bmatrix} 1 \\ 100 \end{bmatrix}, \, S_1 = \begin{bmatrix} 1{,}04 \\ A_1 \end{bmatrix}$$

mit $A_1(\omega_1) = 120$, $A_1(\omega_2) = 100$, $A_1(\omega_3) = 90$.
Sei $K \in [90, 120)$. Die 15 Calls sind in unserem Modell gegeben durch den Claim C mit

$$C(\omega_1) = 15 \cdot (120 - K),$$
$$C(\omega_2) = 15 \cdot (100 - K)^+,$$
$$C(\omega_3) = 0.$$

x_1, x_2 liefern genau dann einen Hedge zu C, wenn gilt

$$x_1 \cdot 1{,}06 + x_2 \cdot 120 = 15 \cdot (120 - K), \qquad (1)$$
$$x_1 \cdot 1{,}06 + x_2 \cdot 100 = 15 \cdot (100 - K)^+, \qquad (2)$$
$$x_1 \cdot 1{,}06 + x_2 \cdot 90 = 0. \qquad (3)$$

(1) und (3) sind genau dann erfüllt, wenn gilt

$$x_1 = -\frac{90 \cdot (120 - K)}{2 \cdot 1{,}06}, \quad x_2 = \frac{1}{2} \cdot (120 - K). \qquad (4)$$

Einsetzen in (2) zeigt nun, daß genau dann ein Hedge zu C vorliegt, wenn gilt

$$120 - K = 3 \cdot (100 - K)^+,$$

was (wegen $K \in [90, 120)$) äquivalent ist zu $K = 90$.
Der gesuchte Hedge ist dann gemäß (4) gegeben durch

$$x_1 = -1273{,}6, \quad x_2 = 15.$$

Als fairer Preis pro Call ergibt sich

$$\frac{x^T S_0}{15} = 15{,}09.$$

1.4

(a) Die Aktienanleihe läßt sich (ohne allzu restriktive weitere Annahmen) nicht einfach durch ein Portfolio aus Bond und Aktie absichern, da die Auszahlung jedes solchen Portfolios auch auf $\{A_t \geq K\}$ vom realisierten Wert der Aktie abhängt, während dies bei der Aktienanleihe nicht der Fall ist. Es ist also naheliegend, als Bestandteil eines Hedges nicht die Aktie selbst sondern eine Put-Option auf diese mit Ausübungspreis K zu verwenden, da deren Auszahlung sich für $A_t \geq K$ mit weiter steigendem A_t nicht mehr ändert. Wir betrachten daher ein Ein-Perioden-Modell mit einem festverzinslichen Wertpapier (Zinsrate r bei diskreter Verzinsung) und einer Put-Option auf die Aktie mit Ausübungspreis K als Basistiteln. Wir setzen also

$$S_0 = \begin{bmatrix} 1 \\ P_0 \end{bmatrix}, \quad S_1 = \begin{bmatrix} (1+r)^t \\ (K - A_t)^+ \end{bmatrix},$$

wobei $r, P_0 \in (0, \infty)$ und eine Zufallsgröße $A_t > 0$ so gewählt seien, daß dieses Modell arbitragefrei ist. Des weiteren gelte $P(A_t > K) > 0$.
Die Aktienanleihe beschreiben wir nun als Derivat

$$D = N \, (1 + \rho)^t \, 1_{\{A_t > K\}} + N \, (\frac{A_t}{K} + (1 + \rho)^t - 1) \, 1_{\{A_t \leq K\}}.$$

x_1, x_2 bilden einen Hedge zu D, wenn gilt

$$x_1 \, (1 + r)^t + x_2 \, (K - A_t)^+ = D,$$

was äquivalent ist zur Gültigkeit von

$$x_1 \left(1 + r\right)^t \;=\; N \left(1 + \rho\right)^t,$$

$$x_1 \left(1 + r\right)^t + x_2 \left(K - A_t\right) \;=\; N \Big(\frac{A_t}{K} + \left(1 + \rho\right)^t - 1\Big)$$

$$\text{auf } \{A_t \le K\}.$$

Die eindeutige Lösung dieser Gleichungen und somit der gesuchte Hedge ist gegeben durch

$$x_1 = N \left(\frac{1 + \rho}{1 + r}\right)^t, \; x_2 = -\frac{N}{K}.$$

Wird die Put-Option tatsächlich am Finanzmarkt gehandelt, ergibt sich der faire Preis der Aktienanleihe also als

$$x^T S_0 = N \left(\frac{1 + \rho}{1 + r}\right)^t - P_0 \frac{N}{K}.$$

Der von der Bank verlangte Einzahlungsbetrag N ist somit genau dann arbitragefrei, wenn gilt

$$\rho = (1 + r)(1 + \frac{P_0}{K})^{\frac{1}{t}} - 1.$$

Es ist dabei also $\rho > r$.

b) Aus der Sicht eines Investors lassen sich vor allem zwei Kritikpunkte an der „Aktienanleihe Plus" festhalten:

1. Die Bank wirbt mit dem „Plus an Sicherheit", das dem Anleger als Ausgleich für den im Vergleich zur gewöhnlichen Aktienanleihe reduzierten Kupon geboten wird. Jedoch wären die meisten Anleger vor allem an einer Absicherung gegen sehr hohe Kurseinbrüche interessiert, während die hier gebotene Absicherung dagegen nur dann in Kraft tritt, wenn der Kursverlust eher gering ausfällt.

2. Da die sich zum Zeitpunkt t ergebende Auszahlung nicht nur vom aktuellen Aktienkurs, sondern vom gesamten, während der Laufzeit realisierten Pfad abhängt, ist eine Bewertung der „Aktienanleihe Plus" erheblich schwieriger als bei der gewöhnlichen Aktienanleihe (vgl. Aufgabenteil (a)). Es ist also auch für einen gut informierten Anleger nicht einfach, den von der Bank angebotenen Kupon einzuschätzen.

1.5

Eine sehr einfache Möglichkeit, sowohl bei stark wachsenden als auch bei stark fallenden Kursen einer Aktie Gewinn zu machen, besteht im Kauf eines Portfolios aus einer Aktie und 2 Put-Optionen mit Ausübungspreis nahe des aktuellen Kurses der Aktie.

Zur Formalisierung spezifizieren wir ein Ein-Perioden-Modell durch

$$S_0 = \begin{bmatrix} 1 \\ A_0 \\ P_0 \end{bmatrix}, \ S_1 = \begin{bmatrix} 1 + \rho \\ A_1 \\ ((1 + \rho)A_0 - A_1)^+ \end{bmatrix},$$

wobei ρ, A_0, $P_0 \in (0, \infty)$ und eine Zufallsgröße $A_1 > 0$ so gewählt seien, daß dieses Modell arbitragefrei ist. Der Ausübungspreis der Put-Option ist hier also gerade der verzinste Anfangskurs der Aktie.

Wir betrachten nun das Portfolio $x = [x_1, x_2, x_3]^T$ mit

$$x_1 = -(A_0 + 2P_0), \ x_2 = 1, \ x_3 = 2.$$

Dieses Portfolio erfordert eine Anfangsinvestition von $x^T S_0 = 0$ und erbringt in Periode 1 eine Auszahlung von

$$
\begin{aligned}
x^T S_1 &= -(A_0 + 2P_0)(1 + \rho) + A_1 + 2(A_0(1 + \rho) - A_1)^+ \\
&= (1 + \rho)(|\frac{A_1}{1 + \rho} - A_0| - 2P_0).
\end{aligned}
$$

Das angegebene Portfolio liefert also genau dann einen Gewinn, wenn der abdiskontierte Aktienkurs in Periode 1 um mehr als das doppelte des Put-Preises vom Ausgangswert des Aktienkurses abweicht.

1.6

Wir behandeln zunächst den Fall einer Poissonverteilung. Als zugrundeliegenden Wahrscheinlichkeitsraum betrachten wir $\mathbb{N}_0$ mit einer Poissonverteilung mit Parameter $\lambda > 0$ als zugehörigem Wahrscheinlichkeitsmaß P, d.h.

$$P(D) = \sum_{\omega \in D} \frac{\lambda^\omega}{\omega!} \, e^{-\lambda}$$

für alle $D \subseteq \mathbb{N}_0$. Die Finanzgüter werden beschrieben durch

$$S_0 = \begin{bmatrix} 1 \\ A_0 \end{bmatrix}, \ S_1 = \begin{bmatrix} 1 + \rho \\ A_1 \end{bmatrix},$$

wobei $\rho > 0$ und $A_1(\omega) = \omega$ für alle $\omega \in \mathbb{N}_0$. Der Aktienkurs ist somit wie gefordert Poisson-verteilt. Ein zu P äquivalentes Wahrscheinlichkeitsmaß Q ist genau dann ein risikoneutrales Wahrscheinlichkeitsmaß, wenn $E_Q|A_1|$ endlich ist und $\frac{1}{1+\rho} E_Q(A_1) = A_0$ gilt. Somit ist die Menge der äquivalenten risikoneutralen Wahrscheinlichkeitsmaße gegeben durch

$$\{Q : Q \text{ Wahrscheinlichkeitsmaß auf } \mathbb{N}_0, \; Q(\{\omega\}) > 0$$

$$\text{für alle } \omega \in \mathbb{N}_0, \; \sum_{\omega \in \mathbb{N}_0} \omega \, Q(\{\omega\}) = A_0(1 + \rho)\}.$$

Für einen binomialverteilten Aktienkurs läßt sich die obige Argumentation analog durchführen, wobei $\{0, \ldots, n\}$ anstelle von $\mathbb{N}_0$ als Wahrscheinlichkeitsraum gewählt wird und das zugehörige Wahrscheinlichkeitsmaß P eine Binomialverteilung ist. Die Menge der äquivalenten risikoneutralen Wahrscheinlichkeitsmaße ist dann gegeben durch

$$\{Q : Q \text{ Wahrscheinlichkeitsmaß auf } \{0, \ldots, n\}, \; Q(\{\omega\}) > 0$$

$$\text{für alle } \omega = 0, \ldots, n, \; \sum_{\omega \in \mathbb{N}_0} \omega \, Q(\{\omega\}) = A_0(1 + \rho)\}.$$

1.7

(a) Ein Claim $C : \Omega \to \mathbb{R}$ ist genau dann absicherbar, wenn $a, b, c \in \mathbb{R}$ existieren mit

$$C(\omega_i, \omega_j) = a(1 + \rho) + b A_1(\omega_i, \omega_j) + c A_2(\omega_i, \omega_j) \text{ für } i, j = 1, 2.$$

Dies ist genau dann der Fall, wenn sich der Auszahlungsvektor des Claims schreiben läßt als Linearkombination

$$\begin{bmatrix} C(\omega_1, \omega_1) \\ C(\omega_1, \omega_2) \\ C(\omega_2, \omega_1) \\ C(\omega_2, \omega_2) \end{bmatrix} = a \begin{bmatrix} 1 + \rho \\ 1 + \rho \\ 1 + \rho \\ 1 + \rho \end{bmatrix} + b \begin{bmatrix} u_1 \\ u_1 \\ d_1 \\ d_1 \end{bmatrix} + c \begin{bmatrix} u_2 \\ d_2 \\ u_2 \\ d_2 \end{bmatrix}.$$

Da die drei Vektoren in der Linearkombination linear unabhängig sind, ist ein Claim also genau dann absicherbar, wenn die Determinante der aus den vier Vektoren gebildeten Matrix gleich 0 ist. Die konkrete Berechnung der Determinante liefert den Wert

$$(1 + \rho)(u_1 - d_1)(u_2 - d_2)(C(\omega_1, \omega_2) + C(\omega_2, \omega_1) - C(\omega_1, \omega_1) - C(\omega_2, \omega_2)).$$

Da die ersten drei Faktoren $\neq 0$ sind, ergibt sich die Menge der absicherbaren Claims schließlich als

$$\mathcal{H} = \{C : \Omega \to \mathbb{R} \mid C(\omega_1, \omega_1) + C(\omega_2, \omega_2) = C(\omega_1, \omega_2) + C(\omega_2, \omega_1)\}.$$

(b) Gelte zunächst $(u_1 - K_1)^+ \geq (u_2 - K_2)^+$. Gemäß Aufgabenteil (a) ist $\max\{C_1, C_2\}$ genau dann absicherbar, wenn gilt

$$\max\left\{(u_1 - K_1)^+, (u_2 - K_2)^+\right\} + \max\left\{(d_1 - K_1)^+, (d_2 - K_2)^+\right\}$$
$$= \max\left\{(u_1 - K_1)^+, (d_2 - K_2)^+\right\} + \max\left\{(d_1 - K_1)^+, (u_2 - K_2)^+\right\}.$$

Wegen $d_2 < u_2$ ist dies gleichbedeutend mit

$$\max\left\{(d_1 - K_1)^+, (d_2 - K_2)^+\right\} = \max\left\{(d_1 - K_1)^+, (u_2 - K_2)^+\right\},$$

was wiederum äquivalent ist zu $(d_1 - K_1)^+ \geq (u_2 - K_2)^+$. Dies ist genau dann der Fall, wenn $\max\{C_1, C_2\} = C_1$ gilt.
Entsprechend ist $\max\{C_1, C_2\}$ im Fall $(u_1 - K_1)^+ < (u_2 - K_2)^+$ genau dann absicherbar, wenn $\max\{C_1, C_2\} = C_2$ gilt.
Insgesamt haben wir somit nachgewiesen:

$$\max\{C_1, C_2\} \text{ absicherbar } \Leftrightarrow \max\{C_1, C_2\} = C_i \text{ für } i = 1 \text{ oder } i = 2.$$

Insbesondere ist $\max\{C_1, C_2\}$ im Fall $d_i < K_i < u_i$, $i = 1, 2$, nicht absicherbar.

Lösungen zu Kapitel 2

2.1

(a) (i) Es gilt $\Omega \cap \{\tau \leq n\} = \{\tau \leq n\} \in \mathcal{A}_n$ für alle $n \in \mathbb{N}$, also $\Omega \in \mathcal{A}_\tau$.

(ii) Ist $A \in \mathcal{A}_\tau$, so gilt für jedes $n \in \mathbb{N}$

$$A^c \cap \{\tau \leq n\} = (A \cap \{\tau \leq n\})^c \cap \{\tau \leq n\} \in \mathcal{A}_n,$$

also $A^c \in \mathcal{A}_\tau$.

(iii) Sind $A_m \in \mathcal{A}_\tau$, $m \in \mathbb{N}$, so gilt für jedes $n \in \mathbb{N}$

$$\left(\bigcup_{m \in \mathbb{N}} A_m\right) \cap \{\tau \leq n\} = \bigcup_{m \in \mathbb{N}} (A_m \cap \{\tau \leq n\}) \in \mathcal{A}_n$$

und somit

$$\bigcup_{m \in \mathbb{N}} A_m \in \mathcal{A}_\tau.$$

(b) Nachweis von $\subseteq$:
Sei $A \in \mathcal{A}_\tau$. Dann gilt für jedes $n \in \mathbb{N}$

$$A \cap \{\tau = n\} = (A \cap \{\tau \leq n\}) \cap (A \cap \{\tau \leq n-1\})^c \in \mathcal{A}_n.$$

Nachweis von $\supseteq$:
Sei $A \in \mathcal{A}$ mit $A \cap \{\tau = n\} \in \mathcal{A}_n$ für alle $n \in \mathbb{N}$. Dann gilt für jedes $n \in \mathbb{N}$ auch

$$A \cap \{\tau \leq n\} = \bigcup_{i=0}^{n}(A \cap \{\tau = i\}) \in \mathcal{A}_n, \text{ also } A \in \mathcal{A}_\tau.$$

(c) Seien $\sigma \leq \tau$ Stopzeiten. Sei $A \in \mathcal{A}_\sigma$. Dann gilt für jedes $n \in \mathbb{N}$

$$A \cap \{\tau \leq n\} = (A \cap \{\sigma \leq n\}) \cap \{\tau \leq n\} \in \mathcal{A}_n, \text{ also } A \in \mathcal{A}_\tau.$$

(d) Seien $n \in \mathbb{N}$ und $B \subseteq \mathbb{R}$ meßbar. Dann gilt

$$(Y\,1_{\{\tau=n\}})^{-1}(B) = \begin{cases} Y^{-1}(B) \cup \{\tau = n\}^c, & \text{falls } 0 \in B, \\ Y^{-1}(B) \cap \{\tau = n\}, & \text{falls } 0 \notin B. \end{cases}$$

Unter Beachtung von

$$Y^{-1}(B) \cup \{\tau = n\}^c = (Y^{-1}(B) \cap \{\tau = n\}) \cup \{\tau = n\}^c$$

ergibt sich hieraus

$$(Y\,1_{\{\tau=n\}})^{-1}(B) \in \mathcal{A}_n \iff Y^{-1}(B) \cap \{\tau = n\} \in \mathcal{A}_n.$$

Wir erhalten nun

$$\begin{aligned}
&Y\,\mathcal{A}_\tau\text{-meßbar} \\
\iff\ & Y^{-1}(B) \in \mathcal{A}_\tau \text{ für alle meßbaren } B \subseteq \mathbb{R} \\
\iff\ & Y^{-1}(B) \cap \{\tau = n\} \in \mathcal{A}_n \text{ für alle meßbaren } B \subseteq \mathbb{R},\, n \in \mathbb{N} \\
\iff\ & (Y\,1_{\{\tau=n\}})^{-1}(B) \in \mathcal{A}_n \text{ für alle meßbaren } B \subseteq \mathbb{R},\, n \in \mathbb{N} \\
\iff\ & Y\,1_{\{\tau=n\}}\ \mathcal{A}_n\text{-meßbar für alle } n \in \mathbb{N}.
\end{aligned}$$

2.2

(a) Für $k \geq 1$ gilt

$$\begin{aligned}
P(X_1 = 1 | S_n = k) &= \frac{P(X_1 = 1, S_n = k)}{P(S_n = k)} \\
&= \frac{p\binom{n-1}{k-1}p^{k-1}(1-p)^{n-k}}{\binom{n}{k}p^k(1-p)^{n-k}} \\
&= \frac{k}{n},
\end{aligned}$$

was offensichtlich auch für $k = 0$ wahr ist. Damit folgt für alle $k \in \mathbb{N}_0$

$$
\begin{aligned}
E\left(X_1 \mid S_n = k\right) &= 1 \cdot P(X_1 = 1 | S_n = k) + 0 \cdot P(X_1 = 0 | S_n = k) \\
&= \frac{k}{n}.
\end{aligned}
$$

(b) Man beachte zunächst, daß (X_i, S_n) und (X_j, S_n) für alle $i, j = 1, \ldots, n$ dieselbe Verteilung besitzen, denn für jede Permutation Ψ auf $\{1, \ldots, n\}$ gilt

$$
\begin{aligned}
P^{(X_1, \ldots, X_n)} &= P^{X_1} \otimes \ldots \otimes P^{X_n} = P^{X_{\Psi(1)}} \otimes \ldots \otimes P^{X_{\Psi(n)}} \\
&= P^{(X_{\Psi(1)}, \ldots, X_{\Psi(n)})}.
\end{aligned}
$$

Also ist auch

$$
E\left(X_i \mid S_n\right) = E\left(X_j \mid S_n\right),
$$

für alle $i, j = 1, \ldots, n$ und somit

$$
S_n = E\left(S_n \mid S_n\right) = E\left(\sum_{k=1}^n X_k \mid S_n\right) = \sum_{k=1}^n E\left(X_k \mid S_n\right) = n E\left(X_1 \mid S_n\right).
$$

Nun ergibt sich

$$
E\left(X_1 \mid S_n\right) = \frac{1}{n}\, S_n.
$$

2.3

Sei $B \in \mathcal{A}'$. Dann gilt $B = \sum_{j \in J} B_j$ für ein $J \subseteq I$, und es ist

$$
\begin{aligned}
\int_B X\, dP &= \sum_{j \in J} \int_{B_j} X\, dP = \sum_{j \in J} E\left(X \mid B_j\right) P\left(B_j\right) \\
&= \int \sum_{j \in J} E\left(X \mid B_j\right) 1_{B_j}\, dP = \int_B \sum_{i \in I} E\left(X \mid B_i\right) 1_{B_i}\, dP,
\end{aligned}
$$

wobei in der ersten und dritten Gleichheit der Satz von der monotonen Konvergenz (jeweils getrennt für Negativ- und Positivteil) angewendet wurde und für die letzte Gleichheit $1_{B_i}(\omega) = 0$ für alle $\omega \in B$, $i \in I \setminus J$, zu beachten ist.
Mit der Definition des bedingten Erwartungswertes folgt die Behauptung.

2.4

Unter Verwendung von Aufgabe 2.3 ergibt sich

$$
E\left(X \mid \mathcal{A}_n\right) = \sum_{k=0}^{2^n - 1} 2^n 1_{[k2^{-n},\,(k+1)2^{-n})} \int\limits_{[k2^{-n},\,(k+1)2^{-n})} X\, d\lambda.
$$

Wir zeigen nun, unter der zusätzlichen Voraussetzung der Stetigkeit von X, daß für die hier angegebene Version von $E(X|\mathcal{A}_n)$ und jedes $\omega \in [0,1)$ gilt

$$\lim_{n \to \infty} E(X \mid \mathcal{A}_n)(\omega) = X(\omega).$$

Sei $\varepsilon > 0$. Da X stetig ist, existiert $N \in \mathbb{N}$ mit

$$|X(z) - X(\omega)| < \varepsilon \text{ für alle } z \in [\omega - 2^{-N},\, \omega + 2^{-N}] \cap [0,1).$$

Für alle $n \in \mathbb{N}$ mit $n \geq N$ gilt dann

$$
\begin{aligned}
&|E(X \mid \mathcal{A}_n)(\omega) - X(\omega)| \\
&= \Big| \sum_{k=0}^{2^n-1} 2^n 1_{[k2^{-n},\,(k+1)2^{-n})}(\omega) \int_{k2^{-n}}^{(k+1)2^{-n}} (X(z) - X(\omega))\, dz \Big| \\
&\leq \sum_{k=0}^{2^n-1} 2^n 1_{[k2^{-n},\,(k+1)2^{-n})}(\omega) \int_{k2^{-n}}^{(k+1)2^{-n}} |X(z) - X(\omega)|\, dz \\
&\leq 2^n \varepsilon 2^{-n} \\
&= \varepsilon.
\end{aligned}
$$

2.5

Haben wir die Gleichheit

$$\int ZX\, dP = \int ZE(X|\mathcal{G})\, dP$$

gezeigt, so folgt durch Anwendung dieser Gleichheit auf $Z' = Z1_G$, $G \in \mathcal{G}$,

$$\int_G ZX\, dP = \int_G ZE(X|\mathcal{G})\, dP$$

und damit also

$$E(ZX|\mathcal{G}) = ZE(X|\mathcal{G}).$$

Da nach Definition des bedingten Erwartungswertes

$$\int 1_G X\, dP = \int 1_G E(X|\mathcal{G})\, dP$$

ist, gilt die obige Gleichheit für $Z = 1_G$ und durch Linearität auch für

$$Z = \sum_{i=1}^{n} \alpha_i 1_{G_i}.$$

Allgemeines beschränktes Z approximieren wir durch Z_n der Form

$$Z_n = \sum_{i=1}^{n} \alpha_i^n 1_{G_i^n}$$

so, daß Z_n gegen Z gleichmäßig konvergiert. Die gewünschte Gleichheit folgt nun durch Grenzübergang:

$$\int ZXdP = \lim_{n\to\infty} \int Z_n XdP = \lim_{n\to\infty} \int Z_n E(X|\mathcal{G})dP = \int ZE(X|\mathcal{G})dP.$$

2.6

Wir definieren einen adaptierten Prozeß $(M_n)_{n\in\mathbb{N}}$ durch $M_n = (\sum_{i=1}^{n} X_i)^2 - nc$.

Da Summen quadratintegrierbarer Zufallsgrößen selbst quadratintegrierbar sind, ist M_n integrierbar. Des weiteren ergibt sich unter Beachtung von 2.6 (Eigenschaft (iii))

$$
\begin{aligned}
E\left(M_{n+1}\,|\,\mathcal{A}_n\right) &= E\left(\left(\sum_{i=1}^{n+1} X_i\right)^2 - (n+1)c\,|\,\mathcal{A}_n\right) \\[2mm]
&= E\left(X_{n+1}^2\,|\,\mathcal{A}_n\right) + 2E\left(X_{n+1}\sum_{i=1}^{n} X_i\,|\,\mathcal{A}_n\right) \\[2mm]
&\quad + E\left(\left(\sum_{i=1}^{n} X_i\right)^2 - (n+1)c\,|\,\mathcal{A}_n)\right) \\[2mm]
&= c + 2\sum_{i=1}^{n} X_i\, E(X_{n+1}) + \left(\sum_{i=1}^{n} X_i\right)^2 - (n+1)c \\[2mm]
&= \left(\sum_{i=1}^{n} X_i\right)^2 - nc = M_n.
\end{aligned}
$$

2.7

Mit Anwendung des Satzes von der monotonen Konvergenz für bedingte Erwartungswerte ergibt sich

$$
\begin{aligned}
E(Z_{k+1}|\mathcal{A}_k) &= E\left(\sum_{i\in\mathbb{N}} X_i^{k+1} 1_{\{Z_k \geq i\}}|\mathcal{A}_k\right) = \sum_{i\in\mathbb{N}} E\left(X_i^{k+1} 1_{\{Z_k \geq i\}}|\mathcal{A}_k\right) \\[2mm]
&= \sum_{i\in\mathbb{N}} 1_{\{Z_k \geq i\}} E\left(X_i^{k+1}|\mathcal{A}_k\right) = \sum_{i\in\mathbb{N}} 1_{\{Z_k \geq i\}} m = mZ_k
\end{aligned}
$$

und folglich

$$E\left(\frac{Z_{k+1}}{m^{k+1}}\,|\,\mathcal{A}_k\right) = \frac{mZ_k}{m^{k+1}} = \frac{Z_k}{m^k}.$$

2.8

(a) Für alle $n \in \mathbb{N}$ gilt

$$E(M_{n+1}|\mathcal{A}_n) = E\left(\sum_{i=1}^{n+1} 2^{i-1} X_i \,\Big|\, \mathcal{A}_n\right) = E\left(2^n X_{n+1} + \sum_{i=1}^{n} 2^{i-1} X_i \,\Big|\, \mathcal{A}_n\right)$$

$$= 2^n E(X_{n+1}) + \sum_{i=1}^{n} 2^{i-1} X_i = \sum_{i=1}^{n} 2^{i-1} X_i = M_n.$$

(b) Es gilt

$$P(\tau = \infty) = \lim_{n \to \infty} P(\tau > n) = \lim_{n \to \infty} P\big(\bigcap_{l=1}^{n} \{X_l = -1\}\big) = \lim_{n \to \infty} \big(\tfrac{1}{2}\big)^n = 0,$$

also ist M_τ außerhalb einer Nullmenge wohldefiniert. Dabei gilt

$$M_\tau = \sum_{i=1}^{\tau} 2^{i-1} X_i = 2^{\tau-1} X_\tau + \sum_{i=1}^{\tau-1} 2^{i-1} X_i = 2^{\tau-1} - \sum_{i=1}^{\tau-1} 2^{i-1}$$

$$= 2^{\tau-1} - (2^{\tau-1} - 1) = 1.$$

Wir wollen nun noch einmal explizit zeigen, daß die Voraussetzungen des Optional Sampling Theorems nicht erfüllt sind. Offensichtlich ist τ unbeschränkt. Des weiteren gilt

$$\int_{\{\tau > n\}} |M_n| dP = \int_{\{\tau > n\}} \Big| - \sum_{i=1}^{n} 2^{i-1}\Big| dP = (2^n - 1) P(\tau > n)$$

$$= (2^n - 1) 2^{-n} = 1 - 2^{-n} \longrightarrow 1 \text{ für } n \to \infty.$$

(c) Analog zu den Berechnungen in (b) ergibt sich $P(\tau > n) = (1 - p)^n$ für alle $n \in \mathbb{N}_0$. Nun gilt

$$E(M_{\tau \wedge n}) = \int_{\{\tau \le n\}} M_\tau dP + \int_{\{\tau > n\}} M_n dP$$

$$= P(\tau \le n) + P(\tau > n) \sum_{i=1}^{n} (-2^{i-1})$$

$$= 1 - (1 - p)^n + (1 - p)^n (-2^n + 1)$$

$$= 1 - 2^n (1 - p)^n.$$

Für $p = \frac{18}{37}$ und $n = 10$ gilt konkret

$$E(M_{\tau \wedge n}) = -0{,}306.$$

Lösungen zu Kapitel 3

3.1

Der Preisprozeß der Finanzgüter im vorliegenden Modell ist gegeben durch $(S_k)_{k=0,1,2}$ mit

$$S_k = \begin{bmatrix} (1+\rho)^k \\ A_k \end{bmatrix}$$

Wir setzen $\mathcal{A}_k = \sigma(\{A_i : i \leq k\})$ und betrachten $(\mathcal{A}_k)_{k=0,1,2}$ als zugrundeliegende Filtration.

(a) Wir zeigen zunächst, daß das Modell für $\rho < \frac{1}{8}$ arbitragefrei ist. Seien dazu $\mathcal{A}_{i-1}$-meßbare Zufallsvariablen $X_{i-1} : \Omega \mapsto \mathbb{R}^2$ mit

$$X_{i-1}^T(\frac{1}{(1+\rho)^i}S_i - \frac{1}{(1+\rho)^{i-1}}S_{i-1}) \geq 0 \quad (1)$$

für $i = 1, 2$ gegeben. Gemäß 3.4 genügt es zu zeigen, daß

$$X_{i-1}^T(\frac{1}{(1+\rho)^i}S_i - \frac{1}{(1+\rho)^{i-1}}S_{i-1}) = 0 \quad (2)$$

für $i = 1, 2$ gilt.

Da X_0 $\mathcal{A}_0$-meßbar ist, existieren $a, b \in \mathbb{R}$ mit $X_0 = \begin{bmatrix} a \\ b \end{bmatrix}$.

(1) liefert die Ungleichungen

$$b(\frac{8}{1+\rho} - 5) \geq 0, \quad b(\frac{4}{1+\rho} - 5) \geq 0.$$

Wegen $\rho \in [0, \frac{1}{8})$ folgt hieraus $b = 0$ und somit (2) für $i = 1$.
Da X_1 $\mathcal{A}_1$-meßbar ist, existieren $a_1, b_1, a_2, b_2 \in \mathbb{R}$ mit

$$X_1(\omega_1) = X_1(\omega_2) = \begin{bmatrix} a_1 \\ b_1 \end{bmatrix} \quad \text{und} \quad X_1(\omega_3) = X_1(\omega_4) = \begin{bmatrix} a_2 \\ b_2 \end{bmatrix}.$$

(1) liefert die Ungleichungen

$$b_1(\frac{9}{1+\rho} - 8) \geq 0, \qquad b_1(\frac{6}{1+\rho} - 8) \geq 0,$$

$$b_2(\frac{6}{1+\rho} - 4) \geq 0, \qquad b_2(\frac{3}{1+\rho} - 4) \geq 0.$$

Wegen $\rho \in [0, \frac{1}{8})$ folgt hieraus $b_1 = b_2 = 0$ und somit (2) für $i = 2$, womit die Arbitragefreiheit des Modells nachgewiesen ist.

Gilt nun andererseits $\rho \geq \frac{1}{8}$ und wählen wir X_1 wie oben mit der Spezifikation $b_1 = -1$ und $a_1 = a_2 = b_2 = 0$, so ergibt sich

$$X_1^T \left(\frac{1}{(1+\rho)^2} S_2 - \frac{1}{1+\rho} S_1 \right) = \begin{cases} \frac{8}{1+\rho} - \frac{9}{(1+\rho)^2} \geq 0, & \text{falls} \quad \omega = \omega_1, \\ \frac{8}{1+\rho} - \frac{6}{(1+\rho)^2} > 0, & \text{falls} \quad \omega = \omega_2, \\ 0, & \text{falls} \quad \omega = \omega_3, \omega_4. \end{cases}$$

Mit 3.4 folgt dann, daß das Modell nicht arbitragefrei ist.
Insgesamt haben wir also gezeigt, daß das Modell genau dann arbitragefrei ist, wenn $\rho \in [0, \frac{1}{8})$ gilt.

(b) Sei $C = (C_1, C_2)$ ein Claim. Wir setzen

$$\begin{aligned} c &= C_1(\omega_1) = C_1(\omega_2), \\ d &= C_1(\omega_3) = C_1(\omega_4). \end{aligned}$$

Ein adaptierter Prozeß $H = (H_0, H_1)$ mit

$$H_0 = \begin{bmatrix} h_{1,0} \\ h_{2,0} \end{bmatrix},$$

$$H_1(\omega_1) = H_1(\omega_2) = \begin{bmatrix} h_{1,1}^u \\ h_{2,1}^u \end{bmatrix},$$

$$H_1(\omega_3) = H_1(\omega_4) = \begin{bmatrix} h_{1,1}^d \\ h_{2,1}^d \end{bmatrix}$$

ist genau dann ein Hedge zu C, wenn gilt

$$\begin{aligned} h_{1,1}^u \cdot (1+\rho)^2 + h_{2,1}^u \cdot 9 &= C_2(\omega_1), & (1) \\ h_{1,1}^u \cdot (1+\rho)^2 + h_{2,1}^u \cdot 6 &= C_2(\omega_2), & (2) \\ h_{1,1}^d \cdot (1+\rho)^2 + h_{2,1}^d \cdot 6 &= C_2(\omega_3), & (3) \\ h_{1,1}^d \cdot (1+\rho)^2 + h_{2,1}^d \cdot 3 &= C_2(\omega_4), & (4) \\ h_{1,0} \cdot (1+\rho) + h_{2,0} \cdot 8 &= h_{1,1}^u(1+\rho) + h_{2,1}^u \cdot 8 + c, & (5) \\ h_{1,0} \cdot (1+\rho) + h_{2,0} \cdot 4 &= h_{1,1}^d(1+\rho) + h_{2,1}^d \cdot 4 + d. & (6) \end{aligned}$$

Betrachtet man (1), (2) bzw. (3), (4) als einzelne Gleichungssysteme, so sind diese eindeutig lösbar, da die jeweiligen Determinanten $\neq 0$ sind. Durch Einsetzen der erhaltenen Werte für $h_{1,1}^u, h_{2,1}^u, h_{1,1}^d$ und $h_{2,1}^d$ liefern (5), (6) ein Gleichungssystem für die verbleibenden Variablen $h_{1,0}, h_{2,0}$, welches wiederum eindeutig lösbar ist. Mit den Gleichungen (1) - (6) läßt sich also zu jedem Claim ein Hedge bestimmen, und somit ist das Modell vollständig.

(c) Wir betrachten das Gleichungssystem (1) - (6) mit den Zahlenwerten $\rho = 0$, $C_2(\omega_1) = 2$, $C_2(\omega_2) = C_2(\omega_3) = C_2(\omega_4) = c = d = 0$.
Aus (1), (2) folgt

$$h_{1,1}^u = -4, h_{2,1}^u = \frac{2}{3},$$

(3), (4) liefern

$$h_{1,1}^d = h_{2,1}^d = 0.$$

Durch Einsetzen dieser Werte in (5), (6) ergibt sich das reduzierte System

$$h_{1,0} + h_{2,0} \cdot 8 = \frac{4}{3},$$
$$h_{1,0} + h_{2,0} \cdot 4 = 0,$$

und somit schließlich

$$h_{1,0} = -\frac{4}{3}, \ h_{2,0} = \frac{1}{3}.$$

Der gesuchte Hedge $H = (H_0, H_1)$ ist also gegeben durch

$$H_0 = \begin{bmatrix} -\frac{4}{3} \\ \frac{1}{3} \end{bmatrix},$$

$$H_1(\omega_1) = H_1(\omega_2) = \begin{bmatrix} -4 \\ \frac{2}{3} \end{bmatrix},$$

$$H_1(\omega_3) = H_1(\omega_4) = \begin{bmatrix} 0 \\ 0 \end{bmatrix}.$$

Der faire Preis des Calls ist somit

$$H_0^T S_0 = -\frac{4}{3} \cdot 1 + \frac{1}{3} \cdot 5 = \frac{1}{3}.$$

3.2

Der Preisprozeß der Finanzgüter $(S_k)_{k=0,\dots,n}$ ist im vorliegenden Modell gegeben durch

$$S_k = \begin{bmatrix} (1+\rho)^k \\ A_k^1 \\ A_k^2 \end{bmatrix}$$

Wir setzen $\mathcal{A}_k = \sigma(\{Y_i : i \leq k\})$ und betrachten $(\mathcal{A}_k)_{k=0,\dots,n}$ als zugrundeliegende Filtration. Des weiteren seien im folgenden Y_k^1, Y_k^2 die Koordinatenfunktionen von Y_k, d.h. $Y_k = (Y_k^1, Y_k^2)$.

(a) Gelte zunächst $\max\{d_1, d_2\} \geq 1 + \rho$. Wir können ohne Einschränkung $d_1 \geq 1 + \rho$ annehmen. Sei

$$H_0 = \begin{bmatrix} -1 \\ 1 \\ 0 \end{bmatrix}.$$

Dann gilt

$$
\begin{aligned}
H_0^T S_0 &= -1 + 1 = 0, \\
H_0^T S_1 &= \begin{cases} -(1+\rho) + d_1 \geq 0, & \text{falls } Y_1^1 = 0, \\ -(1+\rho) + u_1 > 0, & \text{falls } Y_1^1 = 1. \end{cases}
\end{aligned}
$$

Also ist H_0 eine Ein-Perioden-Arbitrage. Gilt $\min\{u_1, u_2\} \leq 1+\rho$ und ohne Einschränkung sogar $u_1 \leq 1 + \rho$, so liefert

$$H_0 = \begin{bmatrix} 1 \\ -1 \\ 0 \end{bmatrix}$$

eine Ein-Perioden-Arbitrage, was sich entsprechend verifizieren läßt.

(b) Es gelte nun $\max\{d_1, d_2\} < 1+\rho < \min\{u_1, u_2\}$. Wir suchen ein Wahrscheinlichkeitsmaß Q, bezüglich welchem $Y_1, \ldots, Y_n$ stochastisch unabhängig und identisch verteilt sind mit $Q(Y_1 = (i,j)) > 0$ für alle $i,j = 0,1$ und $Q(Y_1 \in \{0,1\}^2) = 1$ sowie

$$E_Q\left(\frac{1}{1+\rho} A_{k+1}^i \,\middle|\, \mathcal{A}_k\right) = A_k^i \text{ für } i = 1, 2 \text{ und } k = 0, \ldots, n-1.$$

Diese Gleichung ist (unter den oben genannten zusätzlichen Anforderungen an Q) genau dann erfüllt, wenn gilt

$$
\begin{aligned}
E_Q\left(\frac{1}{1+\rho} u_1^{Y_1^1} d_1^{1-Y_1^1}\right) &= 1, \\
E_Q\left(\frac{1}{1+\rho} u_2^{Y_1^2} d_2^{1-Y_1^2}\right) &= 1.
\end{aligned}
$$

Dies ist äquivalent zu

$$
\begin{aligned}
Q(Y_1^1 = 1)u_1 + Q(Y_1^1 = 0)d_1 &= 1 + \rho, \\
Q(Y_1^2 = 1)u_2 + Q(Y_1^2 = 0)d_2 &= 1 + \rho,
\end{aligned}
$$

und somit zu

$$
\begin{aligned}
Q(Y_1^1 = 1) &= \frac{(1+\rho) - d_1}{u_1 - d_1} = q_1, \\
Q(Y_1^2 = 1) &= \frac{(1+\rho) - d_2}{u_2 - d_2} = q_2.
\end{aligned}
$$

Zur formalen Konstruktion eines Wahrscheinlichkeitsmaßes mit den angegebenen Eigenschaften setzen wir zunächst

$$p_1 = P(Y_1^1 = 1), \ p_2 = P(Y_1^2 = 1)$$

und definieren

$$l(r_1^1, r_1^2, \ldots, r_n^1, r_n^2) = \frac{q_1^{|\{i:r_i^1=1\}|}(1-q_1)^{|\{i:r_i^1=0\}|}q_2^{|\{i:r_i^2=1\}|}(1-q_2)^{|\{i:r_i^2=0\}|}}{p_1^{|\{i:r_i^1=1\}|}(1-p_1)^{|\{i:r_i^1=0\}|}p_2^{|\{i:r_i^2=1\}|}(1-p_2)^{|\{i:r_i^2=0\}|}}$$

für alle $r = (r_1^1, \ldots, r_n^2) \in \{0,1\}^{2n}$.
Es sei nun ein Maß Q gegeben durch

$$Q(A) = \int_A l(Y_1^1, \ldots, Y_n^2)dP$$

für alle $A \in \mathcal{A}$. Q ist ein Wahrscheinlichkeitsmaß, denn es gilt

$$\int l(Y_1^1, \ldots, Y_n^2)dP$$
$$= \int l \, dP^{(Y_1^1, \ldots, Y_n^2)}$$
$$= \sum_{(r_1^1, \ldots, r_n^2)\in\{0,1\}^{2n}} q_1^{|\{i:r_i^1=1\}|}(1-q_1)^{|\{i:r_i^1=0\}|}q_2^{|\{i:r_i^2=1\}|}(1-q_2)^{|\{i:r_i^2=0\}|}$$
$$= (q_1 + (1-q_1))^n(q_2 + (1-q_2))^n = 1.$$

Mit analoger Rechnung ergibt sich

$$Q(Y_1^1 = 1) = q_1, \ Q(Y_1^2 = 1) = q_2.$$

Schließlich gilt (wiederum analog) für alle $y_1^1, \ldots, y_n^2 \in \{0,1\}$

$$Q(Y_1^1 = y_1^1, \ldots, Y_n^2 = y_n^2)$$
$$= q_1^{|\{i:y_i^1=1\}|}(1-q_1)^{|\{i:y_i^1=0\}|}q_2^{|\{i:y_i^2=1\}|}(1-q_2)^{|\{i:y_i^2=0\}|}$$
$$= \prod_{i=1}^{n} Q(Y_i^1 = y_i^1)\,Q(Y_i^2 = y_i^2),$$

womit die Q-Unabhängigkeit von $Y_1^1, \ldots, Y_n^2$ und somit insbesondere die Q-Unabhängigkeit von $Y_1, \ldots Y_n$ gezeigt ist.
Also leistet Q das Gewünschte und ist ein äquivalentes Martingalmaß. Zu beachten ist hier, daß noch weitere äquivalente Martingalmaße existieren. Hier haben wir ein spezielles angegeben, für das zusätzlich die Koordinatenfunktionen jeweils stochastisch unabhängig sind.

3.3

Sei $D = (D_1, \ldots, D_n)$ der angegebene down-and-out-Call mit rebate. Es gilt

$$D_j = R 1_{\{A_j < b, A_i \geq b \text{ für alle } i < j\}}, \quad j < n,$$
$$D_n = (A_n - K)^+ 1_{\{A_i \geq b \text{ für alle } i \leq n\}}.$$

Wir konstruieren nun einen Hedge für den Fall der in der Aufgabenstellung genannten Parameterwerte. Für $i = 1, 2$, $j = 0, 1, 2$ bezeichne $h_{i,j}(r)$ die Zahl der Einheiten von Finanzgut i im Hedge zum Zeitpunkt j, wenn der bisherige Kursverlauf der Aktie durch r beschrieben wird. Das Portfolio in der 2. Periode soll die folgenden Gleichungen erfüllen:

$$h_{1,2}(u, u) \cdot 1{,}1^3 + h_{2,2}(u, u) \cdot 405 = 285,$$
$$h_{1,2}(u, u) \cdot 1{,}1^3 + h_{2,2}(u, u) \cdot 135 = 15,$$
$$h_{1,2}(u, d) \cdot 1{,}1^3 + h_{2,2}(u, d) \cdot 135 = 15,$$
$$h_{1,2}(u, d) \cdot 1{,}1^3 + h_{2,2}(u, d) \cdot 45 = 0,$$
$$h_{i,2}(r) = 0 \text{ für } i = 1, 2, r = (d, u), (d, d).$$

Das Lösen dieses Systems liefert

$$h_{1,2}(u, u) = -\frac{120}{1{,}1^3} = -90{,}158, \quad h_{2,2}(u, u) = 1,$$

$$h_{1,2}(u, d) = -\frac{45}{6 \cdot 1{,}1^3} = -5{,}635, \quad h_{2,2}(u, d) = \frac{1}{6}.$$

Das Portfolio in der 1. Periode soll die folgenden Gleichungen der Selbstfinanzierung erfüllen:

$$h_{1,1}(u) \cdot 1{,}1^2 + h_{2,1}(u) \cdot 270 = h_{1,2}(u, u) \cdot 1{,}1^2 + h_{2,2}(u, u) \cdot 270,$$
$$h_{1,1}(u) \cdot 1{,}1^2 + h_{2,1}(u) \cdot 90 = h_{1,2}(u, d) \cdot 1{,}1^2 + h_{1,2}(u, d) \cdot 90,$$
$$h_{1,1}(d) = h_{2,1}(d) = 0.$$

Nach Einsetzen der bereits oben errechneten Werte liefert das Lösen dieses Systems

$$h_{1,1}(u) = \frac{-68\frac{2}{11}}{1{,}1^2} = -56{,}349,$$

$$h_{2,1}(u) = \frac{28}{33} = 0{,}848.$$

Schließlich soll das Startportfolio die folgenden Gleichungen erfüllen

$$h_{1,0} \cdot 1{,}1 + h_{2,0} \cdot 180 = h_{1,1}(u) \cdot 1{,}1 + h_{2,1}(u) \cdot 180,$$
$$h_{1,0} \cdot 1{,}1 + h_{2,0} \cdot 60 = 2.$$

Nach Einsetzen der bereits vorhandenen Werte liefert das Lösen dieses Systems

$$h_{1,0} = -\frac{51270}{1331} = -38{,}520,$$

$$h_{2,0} = \frac{5369}{7260} = 0{,}740.$$

Formal ist der gesuchte Hedge $H = (H_0, H_1, H_2)$ nun gegeben durch

$$H_0 = \begin{bmatrix} h_{1,0} \\ h_{2,0} \end{bmatrix}, \quad H_1 = \begin{bmatrix} h_{1,1}(Y_1) \\ h_{2,1}(Y_1) \end{bmatrix}, \quad H_2 = \begin{bmatrix} h_{1,1}(Y_1, Y_2) \\ h_{2,2}(Y_1, Y_2) \end{bmatrix},$$

wobei Y_1, Y_2 jene Zufallsgrößen mit Werten u, d sind, die die Auf- bzw. Abwärtsbewegungen der Aktie in den Perioden 1 und 2 beschreiben, vgl. 3.5.

3.4

(a) Da $\left(\frac{A_i}{(1+\rho)^i}\right)_{i=0,\dots,n}$ ein Q-Martingal ist, gilt

$$E_Q\left(\frac{A_n}{(1+\rho)^n A_0}\right) = 1,$$

also ist Q' ein Wahrscheinlichkeitsmaß.

Des weiteren gilt $Q\left(\frac{A_n}{(1+\rho)^n A_0} > 0\right) = 1$, also ist Q' gemäß 1.16 zu Q äquivalent.

(b) Gemäß 3.5 besitzt $\log A_k$ für $k = 1, \dots, n$ die Darstellung

$$\log A_k = \log A_0 + Z_k \log u + (k - Z_k) \log d,$$

wobei Z_k eine bzgl. Q binomialverteilte Zufallsgröße mit Parametern k und q ist. Wir zeigen, daß Z_k bzgl. Q' binomialverteilt ist mit Parametern k und $q' = \frac{u}{1+\rho}q$.

Sei $\mathcal{A}_k = \sigma(A_0, \dots, A_k)$. Für $l = 0, \dots, k$ gilt

$$
\begin{aligned}
Q'(Z_k = l) &= \int\limits_{\{Z_k=l\}} \frac{A_n}{(1+\rho)^n A_0}\, dQ = \int\limits_{\{Z_k=l\}} E_Q\left(\frac{A_n}{(1+\rho)^n A_0}\,\Big|\,\mathcal{A}_k\right) dQ \\
&= \int\limits_{\{Z_k=l\}} \frac{A_k}{(1+\rho)^k A_0}\, dQ = \int\limits_{\{Z_k=l\}} \frac{u^l d^{k-l}}{(1+\rho)^k}\, dQ \\
&= \frac{u^l d^{k-l}}{(1+\rho)^k}\, Q(Z_k = l) = \left(\frac{u}{1+\rho}\right)^l \left(\frac{d}{1+\rho}\right)^{k-l} \binom{k}{l} q^l (1-q)^{k-l} \\
&= \binom{k}{l} (q')^l (1-q')^{k-l},
\end{aligned}
$$

wobei für die letzte Gleichheit $\frac{d(1-q)}{1+\rho} = 1 - q'$ zu beachten ist.

3.5

Der Preisprozeß der Finanzgüter im vorliegenden Modell ist gegeben durch $(S_k)_{k=0,\dots,n}$ mit

$$S_k = \begin{bmatrix} A_k^1 \\ A_k^2 \end{bmatrix}$$

für $k = 0, \dots, n$. Als zugrundeliegende Filtration betrachten wir $(\mathcal{A}_k)_{k=0,\dots,n}$ mit $\mathcal{A}_k = \sigma(\{Y_i : i \leq k\})$.

(a) Gelte $d_1 \geq d_2$. Wie man sofort nachrechnet, ist der Prozeß $(H_k)_{k=0,\dots,n}$ mit

$$H_k = \begin{bmatrix} 1 \\ -1 \end{bmatrix}$$

eine Handelsarbitrage.

(b) Gelte $d_1 < d_2$. Für $j = 1, \dots, n$ sei

$$D_j = \begin{cases} \dfrac{u_1-u_2}{(1-p)(u_1d_2-d_1u_2)}, & \text{falls } Y_j = 0 \\[2ex] \dfrac{d_2-d_1}{p(u_1d_2-d_1u_2)}, & \text{falls } Y_j = 1. \end{cases}$$

Offensichtlich ist D_j $\mathcal{A}_j$-meßbar mit $P(D_j > 0) = 1$. Außerdem gilt für $i = 1, 2$

$$
\begin{aligned}
& E\left(D_j\, A_j^i \mid \mathcal{A}_{j-1}\right) \\
=\ & E\left(D_j\, A_{j-1}^i\, u_i^{Y_j}\, d_i^{1-Y_j} \mid \mathcal{A}_{j-1}\right) \\
=\ & A_{j-1}^i\, E\left(D_j\, u_i^{Y_j}\, d_i^{1-Y_j}\right) \\
=\ & A_{j-1}^i\left(p u_i \frac{d_2-d_1}{p(u_1d_2-u_2d_1)} + (1-p)\, d_i \frac{u_1-u_2}{(1-p)(u_1d_2-u_2d_1)}\right) \\
=\ & A_{j-1}^i.
\end{aligned}
$$

(c) Für $j = 0, \dots, n-1$ sei

$$X_j = \begin{bmatrix} \dfrac{d_2-u_2}{A_j^1(u_1d_2-u_2d_1)} \\[2ex] \dfrac{u_1-d_1}{A_j^2(u_1d_2-u_2d_1)} \end{bmatrix}.$$

Offensichtlich ist X_j $\mathcal{A}_j$-meßbar und es gilt

$$X_j^T \begin{bmatrix} A_{j+1}^1 \\ A_{j+1}^2 \end{bmatrix} = \begin{cases} u_1 \dfrac{d_2-u_2}{u_1d_2-u_2d_1} + u_2 \dfrac{u_1-d_1}{u_1d_2-u_2d_1} = 1, & \text{falls } Y_{j+1} = 1, \\[2ex] d_1 \dfrac{d_2-u_2}{u_1d_2-u_2d_1} + d_2 \dfrac{u_1-d_1}{u_1d_2-u_2d_1} = 1, & \text{falls } Y_{j+1} = 0. \end{cases}$$

(d) Wir beachten zunächst, daß für jedes $j = 1, \ldots, n$ gilt

$$
\begin{aligned}
B_j &= \prod_{k=0}^{j-1} X_k^T \begin{bmatrix} A_k^1 \\ A_k^2 \end{bmatrix} \\
&= \prod_{k=0}^{j-1} \frac{(u_1 - d_1) - (u_2 - d_2)}{u_1 d_2 - u_2 d_1} = \left(\frac{(u_1 - d_1) - (u_2 - d_2)}{u_1 d_2 - u_2 d_1} \right)^j.
\end{aligned}
$$

$(B_j A_j^i)_{j=1,\ldots,n}$ ist für gegebenes $i = 1, 2$ genau dann ein Martingal, wenn für alle $j = 1, \ldots, n$ gilt

$$
E\left(B_j A_j^i \mid \mathcal{A}_{j-1}\right) = B_{j-1} A_{j-1}^i
$$

$$
\Longleftrightarrow \quad E\left(u_i^{Y_j} d_i^{1-Y_j}\right) = \frac{B_{j-1}}{B_j}
$$

$$
\Longleftrightarrow \quad p u_i + (1-p) d_i = \frac{B_{j-1}}{B_j}
$$

$$
\Longleftrightarrow \quad p = \frac{\frac{B_{j-1}}{B_j} - d_i}{u_i - d_i}.
$$

Durch einfache Umformungen ergibt sich hieraus schließlich

$$
p = \frac{d_2 - d_1}{(u_1 - d_1) - (u_2 - d_2)}.
$$

Dieses p leistet also das Gewünschte.

3.6

Ein sehr einfacher Beweis läßt sich unter Verwendung des Fundamentalsatzes der Preistheorie angeben. Das um die Nullkouponanleihe erweiterte Modell ist nämlich genau dann arbitragefrei, wenn ein äquivalentes Martingalmaß Q im Ausgangsmodell existiert, welches

$$
E_Q(B_k R_k \mid \mathcal{A}_{k-1}) = B_{k-1} R_{k-1}
$$

für alle $k = 1, \ldots, n$ erfüllt. Diese Gleichung ist aufgrund der $\mathcal{A}_{k-1}$-Meßbarkeit von $B_k R_k$ aber äquivalent zu

$$
B_k R_k = B_{k-1} R_{k-1}
$$

und somit zu $B_k R_k = B_0 R_0 = 1$ für alle $k = 1, \ldots, n$. Da wegen der unterstellten Arbitragefreiheit stets ein äquivalentes Martingalmaß im Ausgangsmodell existiert, ist die Behauptung bewiesen.

Es soll nun ein elementarer Beweis angegeben werden, der ohne den Fundamentalsatz auskommt.

Für alle $i = 0, \ldots, n-1$ sei $\overline{X}_i$ die zum Diskontierungsprozeß gehörige risikofreie Anlage (vgl. 3.1). Sei $(S_i)_{i=0,\ldots,n}$ der Preisprozeß im Ausgangsmodell und $(\widetilde{S}_i)_{i=0,\ldots,n}$ mit

$$\widetilde{S}_i = \begin{bmatrix} S_i \\ R_i \end{bmatrix}$$

der Preisprozeß im erweiterten Modell.

Gelte zunächst $B_k = \frac{1}{R_k}$ für alle $k = 1, \ldots, n$. Angenommen, es existierte in dem um die Anleihe erweiterten Modell in einer Periode i eine Ein-Perioden-Arbitrage

$$\widetilde{Y}_{i-1} = \begin{bmatrix} \widetilde{Y}_{1,i-1} \\ \vdots \\ \widetilde{Y}_{g+1,i-1} \end{bmatrix}.$$

Wir setzen

$$Y_{i-1} = \begin{bmatrix} \widetilde{Y}_{1,i-1} \\ \vdots \\ \widetilde{Y}_{g,i-1} \end{bmatrix} + R_i\,\widetilde{Y}_{g+1,i-1}\,\overline{X}_{i-1}.$$

Dann ist Y_{i-1} $\mathcal{A}_{i-1}$-meßbar, und unter Beachtung von

$$\overline{X}_{i-1}^T S_{i-1} = \frac{B_i}{B_{i-1}} = \frac{R_{i-1}}{R_i}$$

ergibt sich

$$\begin{aligned}
Y_{i-1}^T\,S_{i-1} &= \sum_{j=1}^{g} \widetilde{Y}_{j,i-1}\,S_{j,i-1} + R_i\,\widetilde{Y}_{g+1,i-1}\overline{X}_{i-1}^T S_{i-1} \\[2mm]
&= \sum_{j=1}^{g} \widetilde{Y}_{j,i-1}\,S_{j,i-1} + \widetilde{Y}_{g+1,i-1}\,R_{i-1} \\[2mm]
&= \widetilde{Y}_{i-1}^T\,\widetilde{S}_{i-1}, \\[2mm]
Y_{i-1}^T\,S_i &= \sum_{j=1}^{g} \widetilde{Y}_{j,i-1}\,S_{j,i} + R_i\,\widetilde{Y}_{g+1,i-1}\overline{X}_{i-1}^T\,S_i \\[2mm]
&= \widetilde{Y}_{i-1}^T\,\widetilde{S}_i.
\end{aligned}$$

Folglich ist Y_{i-1} eine Ein-Perioden-Arbitrage im Ausgangsmodell, und wir erhalten somit den gewünschten Widerspruch. Das erweiterte Modell ist also arbitragefrei.

Gelte nun $P\left(B_i \neq \frac{1}{R_i}\right) > 0$ für ein $i = 1, \ldots, n$, wobei i minimal mit dieser Eigenschaft gewählt sei.

Wir betrachten zunächst den Fall, daß $P\left(R_i > \frac{1}{B_i}\right) > 0$ gilt. Sei

$$
\widetilde{Y}_{i-1} = \begin{bmatrix} -\overline{X}_{1,i-1}\frac{1}{B_i} \\ \vdots \\ -\overline{X}_{g,i-1}\frac{1}{B_i} \\ \\ 1 \end{bmatrix} 1_{\{R_i > \frac{1}{B_i}\}}
$$

Dann ist $\widetilde{Y}_{i-1}$ $\mathcal{A}_{i-1}$-meßbar, und es gilt

$$
\widetilde{Y}_{i-1}^T \widetilde{S}_{i-1} = \left(-\frac{1}{B_i}\overline{X}_{i-1}^T S_{i-1} + R_{i-1}\right)1_{\{R_i > \frac{1}{B_i}\}} = \left(R_{i-1} - \frac{1}{B_{i-1}}\right)1_{\{R_i > \frac{1}{B_i}\}} = 0,
$$

$$
\widetilde{Y}_{i-1}^T \widetilde{S}_i = \left(-\frac{1}{B_i}\overline{X}_{i-1}^T S_i + R_i\right)1_{\{R_i > \frac{1}{B_i}\}} = \left(R_i - \frac{1}{B_i}\right)1_{\{R_i > \frac{1}{B_i}\}},
$$

also ist $\widetilde{Y}_{i-1}$ eine Ein-Perioden-Arbitrage.

Im Falle von $P\left(R_i < \frac{1}{B_i}\right) > 0$ erhält man entsprechend eine Ein-Perioden-Arbitrage durch

$$
\widetilde{Y}_{i-1} = \begin{bmatrix} \overline{X}_{1,i-1}\frac{1}{B_i} \\ \vdots \\ \overline{X}_{g,i-1}\frac{1}{B_i} \\ \\ -1 \end{bmatrix} 1_{\{R_i < \frac{1}{B_i}\}}.
$$

3.7

(a) Wir geben zunächst eine informelle Begründung für die in der Aufgabenstellung angegebene Darstellung.

Ist zum Zeitpunkt k der Preis des Calls höher als jener des Puts, so entscheidet sich jeder rationale Anleger (unabhängig von seinen Präferenzen und Zukunftserwartungen) für die Call-Option, da er im Vergleich zur Wahl der Put-Option durch die folgenden Aktionen in diesem Zeitpunkt in jedem Fall besser gestellt ist:

– Wähle Call-Option,

– verkaufe Call-Option,

– kaufe Put-Option,

– investiere Differenzbetrag $C_k - P_k$ in die risikofreie Anlage.

Entsprechend entscheidet sich ein Anleger stets für die Put-Option, wenn zum Zeitpunkt k der Preis des Puts höher ist als jener des Calls. Sind Call- und Put-Preis identisch, so ist jeder rationale Anleger zwischen der Wahl des Puts und des Calls indifferent. Wir können daher annehmen, daß in diesem Fall stets der Call gewählt wird und erhalten somit die gewünschte Darstellung der Auszahlung der Chooser-Option.

Wir geben nun ein formaleres Argument an.
Die Chooser-Option liefert dem Käufer das Recht, einen Claim aus der Menge

$$\mathcal{M} = \{(A_n - K)^+ 1_{M_k} + (K - A_n)^+ 1_{M_k^c} : M_k \in \mathcal{F}_k\}$$

zu wählen. Wie in der Aufgabenstellung sei

$$C = (A_n - K)^+ 1_{\{C_k \geq P_k\}} + (K - A_n)^+ 1_{\{C_k < P_k\}}.$$

Wir zeigen nun, daß für alle $D \in \mathcal{M}$ gilt

$$s(C) \geq s(D),$$

was die in der Aufgabenstellung erfolgte Formalisierung der Chooser-Option durch C rechtfertigt. Sei also $D \in \mathcal{M}$ und M_k die zugehörige $\mathcal{F}_k$-meßbare Menge. Dann gilt

$$
\begin{aligned}
s(D) &= E_Q((1+\rho)^{-n}((A_n - K)^+ 1_{M_k} + (K - A_n)^+ 1_{M_k^c})) \\
&= (1+\rho)^{-k} E_Q\big(E_Q((1+\rho)^{k-n}(A_n - K)^+ 1_{M_k}|\mathcal{A}_k) \\
&\quad + E_Q((1+\rho)^{k-n}(K - A_n)^+ 1_{M_k^c}|\mathcal{A}_k)\big) \\
&= (1+\rho)^{-k} E_Q(C_k 1_{M_k} + P_k 1_{M_k^c}) \\
&= (1+\rho)^{-k} E_Q(C_k 1_{M_k \cap \{C_k \geq P_k\}} + C_k 1_{M_k \cap \{C_k < P_k\}} \\
&\quad + P_k 1_{M_k^c \cap \{C_k \geq P_k\}} + P_k 1_{M_k^c \cap \{C_k < P_k\}}) \\
&\leq (1+\rho)^{-k} E_Q(C_k 1_{M_k \cap \{C_k \geq P_k\}} + P_k 1_{M_k \cap \{C_k < P_k\}} \\
&\quad + C_k 1_{M_k^c \cap \{C_k \geq P_k\}} + P_k 1_{M_k^c \cap \{C_k < P_k\}}) \\
&= (1+\rho)^{-k} E_Q(C_k 1_{\{C_k \geq P_k\}} + P_k 1_{\{C_k < P_k\}}).
\end{aligned}
$$

Da für $M_k = \{C_k \geq P_k\}$ (also für $D = C$) oben sogar die Gleichheit gilt, folgt die Behauptung.

(b) Es gilt

$$(A_n - K)^+ - (K - A_n)^+ = A_n - K$$

und somit aus No-Arbitrage-Gründen auch die Put-Call-Parität (vgl. (1.7))

$$C_k - P_k = A_k - K(1+\rho)^{k-n}.$$

Unter Beachtung dieser beiden Gleichungen erhalten wir für den fairen Preis $s(C)$ die Darstellung

$$E_Q \left(\frac{1}{(1+\rho)^n} \left((A_n - K)^+ 1_{\{C_k \geq P_k\}} + (K - A_n)^+ 1_{\{C_k < P_k\}} \right) \right)$$

$$= E_Q \left(\frac{1}{(1+\rho)^n} (A_n - K)^+ \right) + E_Q \left(\frac{1}{(1+\rho)^n} (K - A_n) 1_{\{C_k < P_k\}} \right)$$

$$= c(A_0, n, K) + E_Q \left(E_Q \left(\frac{1}{(1+\rho)^n} (K - A_n) 1_{\{A_k < K(1+\rho)^{k-n}\}} \mid \mathcal{F}_k \right) \right)$$

$$= c(A_0, n, K) + E_Q \left(\frac{1}{(1+\rho)^n} (K - A_k(1+\rho)^{n-k}) 1_{\{A_k < K(1+\rho)^{k-n}\}} \right)$$

$$= c(A_0, n, K) + E_Q \left(\frac{1}{(1+\rho)^k} (K(1+\rho)^{k-n} - A_k) 1_{\{A_k < K(1+\rho)^{k-n}\}} \right)$$

$$= c(A_0, n, K) + p(A_0, k, K(1+\rho)^{k-n}).$$

Lösungen zu Kapitel 4

4.1

Wir setzen $T = \{1, \ldots, n\}$ und betrachten unabhängig und identisch verteilte Zufallsgrößen $Z_1, \ldots, Z_n$, wobei P^{Z_i} die Laplace-Verteilung auf $\{1, \ldots, 50\}$ sei. Als Filtration legen wir $(\mathcal{A}_i)_{i=1,\ldots,n}$ mit $\mathcal{A}_i = \sigma(Z_1, \ldots, Z_i)$ zugrunde. Das Problem ist die Bestimmung einer optimalen Stopzeit τ^*.

Da $Z_1, \ldots, Z_n$ unabhängig sind, ergibt die Rückwärtsinduktion 4.6

$$U_n^n = Z_n,$$
$$U_i^n = \max\{Z_i, E(U_{i+1}^n)\} \text{ für alle } i = 1, \ldots, n-1.$$

Dies liefert die Rekursionsformel

$$EU_i^n = \int\limits_{\{Z_i \leq EU_{i+1}^n\}} EU_{i+1}^n \, dP + \int\limits_{\{Z_i > EU_{i+1}^n\}} Z_i \, dP$$

$$= \sum_{j=1}^{\lfloor EU_{i+1}^n \rfloor} \frac{1}{50} EU_{i+1}^n + \sum_{j=\lfloor EU_{i+1}^n \rfloor + 1}^{50} \frac{1}{50} j$$

$$= \frac{1}{50} \left(EU_{i+1}^n \lfloor EU_{i+1}^n \rfloor + \frac{1}{2}(50 - \lfloor EU_{i+1}^n \rfloor)(50 + \lfloor EU_{i+1}^n \rfloor + 1) \right)$$

für $i = 1, \ldots, n-1$, wobei $\lfloor x \rfloor$ die größte ganze Zahl $\leq x$ bezeichnet. Gemäß 4.6 ist eine optimale Stopzeit gegeben durch

$$\tau^* = \inf\{k : Z_k \geq EU_{k+1}^n\}.$$

Eine konkrete numerische Berechnung zeigt, daß bei noch 5 bzw. 4, 3, 2, 1 ausstehenden Versuchen genau dann erneut gedreht werden sollte, wenn das Glücksrad höchstens die Zahl 39 bzw. 37, 35, 31, 25 anzeigt.

4.2

Wir zeigen zunächst, daß für jedes $k = 0, \ldots, n$ ein $a \in [0, K]$ mit $d(a, k) = 0$ existiert.
Sei

$$w(a, k) = \sup_{1 \leq \tau \leq k} E_Q(\alpha^\tau (K - aA_\tau)^+).$$

Nach 4.12 gilt

$$v(a, k) = \max\{(K - a)^+, w(a, k)\}.$$

Die Abbildung

$$a \mapsto (K - a)^+$$

ist stetig und monoton fallend auf $[0, K]$ mit Wert K in 0 und Wert 0 in K.
Die Abbildung

$$a \mapsto w(a, k)$$

ist ebenfalls stetig und monoton fallend auf $[0, K]$ und des weiteren gilt $w(0, k) = \alpha K < K$ sowie $w(K, k) \geq 0$.
Folglich existiert $a \in (0, K]$ mit $w(a, k) = (K - a)^+$. Für dieses a gilt auch $v(a, K)^+ = (K - a)^+$ und damit $d(a, k) = 0$.

(a) Für $a_1, a_2 \in (0, K], a_1 < a_2$ und jede Stopzeit $\tau \leq k$ gilt

$$(K - a_1 A_\tau)^+ - (K - a_2 A_\tau)^+ \leq (a_2 - a_1) A_\tau.$$

Unter Beachtung des Optional-Sampling-Theorems ergibt sich nun

$$
\begin{aligned}
v(a_1, k) - v(a_2, k) &\leq \sup_{\tau \leq k} \left(E_Q \left(\alpha^\tau ((K - a_1 A_\tau)^+ - (K - a_2 A_\tau)^+) \right) \right) \\
&\leq \sup_{\tau \leq k} E_Q \left(\alpha^\tau (a_2 - a_1) A_\tau \right) \\
&= a_2 - a_1 \\
&= (K - a_1)^+ - (K - a_2)^+,
\end{aligned}
$$

also $d(a_1, k) \leq d(a_2, k)$.

(b) Für $k = 1, \ldots, n$ gilt

$$\sup_{\tau \leq k} E_Q \left(\alpha^\tau (K - aA_\tau)^+ \right) \geq \sup_{\tau \leq k-1} E_Q \left(\alpha^\tau (K - aA_\tau)^+ \right)$$

und somit $d(a, k) \geq d(a, k - 1)$.
Also impliziert $d(a, k) = 0$ schon $d(a, k - 1) = 0$, und es folgt $\beta_k \leq \beta_{k-1}$.

(c) Mit den Festlegungen

$$E = (0, \infty),$$
$$X_k^x = xA_k \text{ für alle } k = 1, \ldots, n, \, x \in E,$$
$$h_k(x) = \alpha^k (K - x)^+ \text{ für alle } k = 1, \ldots, n, \, x \in E,$$

sind wir in der Situation von 4.12; wir verwenden die dortige Notation. Es gilt

$$
\begin{aligned}
B_k^n &= \{x > 0 : h_k(x) \geq w_k^{n-k}(x)\} \\
&= \{x > 0 : \alpha^k (K - x)^+ \geq \sup_{\tau \leq n-k} E_Q(\alpha^{k+\tau}(K - xA_\tau)^+)\} \\
&= \{x > 0 : d(x, n - k) = 0\}.
\end{aligned}
$$

Mit Teil (a) ergibt sich unter Beachtung des Satzes von Lebesgue

$$\{x \in (0, K] : \, d(x, n - k) = 0\} = (0, \beta_{n-k}],$$

andererseits gilt

$$
\begin{aligned}
&\{x > K : \, d(x, n - k) = 0\} \\
&= \{x > K : v(x, n - k) = 0\} \\
&= \{x > K : Q(xA_\tau < K) = 0 \text{ für alle } \tau \leq n - k\} \\
&= [\frac{K}{\widetilde{d}^{\,n-k}}, \infty) ,
\end{aligned}
$$

wobei $\widetilde{d}$ die untere Sprunghöhe aus dem zugrundegelegten Cox-Ross-Rubinstein-Modell bezeichnet. Insgesamt ergibt sich somit

$$B_k = (0, \beta_{n-k}] \cup [\frac{K}{\widetilde{d}^{\,n-k}}, \infty).$$

Gemäß 4.12 ist eine optimale Stopzeit $\widetilde{\tau}$ also gegeben durch

$$\widetilde{\tau} = \min\{\inf\{k : aA_k \in (0, \beta_{n-k}] \cup [\frac{K}{\widetilde{d}^{\,n-k}}, \infty)\}, n\}.$$

Unter Beachtung von

$$\int_{\{\tau^* \neq \widetilde{\tau}\}} \alpha^{\widetilde{\tau}}(K - aA_{\widetilde{\tau}})^+ \, dQ \leq \int_{\{aA_{\widetilde{\tau}} \geq K\}} \alpha^{\widetilde{\tau}}(K - aA_{\widetilde{\tau}})^+ \, dQ = 0$$

folgt, daß auch τ^* optimale Stopzeit ist.

4.3

Eine Konkretisierung des bereits in 4.13 angegebenen Vorgehens liefert den folgenden Algorithmus zur Bestimmung des fairen Preises eines amerikanischen Puts:

for $j = 0$ to $n - 1$

$$w_{n-1}^1(j) := q\alpha^n (K - a\,u^{j+1}\,d^{n-1-j})^+ + (1-q)\alpha^n (K - a\,u^j\,d^{n-j})^+\,;$$

for $i = 2$ to n for $j = 0$ to $n - i$

$$w_{n-i}^i(j) := q\max\{\alpha^{n-i+1}(K - a\,u^{j+1}\,d^{n-i-j})^+, w_{n-i+1}^{i-1}(j+1)\}$$

$$+ (1-q)\max\{\alpha^{n-i+1}(K - a\,u^j\,d^{n-i-j+1})^+, w_{n-i+1}^{i-1}(j)\}\,;$$

Der faire Preis des amerikanischen Puts ist nun gegeben durch

$$v := \max\{(K - a)^+, w_0^n(0)\}.$$

4.4

Gemäß 4.6 genügt es, $v_k(X_1, \ldots, X_k) = U_k^n$ für alle $k = 1, \ldots, n$ zu zeigen. Wir zeigen die Aussage per Rückwärtsinduktion.

Induktionsanfang $k = n$:
$U_n = h_n(X_1, \ldots, X_n) = v_n(X_1, \ldots, X_n)$.

Induktionsschluß $k + 1 \to k$:

$$\begin{aligned}
U_k^n &= \max\{h_k(X_1, \ldots, X_k),\, E(U_{k+1}^n | \mathcal{A}_k)\} \\
&= \max\{h_k(X_1, \ldots, X_k),\, E(v_{k+1}(X_1, \ldots, X_{k+1}) | \mathcal{A}_k)\} \\
&= \max\{h_k(X_1, \ldots, X_k),\, E(v_{k+1}(\cdot, X_{k+1})) \circ (X_1, \ldots, X_k)\} \\
&= v_k(X_1, \ldots, X_k).
\end{aligned}$$

Dabei ist für die vorletzte Gleichheit zu beachten, daß wegen der Unabhängigkeit von $X_1, \ldots, X_n$ gilt

$$E(v_{k+1}(X_1, \ldots, X_{k+1}) \mid X_1, \ldots, X_k) = E(v_{k+1}(\cdot, X_{k+1})) \circ (X_1, \ldots, X_k).$$

4.5

(a) Es gilt

$$E_Q\,\alpha^k Z_k = \frac{1}{k}\sum_{i=1}^k E_Q\,\alpha^k A_i = \frac{A_0}{k}\sum_{i=1}^k \alpha^{k-i} = \frac{A_0}{k}\sum_{i=0}^{k-1}\alpha^i = \frac{A_0}{k}\frac{1-\alpha^k}{1-\alpha}.$$

(b) Offensichtlich sind jeweils die Voraussetzungen von Aufgabe 4.4 erfüllt. Zur einfachen Bezeichnungsweise sei im folgenden

$$A_k(r_1, \ldots, r_k) = A_0 u^{\sum_{j=1}^k r_j} d^{k-\sum_{j=1}^k r_j}.$$

Zur Berechnung von

$$v = \sup_{\tau \in \mathcal{S}} E_Q \alpha^\tau Z_\tau$$

ergibt sich der (in dieser Form nur für moderates n realisierbare) Algorithmus

for $(r_1, \ldots, r_n) \in \{0,1\}^n$

$$v_n(r_1, \ldots, r_n) := \alpha^n \frac{1}{n} \sum_{i=1}^n A_i(r_1, \ldots, r_i);$$

for $k = 1$ to $n-1$ for $(r_1, \ldots, r_{n-k}) \in \{0,1\}^{n-k}$

$$v_{n-k}(r_1, \ldots, r_{n-k}) := \max \left\{ \alpha^{n-k} \frac{1}{n-k} \sum_{i=1}^{n-k} A_i(r_1, \ldots, r_i), \right.$$

$$\left. q\, v_{n-k+1}(r_1, \ldots, r_{n-k}, 1) + (1-q)\, v_{n-k+1}(r_1, \ldots, r_{n-k}, 0) \right\};$$

$$v := q\, v_1(1) + (1-q)\, v_1(0);$$

Entsprechend ergibt sich zur Berechnung von

$$\widetilde{v} = \sup_{\tau \in \mathcal{S}} E_Q(\alpha^\tau (A_\tau - Z_\tau)^+)$$

der Algorithmus

for $(r_1, \ldots, r_n) \in \{0,1\}^n$

$$\widetilde{v}_n(r_1, \ldots, r_n) := \alpha^n (A_n(r_1, \ldots, r_n) - \frac{1}{n} \sum_{i=1}^n A_i(r_1, \ldots, r_i))^+;$$

for $k = 1$ to $n-1$ for $(r_1, \ldots, r_{n-k}) \in \{0,1\}^{n-k}$

$$\widetilde{v}_{n-k}(r_1, \ldots, r_{n-k}) :=$$

$$\max \left\{ \alpha^{n-k} (A_{n-k}(r_1, \ldots, r_{n-k}) - \frac{1}{n-k} \sum_{i=1}^{n-k} A_i(r_1, \ldots, r_i))^+, \right.$$

$$\left. q\, \widetilde{v}_{n-k+1}(r_1, \ldots, r_{n-k}, 1) + (1-q)\, \widetilde{v}_{n-k+1}(r_1, \ldots, r_{n-k}, 0) \right\};$$

$$\widetilde{v} := q\, \widetilde{v}_1(1) + (1-q)\, \widetilde{v}_1(0);$$

4.6

(a) Wir zeigen per Rückwärtsinduktion, daß $X_k 1_{A_k} = U_k 1_{A_k}$ für $k = 1, \ldots, n$ gilt, woraus sofort $U_k' = U_k$ für $k = 1, \ldots, n$ und somit die Behauptung folgt.

Induktionsanfang $k = n$:
$$U_n' = X_n = U_n.$$

Induktionsschluß $k + 1 \to k$:
Es gilt

$$
\begin{aligned}
X_k 1_{A_k} &\geq E\left(X_{k+1}|\mathcal{A}_k\right) 1_{A_k} = E\left(X_{k+1} 1_{A_k}|\mathcal{A}_k\right) \\
&= E\left(X_{k+1} 1_{A_{k+1}} 1_{A_k}|\mathcal{A}_k\right) = E\left(U_{k+1} 1_{A_{k+1}} 1_{A_k}|\mathcal{A}_k\right) \\
&= E\left(U_{k+1} 1_{A_k}|\mathcal{A}_k\right) = E\left(U_{k+1}|\mathcal{A}_k\right) 1_{A_k}
\end{aligned}
$$

und somit

$$U_k 1_{A_k} = \max\{X_k 1_{A_k}, E\left(U_{k+1}|\mathcal{A}_k\right) 1_{A_k}\} = X_k 1_{A_k}.$$

(b) Für $k = 1, \ldots, n - 1$ gilt

$$X_k < E\left(X_{k+1}|\mathcal{A}_k\right) \leq E\left(U_{k+1}|\mathcal{A}_k\right) \leq U_k \text{ auf } A_k^c$$

und gemäß (a)
$$X_k = U_k \text{ auf } A_k,$$

insgesamt also (bis auf Nullmengen)

$$\{X_k = U_k\} = A_k = \{X_k \geq E\left(X_{k+1}|\mathcal{A}_k\right)\}.$$

Gemäß 4.6 erhalten wir nun eine optimale Stopzeit σ durch

$$\sigma = \inf\{k : X_k = U_k\} = \min\{\inf\{k : X_k \geq E(X_{k+1}|\mathcal{A}_k)\}, n\},$$

wobei wir die Konvention $\inf \emptyset = \infty$ verwenden.

4.7

Die Abbildung
$$z \mapsto E(Y_1 - z)^+$$
ist monoton fallend und stetig mit

$$\lim_{z \to \infty} E(Y_1 - z)^+ = 0, \quad \lim_{z \to -\infty} E(Y_1 - z)^+ = \infty.$$

Also existiert zu $c > 0$ ein $z \in \mathbb{R}$ mit

$$E(Y_1 - z)^+ = c.$$

Dabei ist z, wie leicht einzusehen ist, eindeutig bestimmt.
Sei $\mathcal{A}_k = \sigma(Y_1, \ldots, Y_k)$. Für $k = 1, \ldots, n - 1$ gilt

$$
\begin{aligned}
& \{X_k \geq E\,(X_{k+1} \mid \mathcal{A}_k)\} \\
=\ & \{\max\{Y_1, \ldots, Y_k\} \geq E\,(\max\{Y_1, \ldots, Y_{k+1}\} \mid \mathcal{A}_k) - c\} \\
=\ & \{E\,((Y_{k+1} - \max\{Y_1, \ldots, Y_k\})^+ \mid \mathcal{A}_k) \leq c\} \\
=\ & \{E\,(Y_{k+1} - \cdot)^+ \circ \max\{Y_1, \ldots, Y_k\} \leq c\} \\
=\ & \{\max\{Y_1, \ldots, Y_k\} \geq z\},
\end{aligned}
$$

wobei in der Berechnung des bedingten Erwartungswertes die Unabhängigkeit von $Y_1, \ldots, Y_{k+1}$ einging. Nun ergibt sich sofort, daß die Voraussetzungen von Aufgabe 4.6 erfüllt sind.
Gemäß Aufgabe 4.6 (b) ist folglich (wiederum mit der Konvention $\inf \emptyset = \infty$) eine optimale Stopzeit gegeben durch

$$
\begin{aligned}
\tau^* &= \min\{\inf\{k : \max\{Y_1, \ldots, Y_k\} \geq z\}, n\} \\
&= \min\{\inf\{k : Y_k \geq z\}, n\}.
\end{aligned}
$$

Lösungen zu Kapitel 5

5.1

(a) Man beachte zunächst

$$1 = \int f\,d\mu = \int_{\{f > 0\}} f\,d\mu = P^{X_1}(f > 0),$$

entsprechend $1 = Q^{X_1}(g > 0)$. Es gilt die elementare Ungleichung $\log x \leq x - 1$ mit strikter Ungleichheit für $x \neq 1$. Damit folgt

$$
\begin{aligned}
E_P(\log \frac{g(X_1)}{f(X_1)})^+ &\leq E_P \frac{g(X_1)}{f(X_1)} = \int_{\{f > 0\}} \frac{g}{f} f\,d\mu \\
&= \int_{\{f > 0\}} g\,d\mu \leq 1.
\end{aligned}
$$

Also existiert $E_P \log \frac{g(X_1)}{f(X_1)}$ (in $[-\infty, \infty)$), und mit entsprechender Abschätzung folgt

$$E_P \log \frac{g(X_1)}{f(X_1)} \leq \int\limits_{\{f>0\}} g \, d\mu - 1 \leq 0.$$

Aus $E_P \log \frac{g(X_1)}{f(X_1)} = 0$ ergäbe sich $P(\frac{g(X_1)}{f(X_1)} = 1) = 1$ und damit für jedes meßbare A

$$P(X_1 \in A) = \int\limits_{X_1^{-1}(A)} \frac{g(X_1)}{f(X_1)} \, dP = \int\limits_{A \cap \{f>0\}} \frac{g}{f} f \, d\mu \leq Q(X_1 \in A).$$

Ersetzung von A durch A^c zeigte $P(X_1 \in A) \geq Q(X_1 \in A)$ und damit $P^{X_1} = Q^{X_1}$. Da dies nach Voraussetzung ausgeschlossen ist, folgt

$$E_P \log \frac{g(X_1)}{f(X_1)} < 0.$$

Daraus ergibt sich mit dem Gesetz der großen Zahlen

$$\sum_{i=1}^{n} \log \frac{g(X_i)}{f(X_i)} \to -\infty \quad P - \text{f.s.},$$

also $L_n \to 0$ P-fast sicher.

Vertauschung von P und Q zeigt nun auch $L_n \to \infty$ Q-fast sicher.

(b) Seien $B_1, \ldots, B_n \in \mathcal{E}$. Dann gilt unter Beachtung von $\mu(f = 0) = 0$ und der Unabhängigkeit von $X_1, \ldots, X_n$

$$
\begin{aligned}
\int\limits_{X_1^{-1}(B_1) \cap \ldots \cap X_n^{-1}(B_n)} L_n \, dP &= \int \prod_{i=1}^{n} 1_{B_i}(X_i) \frac{g(X_i)}{f(X_i)} \, dP \\
&= \prod_{i=1}^{n} \int 1_{B_i}(X_i) \frac{g(X_i)}{f(X_i)} \, dP \\
&= \prod_{i=1}^{n} \int\limits_{B_i} \frac{g}{f} \, dP^{X_1} \\
&= \prod_{i=1}^{n} \int\limits_{B_i} g \, d\mu \\
&= \prod_{i=1}^{n} Q^{X_1}(B_i) \\
&= \prod_{i=1}^{n} Q(X_i \in B_i) \\
&= Q(X_1^{-1}(B_1) \cap \ldots \cap X_n^{-1}(B_n)).
\end{aligned}
$$

Da

$$\{X_1^{-1}(B_1) \cap \ldots \cap X_n^{-1}(B_n) : B_1, \ldots, B_n \in \mathcal{E}\}$$

ein $\cap$-stabiles Erzeugendensystem von $\sigma(X_1, \ldots, X_n)$ ist, folgt

$$\frac{dQ|\mathcal{A}_n}{dP|\mathcal{A}_n} = L_n.$$

Unter Beachtung von $\mu(g = 0) = 0$ ist ferner $L_n > 0$ P-fast sicher und damit $dQ|\mathcal{A}_n$ äquivalent zu $dP|\mathcal{A}_n$.

5.2

Wir setzen

$$A = \{\lim_{n \to \infty} \frac{1}{n} \sum_{i=1}^{n} 1_{\{X_i \in B\}} = Q(X_1 \in B)\}.$$

Das starke Gesetz der großen Zahlen liefert $Q(A) = 1$ und somit auch $Q(A^c) = 0$. Andererseits gilt (wiederum mit dem starken Gesetz der großen Zahlen)

$$P(A) \le P(\lim_{n \to \infty} \frac{1}{n} \sum_{i=1}^{n} 1_{\{X_i \in B\}} \ne P(X_1 \in B)\} = 0.$$

5.3

Wir setzen

$$
\begin{aligned}
c_1 &= \frac{E(X_1^-)}{P(X_1 \ge 0)E(X_1^-) + P(X_1 < 0)E(X_1^+)}, \\
c_2 &= \frac{E(X_1^+)}{P(X_1 \ge 0)E(X_1^-) + P(X_1 < 0)E(X_1^+)}, \\
f &= c_1 1_{[0,\infty)} + c_2 1_{(-\infty,0)}, \\
L_N &= \prod_{i=1}^{N} f(X_i)
\end{aligned}
$$

und definieren ein Maß Q durch

$$\frac{dQ}{dP} = L_N.$$

Es gilt $L_N > 0$ und

$$
\begin{aligned}
EL_N &= E \prod_{i=1}^{N} f(X_i) = \prod_{i=1}^{N} Ef(X_i) \\
&= \prod_{i=1}^{N} (c_1 P(X_1 \ge 0) + c_2 P(X_1 < 0)) = 1,
\end{aligned}
$$

also ist Q ein zu P äquivalentes Wahrscheinlichkeitsmaß.
Des weiteren ist

$$
\begin{aligned}
E_Q(X_1) &= \int X_1 L_N dP \\
&= E(X_1 f(X_1)) \prod_{i=2}^{N} E(f(X_i)) \\
&= c_1 E(X_1^+) - c_2 E(X_1^-) = 0.
\end{aligned}
$$

Schließlich gilt für alle $B_1, \ldots, B_N \in \mathcal{B}$

$$
\begin{aligned}
Q(X_1 \in B_1, \ldots, X_N \in B_N) &= \int \prod_{i=1}^{N} 1_{\{X_i \in B_i\}} f(X_i) dP \\
&= \prod_{i=1}^{N} \int 1_{\{X_1 \in B_i\}} f(X_1) dP \\
&= \prod_{i=1}^{N} Q(X_1 \in B_i).
\end{aligned}
$$

Insgesamt haben wir also gezeigt, daß $X_1, \ldots, X_N$ bezüglich Q unabhängig und identisch verteilt sind mit $E_Q(X_1) = 0$. Es folgt die Behauptung.

5.4

Gegeben sei ein arbitragefreies n-Perioden-Modell. Da Ω endlich ist, existieren $m \in \mathbb{N}, \omega_1, \ldots, \omega_m \in \Omega$ mit

$$
\{\omega \in \Omega : P(\omega) > 0\} = \{\omega_1, \ldots, \omega_m\}.
$$

Seien

$$
\begin{aligned}
\mathcal{X} &= \{B_n \delta_n(H) - \delta_0(H) : H \text{ selbstfinanzierende Handelsstrategie}\}, \\
\mathcal{Y} &= \{(X(\omega_1), \ldots, X(\omega_m)) : X \in \mathcal{X}\}, \\
\mathcal{Z} &= \{z \in \mathbb{R}^m : z_i \geq 0 \text{ für alle } i = 1, \ldots, m, \sum_{i=1}^{m} z_i = 1\}.
\end{aligned}
$$

Da das Modell arbitragefrei ist, gilt $\mathcal{Y} \cap \mathcal{Z} = \emptyset$. Die selbstfinanzierenden Handelsstrategien bilden einen linearen Raum. Also ist $\mathcal{Y}$ Unterraum des $\mathbb{R}^n$; ferner ist $\mathcal{Z}$ konvex und kompakt.

Also existiert eine strikt trennende Hyperebene, d.h. es gibt $q \in \mathbb{R}^m, \beta \in \mathbb{R}$ so, daß für alle $y \in \mathcal{Y}, z \in \mathcal{Z}$ gilt

$$
q^T y \leq \beta < q^T z.
$$

Da $\mathcal{Y}$ Unterraum ist, folgt $q^T y = 0$ für alle $y \in \mathcal{Y}$, und wir können $\beta = 0$ wählen. Da alle Einheitsvektoren Elemente von $\mathcal{Z}$ sind, gilt $q_i > 0$ für alle $i = 1, \ldots, m$, des weiteren können wir $\sum_{i=1}^{m} q_i = 1$ annehmen.

Wir definieren nun ein Wahrscheinlichkeitsmaß Q durch

$$Q(\omega_i) \;=\; q_i \text{ für alle } i = 1, \ldots, m,$$
$$Q(\omega) \;=\; 0 \text{ für alle } \omega \in \Omega \backslash \{\omega_1, \ldots, \omega_m\}.$$

Offensichtlich ist Q äquivalent zu P, und es gilt

$$E_Q(B_n \delta_n(H) - \delta_0(H)) = 0$$

für jede selbstfinanzierende Handelsstrategie H.

Angenommen, es existierten $j \in \{1, \ldots, g\}$ und $k \in \{1, \ldots, n\}$ mit

$$E_Q(B_k S_{j,k} | S_0, \ldots, S_{k-1}) \neq B_{k-1} S_{j,k-1}.$$

Wir können ohne Einschränkung annehmen, daß

$$A = \{E_Q(B_k S_{j,k} | S_0, \ldots, S_{k-1}) > B_{k-1} S_{j,k-1}\}$$

keine Nullmenge wäre. Es sei nun eine Handelsstrategie $H = (H_0, \ldots, H_{n-1})$ definiert durch

$$H_i \;=\; 0 \text{ für alle } i = 0, \ldots, k-2,$$
$$H_{k-1} \;=\; 1_A (B_k e_j - B_{k-1} S_{j,k-1} \overline{X}_{k-1}),$$
$$H_i \;=\; 1_A (B_k S_{j,k} - B_{k-1} S_{j,k-1}) \frac{B_k}{B_{i+1}} \overline{X}_i \text{ für alle } i = k, \ldots, n-1,$$

wobei e_j j-ter Einheitsvektor in $\mathbb{R}^g$ ist. Man rechnet leicht nach, daß H eine selbstfinanzierende Handelsstrategie mit

$$E_Q(B_n \delta_n(H) - \delta_0(H)) = E_Q(1_A B_k (B_k S_{j,k} - B_{k-1} S_{j,k-1})) > 0$$

wäre. Dies ist ein Widerspruch.

Also ist Q ein äquivalentes Martingalmaß.

5.5

(a) Für alle $Q \in \mathcal{M}$, alle $C \in \mathcal{H}$ und jeden zugehörigen Hedge $x \in \mathbb{R}^g$ gilt

$$E_Q BC \;=\; E_Q B x^T S_1 = x^T E_Q B S_1 = x^T S_0,$$

es folgt die Behauptung.

(b) Das um Y mit Preis p erweiterte Modell ist gemäß dem Fundamentalsatz der Preistheorie genau dann arbitragefrei, wenn in diesem ein äquivalentes Martingalmaß existiert. Ein Wahrscheinlichkeitsmaß Q ist aber genau dann ein äquivalentes Martingalmaß im erweiterten Modell, wenn $Q \in \mathcal{M}$, $E_Q B|Y| < \infty$ und $E_Q BY = p$ gilt, womit die Behauptung nachgewiesen ist.

(c) Offensichtlich gilt für alle $s \in \mathcal{S}$, alle $Q \in \mathcal{M}$ und alle $C_1, C_2 \in \mathcal{H}$ mit $C_1 \geq Y \geq C_2$

$$E_Q BC_1 \geq s \geq E_Q BC_2$$

und somit

$$s_+(Y) \geq s \geq s_-(Y),$$

also ist $s_+(Y)$, bzw. $s_-(Y)$ eine obere, bzw. untere Schranke von $\mathcal{S}$. Daher genügt es,

$$(s_-(Y), s_+(Y)) \subseteq \mathcal{S}$$

zu zeigen.

Sei $p \in (s_-(Y), s_+(Y))$. Angenommen, es wäre $p \notin \mathcal{S}$. Dann wäre gemäß Aufgabenteil (b) das um Y mit Preis p erweiterte Modell nicht arbitragefrei. Damit existierte gemäß 1.10 ein

$$x = \begin{bmatrix} \tilde{x} \\ x_{g+1} \end{bmatrix} \in \mathbb{R}^{g+1}$$

mit

$$\begin{aligned}
\tilde{x}^T S_0 + x_{g+1} p &= 0, \\
\tilde{x}^T S_1 + x_{g+1} Y &\geq 0, \\
P(\tilde{x}^T S_1 + x_{g+1} Y > 0) &> 0.
\end{aligned}$$

Dabei wäre $x_{g+1} \neq 0$, da sonst $\tilde{x}$ eine Arbitrage im Ausgangsmodell wäre. Wäre $x_{g+1} < 0$, so folgte (für jedes $Q \in \mathcal{M}$)

$$\begin{aligned}
p &= -\frac{\tilde{x}^T S_0}{x_{g+1}} = E_Q B \left(-\frac{\tilde{x}^T S_1}{x_{g+1}} \right), \\
Y &\leq -\frac{\tilde{x}^T S_1}{x_{g+1}}.
\end{aligned}$$

Da der Claim $-\frac{\tilde{x}^T S_1}{x_{g+1}}$ hedgebar ist, ergäbe sich hieraus der Widerspruch $s_+(Y) \leq p$.

Analog folgte aus $x_{g+1} > 0$ der Widerspruch $s_-(Y) \geq p$. Insgesamt erhalten wir also $p \in \mathcal{S}$, was zu zeigen war.

Lösungen zu Kapitel 6

6.1

(a) Seien $s \geq 0, A \in \mathcal{A}_s$. Für alle $t \geq 0$ gilt

$$A \cap \{\tau > s\} \cap \{\tau \wedge s \leq t\} = \begin{cases} A \cap \{\tau > s\} \in \mathcal{A}_t \text{ falls } s \leq t, \\ \emptyset \in \mathcal{A}_t, \text{ falls } s > t, \end{cases}$$

und somit $A \cap \{\tau > s\} \in \mathcal{A}_{\tau \wedge s}$.

(b) Sei $t > s \geq 0, A \in \mathcal{A}_s$. Unter Beachtung von Aufgabenteil (a), 6.13 und der Gleichheit $M_{\tau \wedge s} = M_{\tau \wedge t}$ auf $\{\tau \leq s\}$ ergibt sich

$$\begin{aligned} E\, M_{\tau \wedge s} 1_A &= \int_{A \cap \{\tau > s\}} M_{\tau \wedge s} dP + \int_{A \cap \{\tau \leq s\}} M_{\tau \wedge s} dP \\ &= \int_{A \cap \{\tau > s\}} E\,(M_{\tau \wedge t} | \mathcal{A}_{\tau \wedge s}) dP + \int_{A \cap \{\tau \leq s\}} M_{\tau \wedge t} dP \\ &= \int_{A \cap \{\tau > s\}} M_{\tau \wedge t} dP + \int_{A \cap \{\tau \leq s\}} M_{\tau \wedge t} dP \\ &= E\, M_{\tau \wedge t} 1_A. \end{aligned}$$

(c) Unter Beachtung von Aufgabenteil (b) ist nur noch zu zeigen, daß $M_{\tau \wedge t}$ für jedes $t > 0$ $\mathcal{A}_t$-meßbar ist.
Gemäß 6.2 ist $M_{\tau \wedge t}$ aber $\mathcal{A}_{\tau \wedge t}$-meßbar und somit auch $\mathcal{A}_t$-meßbar.

6.2

Sei $(\mathcal{A}_t)_{t \in [0,\infty)}$ die zugrundeliegende Filtration. Gemäß 6.2 ist τ eine Stopzeit. Sei $t \in [0, \infty)$. Gemäß 6.5 gilt für alle $n \in \mathbb{N}$

$$E\,(M_{(\tau \wedge n)+t} | \mathcal{A}_{\tau \wedge n}) = M_{\tau \wedge n}.$$

Aus Aufgabe 6.1 (a) folgt, daß $\{\tau \leq n\}$ $\mathcal{A}_{\tau \wedge n}$-meßbar ist. Da aufgrund der Pfadstetigkeit $M_\tau = 0$ auf $\{\tau < \infty\}$ gilt, ergibt sich unter Beachtung von 6.5

$$\int_{\{\tau \leq n\}} M_{(\tau \wedge n)+t} dP = \int_{\{\tau \leq n\}} M_{\tau \wedge n} dP = \int_{\{\tau \leq n\}} M_\tau dP = 0$$

und somit

$$P\,(\tau \leq n, M_{(\tau \wedge n)+t} > 0) = 0,$$

also auch

$$P(M_t' > 0) = \lim_{n \to \infty} P\left(\tau \leq n, M_{(\tau \wedge n)+t} > 0\right) = 0.$$

Da t beliebig gewählt war, ergibt sich unter Beachtung der Stetigkeit von $\underset{\sim}{M}$ nun die Behauptung.

6.3

Gemäß 6.2 ist τ eine Stopzeit.

(a) Für alle $n \in \mathbb{N}$ mit $n > t$ sei $\tau_n = \tau \wedge n$. Unter Beachtung von 6.5 gilt

$$
\begin{aligned}
1_{\{M_t < b\}} M_t &= 1_{\{M_t < b\}} E(M_{\tau_n} | \mathcal{F}_t) \\
&= E(1_{\{M_t < b\}} M_{\tau_n} | \mathcal{F}_t) \\
&= E(1_{\{M_t < b\}} 1_{\{\tau \leq n\}} b | \mathcal{F}_t) + E(1_{\{M_t < b\}} 1_{\{\tau > n\}} M_n | \mathcal{F}_t),
\end{aligned}
$$

es folgt

$$1_{\{M_t < b\}} P(\tau \leq n | \mathcal{F}_t) = 1_{\{M_t < b\}} \frac{M_t}{b} - \frac{E(1_{\{\tau > n\}} 1_{\{M_t < b\}} M_n | \mathcal{F}_t)}{b}.$$

Mit dem Satz von der monotonen Konvergenz für bedingte Erwartungswerte ergibt sich

$$
\begin{aligned}
\lim_{n \to \infty} 1_{\{M_t < b\}} P(\tau \leq n | \mathcal{F}_t) &= 1_{\{M_t < b\}} P(\tau < \infty | \mathcal{F}_t) \\
&= 1_{\{M_t < b\}} P(\sup_{s > t} M_s \geq b | \mathcal{F}_t).
\end{aligned}
$$

Andererseits liefert der Satz von der dominierten Konvergenz für bedingte Erwartungswerte unter Benutzung von $0 \leq 1_{\{\tau > n\}} 1_{\{M_t < b\}} M_n < b$

$$\lim_{n \to \infty} E(1_{\{\tau > n\}} 1_{\{M_t < b\}} M_n | \mathcal{F}_t) = 0.$$

Nun folgt

$$1_{\{M_t < b\}} P(\sup_{s > t} M_s \geq b | \mathcal{F}_t) = 1_{\{M_t < b\}} \frac{M_t}{b}.$$

(b) Es gilt unter Beachtung von Aufgabenteil (a) und der Stetigkeit von $\underset{\sim}{M}$

$$
\begin{aligned}
P(\sup_{s > t} M_s \geq b) &= P(M_t \geq b) + E(1_{\{M_t < b\}} P(\sup_{s > t} M_s \geq b \,|\, \mathcal{F}_t)) \\
&= P(M_t \geq b) + \frac{1}{b} E(M_t 1_{\{M_t < b\}}).
\end{aligned}
$$

6.4

Wir setzen zunächst voraus, daß $(Z_i)_{i \in I}$ gleichgradig integrierbar ist. Dann ist

$$M = \sup_{i \in I} E\,|Z_i| < \infty.$$

Für jedes $i \in I$ und $k > 0$ gilt

$$M \geq E\,|Z_i| \geq \int\limits_{\{|Z_i| \geq k\}} |Z_i|\,dP \geq k P\,(|Z_i| \geq k)$$

und somit

$$P\,(|Z_i| \geq k) \leq \frac{M}{k}.$$

Sei $\varepsilon > 0$. Aufgrund der gleichgradigen Integrierbarkeit können wir ein $\delta > 0$ so wählen, daß für alle $A \in \mathcal{A}$ mit $P\,(A) \leq \delta$ und alle $i \in I$ gilt

$$\int\limits_{A} |Z_i|\,dP \leq \varepsilon.$$

Sei $k_0 = \frac{M}{\delta}$. Es folgt für alle $k \geq k_0$ und alle $i \in I$

$$\int\limits_{\{|Z_i| \geq k\}} |Z_i|\,dP \leq \varepsilon.$$

Somit ergibt sich das gewünschte Resultat

$$\lim_{k \to \infty} \sup_{i \in I} \int\limits_{\{|Z_i| \geq k\}} Z_i\,dP = 0.$$

Wir setzen nun umgekehrt voraus, daß dieses gilt.
Für meßbares A sowie $k > 0$ und $i \in I$ gilt

$$\int\limits_{A} |Z_i|\,dP = \int\limits_{A \cap \{|Z_i| < k\}} |Z_i|\,dP + \int\limits_{A \cap \{|Z_i| \geq k\}} |Z_i|\,dP$$

$$\leq\ k P\,(A) + \int\limits_{\{|Z_i| \geq k\}} |Z_i|\,dP.$$

Hieraus folgt schon

$$\sup_{i \in I} E\,|Z_i| < \infty.$$

Sei nun $\varepsilon > 0$. Wähle k^* so groß, daß gilt

$$\sup_{i \in I} \int\limits_{\{|Z_i| \geq k^*\}} |Z_i|\, dP \leq \frac{\varepsilon}{2}.$$

Setze $\delta = \frac{\varepsilon}{2k^*}$. Dann gilt für alle $A \in \mathcal{A}$ mit $P(A) \leq \delta$ und alle $i \in I$

$$\int\limits_{A} |Z_i|\, dP \leq k^* \frac{\varepsilon}{2k^*} + \frac{\varepsilon}{2} = \varepsilon,$$

somit ist die gleichgradige Integrierbarkeit von $(Z_i)_{i \in I}$ nachgewiesen.

6.5

Sei $M = \sup_{i \in I} E\, f(|Z_i|)$. Wir zeigen, daß die in Aufgabe 6.4 angegebene Charakterisierung der gleichgradigen Integrierbarkeit erfüllt ist.
Sei $\varepsilon > 0$. Wegen $\lim_{x \to \infty} \frac{f(x)}{x} = \infty$ finden wir ein $x_0 > 0$ mit

$$f(x) \geq \frac{xM}{\varepsilon} \quad \text{für alle } x \geq x_0.$$

Nun gilt für alle $k \geq x_0$ auch

$$\sup_{i \in I} \int\limits_{\{|Z_i| \geq k\}} |Z_i|\, dP \;\leq\; \sup_{i \in I} \int\limits_{\{|Z_i| \geq k\}} \frac{\varepsilon}{M} f(|Z_i|)\, dP$$

$$\leq \;\frac{\varepsilon}{M} \sup_{i \in I} E\, f(|Z_i|) \;=\; \varepsilon,$$

es folgt die Behauptung.

6.6

Wir zeigen zunächst, daß $|Z|$ integrierbar ist. Es gilt

$$\sup_{n \in \mathbb{N}} \int\limits_{\{|Z_n - Z| \leq 1\}} |Z|\, dP \;\leq\; 1 + \sup_{n \in \mathbb{N}} \int |Z_n|\, dP = M < \infty.$$

Wegen $P(|Z_n - Z| \leq 1) \to 1$ folgt hieraus für jedes $k > 0$

$$\int \min\{|Z|, k\}\, dP \;\leq\; M$$

und somit auch

$$\int |Z|\, dP \;\leq\; M.$$

Wir zeigen nun die Behauptung. Da für alle $n \in \mathbb{N}$ gilt $|Z_n - Z| \leq |Z_n| + |Z|$, ist auch $(Z_n - Z)_{n \in \mathbb{N}}$ gleichgradig integrierbar. Für alle $\delta, k > 0$ und alle $n \in \mathbb{N}$ gilt

$$
\begin{aligned}
E|Z_n - Z| &= \int\limits_{\{|Z_n - Z| \leq \delta\}} |Z_n - Z| dP + \int\limits_{\{|Z_n - Z| \in (\delta, k)\}} |Z_n - Z| dP \\
&\quad + \int\limits_{\{|Z_n - Z| \geq k\}} |Z_n - Z| dP \\
&\leq \delta + kP(|Z_n - Z| \geq \delta) + \int\limits_{\{|Z_n - Z| \geq k\}} |Z_n - Z| dP.
\end{aligned}
$$

Sei $\varepsilon > 0$. Gemäß Aufgabe 6.4 gibt es ein $k > 0$ mit

$$
\sup_{n \in \mathbb{N}} \int\limits_{\{|Z_n - Z| \geq k\}} |Z_n - Z| dP \leq \frac{\varepsilon}{3}.
$$

Setze des weiteren $\delta = \frac{\varepsilon}{3}$. Da $Z_n \to Z$ in Wahrscheinlichkeit vorliegt, gibt es ein $N \in \mathbb{N}$ mit $kP(|Z_n - Z| \geq \delta) \leq \frac{\varepsilon}{3}$ für alle $n \geq N$.
Sei N so gewählt. Aus der obigen Rechnung folgt nun für alle $n \geq N$

$$
E|Z_n - Z| < \frac{\varepsilon}{3} + \frac{\varepsilon}{3} + \frac{\varepsilon}{3} = \varepsilon,
$$

womit die Behauptung nachgewiesen ist.

Lösungen zu Kapitel 7

7.1

(a) Sei $s \geq 0$. Wir setzen $\hat{W}_t = W_{s+t} - W_s$ für alle $t \in [0, \infty)$ und betrachten die Filtration $(\hat{\mathcal{F}}_t)_{t \in [0,\infty)} = (\mathcal{A}_{s+t})_{t \in [0,\infty)}$. Offensichtlich ist $\hat{\underset{\sim}{W}}$ adaptiert zu $\hat{\mathcal{F}}$, des weiteren gilt

   (i) $\hat{W}_0 = W_s - W_s = 0$.

   (ii) $\hat{W}_t - \hat{W}_r = W_{s+t} - W_{s+r}$ ist $N(0, t-r)$-verteilt für alle $0 \leq r < t$.

   (iii) $\hat{W}_t - \hat{W}_r = W_{s+t} - W_{s+r}$ ist stochastisch unabhängig von $\hat{\mathcal{F}}_r = \mathcal{A}_{s+r}$ für alle $0 \leq r < t$.

   (iv) Für jedes $\omega \in \Omega$ ist die Abbildung

$$
t \mapsto \hat{W}_t(\omega) = W_{s+t}(\omega) - W_s(\omega)
$$

   offensichtlich stetig.

(b) Wir setzen $\hat{W}_t = -W_t$ für alle $t \in [0,\infty)$ und betrachten die Filtration $\mathcal{F} = \mathcal{A}$. Offensichtlich ist $\underset{\sim}{\hat{W}}$ adaptiert zu $\mathcal{F}$, des weiteren gilt

(i) $\hat{W}_0 = -W_0 = 0$.

(ii) $\hat{W}_t - \hat{W}_s = -(W_t - W_s)$ ist $N(0, t - s)$-verteilt für alle $0 \leq s < t$.

(iii) $\hat{W}_t - \hat{W}_s = -(W_t - W_s)$ ist stochastisch unabhängig von $\mathcal{F}_s = \mathcal{A}_s$ für alle $0 \leq s < t$.

(iv) Für jedes $\omega \in \Omega$ ist die Abbildung

$$t \mapsto \hat{W}_t(\omega) = -W_t(\omega)$$

offensichtlich stetig.

(c) Sei $c > 0$. Wir setzen $\hat{W}_t = \sqrt{c}\, W_{\frac{t}{c}}$ für alle $t \in [0,\infty)$ und betrachten die Filtration $(\mathcal{F}_t)_{t \in [0,\infty)} = (\mathcal{A}_{\frac{t}{c}})_{t \in [0,\infty)}$. Offensichtlich ist $\underset{\sim}{\hat{W}}$ adaptiert zu $\mathcal{F}$, des weiteren gilt

(i) $\hat{W}_0 = \sqrt{c}\, W_0 = 0$.

(ii) $\hat{W}_t - \hat{W}_s = \sqrt{c}\, (W_{\frac{t}{c}} - W_{\frac{s}{c}})$ ist $N(0, c\,(\frac{t}{c} - \frac{s}{c})) = N(0, t - s)$-verteilt für alle $0 \leq s < t$.

(iii) $\hat{W}_t - \hat{W}_s = \sqrt{c}\, (W_{\frac{t}{c}} - W_{\frac{s}{c}})$ ist stochastisch unabhängig von $\mathcal{F}_s = \mathcal{A}_{\frac{s}{c}}$ für alle $0 \leq s < t$.

(iv) Für jedes $\omega \in \Omega$ ist die Abbildung

$$t \mapsto \hat{W}_t(\omega) = \sqrt{c}\, W_{\frac{t}{c}}(\omega)$$

offensichtlich stetig.

7.2

(a) Es gilt für jedes $n \in \mathbb{N}$

$$P\left(\{\omega : t \to W_t(\omega) \text{ monoton auf } [0,1]\}\right)$$
$$\leq P\left(\bigcap_{i=1}^{n}\{W_{\frac{i+1}{n}} - W_{\frac{i}{n}} \geq 0\}\right) + P\left(\bigcap_{i=1}^{n}\{W_{\frac{i+1}{n}} - W_{\frac{i}{n}} \leq 0\}\right)$$
$$= \left(\frac{1}{2}\right)^n + \left(\frac{1}{2}\right)^n = \left(\frac{1}{2}\right)^{n-1}.$$

Da dieser Ausdruck für $n \to \infty$ gegen 0 konvergiert, folgt die Behauptung.

(b) Analog zu Aufgabenteil (a) ergibt sich, daß für alle $0 \leq p < q$ gilt

$$P(\{\omega : t \rightarrow W_t(\omega) \text{ monoton auf } [p,q]\}) = 0.$$

Unter Beachtung der Dichtheit von $\mathbb{Q}$ in $\mathbb{R}$ und der Abzählbarkeit von $\mathbb{Q} \times \mathbb{Q}$ folgt nun

$$P(\{\omega : \text{ Es gibt ein Intervall } I \text{ mit } t \rightarrow W_t(\omega) \text{ monoton auf } I\})$$
$$\leq \sum_{\substack{p,q \in \mathbb{Q} \\ 0 \leq p < q}} P(\{\omega : t \rightarrow W_t(\omega) \text{ monoton auf } [p,q]\})$$
$$= 0.$$

7.3

Für $m \in \mathbb{N}_0$ und $c, \delta \in (0, \infty)$ sei

$$A_{c,\delta,m} = \{\omega : \text{Ex. } s \in [m, m+1) \text{ mit } |W_t(\omega) - W_s(\omega)| \leq c|t-s| \text{ für alle } t \in I_{s,\delta}\},$$

wobei $I_{s,\delta} = [\max\{s - \delta, 0\}, s + \delta]$ gesetzt wurde. Es gilt dann offensichtlich

$$A = \bigcup_{m \in \mathbb{N}_0} \bigcup_{c,\delta \in (0,\infty)} A_{c,\delta,m} = \bigcup_{m \in \mathbb{N}_0} \bigcup_{c,\delta \in \mathbb{Q} \cap (0,\infty)} A_{c,\delta,m}.$$

Seien nun $m \in \mathbb{N}_0$ und $c, \delta \in \mathbb{Q} \cap (0, \infty)$. Wir setzen für $n \in \mathbb{N}, i \in \{1, \dots, n\}$

$$B_{c,\delta,m}(i,n) = \{\omega : |W_{m+\frac{i+j}{n}}(\omega) - W_{m+\frac{i+j-1}{n}}(\omega)| \leq \frac{8c}{n} \text{ für alle } j = 1, 2, 3\}.$$

und zeigen, daß für alle $n \in \mathbb{N}$ mit $n \geq \frac{4}{\delta}$ gilt

$$A_{c,\delta,m} \subseteq \bigcup_{i=1}^{n} B_{c,\delta,m}(i,n).$$

Sei $\omega \in A_{c,\delta,m}$ und ein zugehöriges $s \in [m, m+1)$ gewählt. Des weiteren sei $n \in \mathbb{N}$ mit $n \geq \frac{4}{\delta}$. Wir wählen $i \in \{1, \dots, n\}$ so, daß $s \in [m + \frac{i-1}{n}, m + \frac{i}{n})$ gilt. Dann ist

$$\max\{|s - \frac{i+j}{n}|, |s - \frac{i+j-1}{n}|\} \leq \frac{4}{n} \leq \delta$$

für $j = 1, 2, 3$, also

$$|W_{m+\frac{i+j}{n}}(\omega) - W_{m+\frac{i+j-1}{n}}(\omega)|$$
$$\leq |W_{m+\frac{i+j}{n}}(\omega) - W_s(\omega)| + |W_{m+\frac{i+j-1}{n}}(\omega) - W_s(\omega)|$$
$$\leq c\frac{4}{n} + c\frac{4}{n} = \frac{8c}{n}.$$

Damit ist die oben angegebene Mengeninklusion gezeigt. Des weiteren gilt unter Beachtung der Unabhängigkeit der Zuwächse des Wienerprozesses

$$P(B_{c,\delta,m}(i,n)) = P(|W_{\frac{1}{n}}| \leq \frac{8c}{n})^3 = P(|W_1| \leq \frac{8c}{\sqrt{n}})^3 \leq (\frac{16c}{\sqrt{n}})^3$$

und somit

$$P(\bigcup_{i=1}^{n} B_{c,\delta,m}(i,n)) \leq \frac{(16c)^3}{\sqrt{n}} \longrightarrow 0 \text{ für } n \to \infty,$$

also auch

$$P(\bigcap_{n\in\mathbb{N}, n\geq\frac{4}{\delta}} \bigcup_{i=1}^{n} B_{c,\delta,m}(i,n)) = 0.$$

Aus dem bisher Gezeigten folgt nun schließlich, daß

$$N = \bigcup_{m\in\mathbb{N}_0} \bigcup_{c,\delta\in\mathbb{Q}\cap(0,\infty)} \bigcap_{n\in\mathbb{N}, n\geq\frac{4}{\delta}} \bigcup_{i=1}^{n} B_{c,\delta,m}(i,n)$$

die gewünschte Eigenschaft besitzt.

Da in $s \in [0,\infty)$ differenzierbare Funktionen stets Lipschitz-stetig in s sind (wie man durch Division der Lipschitz-Bedingung durch $|t - s|$ sofort erkennt), ergibt sich als Folgerung:

P-fast-sicher sind die Pfade eines Wienerprozesses an keiner Stelle differenzierbar.

7.4

Für alle $n \in \mathbb{N}$ sei

$$A_n = \{|\sum_{j=1}^{n^3} (W_{\frac{jt}{n^3}} - W_{\frac{(j-1)t}{n^3}})^2 - t| > \frac{1}{\sqrt{n}}\}.$$

Unter Beachtung der Unabhängigkeit der Zuwächse des Wienerprozesses und der Berechnung $Var(W_1^2) = EW_1^4 - (EW_1^2)^2 = 3 - 1 = 2$ ergibt sich

$$E\sum_{j=1}^{n^3} \left(W_{\frac{jt}{n^3}} - W_{\frac{(j-1)t}{n^3}}\right)^2 = n^3\frac{t}{n^3} = t,$$

$$Var\left(\sum_{j=1}^{n^3}(W_{\frac{jt}{n^3}} - W_{\frac{(j-1)t}{n^3}})^2\right) = \sum_{j=1}^{n^3} Var((\sqrt{\frac{t}{n^3}}W_1)^2)$$

$$= n^3\frac{2t^2}{n^6} = \frac{2t^2}{n^3}.$$

Mit der Tschebyscheffschen Ungleichung folgt nun für alle $n \in \mathbb{N}$

$$P(A_n) \leq n\frac{2t^2}{n^3} = \frac{2t^2}{n^2}$$

und somit

$$\sum_{n=1}^{\infty} P(A_n) < \infty.$$

Sei nun

$$B = \{\lim_{n \to \infty} \sum_{j=1}^{n^3} (W_{\frac{jt}{n^3}} - W_{\frac{(j-1)t}{n^3}})^2 = t\}.$$

Offensichtlich gilt $B^c \subseteq \limsup A_n$. Unter Verwendung des Lemmas von Borel-Contelli ergibt sich nun

$$P(B^c) \leq P(\limsup A_n) = 0$$

und damit die Behauptung.

7.5

(a) Für alle $n \in \mathbb{N}$ gilt

$$\begin{aligned} P(\tau > n) &\leq P(W_j - W_{j-1} \leq a + b \text{ für alle } j = 1, \ldots, n) \\ &= (\Phi(a+b))^n \longrightarrow 0 \text{ für } n \to \infty \end{aligned}$$

und somit $P(\tau < \infty) = \lim_{n \to \infty} P(\tau \leq n) = 1$.

(b) Wegen

$$E|W_\tau| \leq \max\{a, b\} \quad \text{und} \quad \int_{\{\tau > n\}} |W_n|\, dP \leq \max\{a, b\}\, P(\tau > n) \longrightarrow 0$$

läßt sich das Optional-Sampling-Theorem anwenden, also gilt

$$0 = EW_\tau = -a\, P(W_\tau = -a) + b\,(1 - P(W_\tau = -a)).$$

Hieraus folgt

$$\begin{aligned} P(W_\tau = -a) &= \frac{b}{a+b}, \\ P(W_\tau = b) &= \frac{a}{a+b}. \end{aligned}$$

(c) Wir betrachten das Martingal $(W_t^2 - t)_{t \in [0,\infty)}$. Können wir das Optional-Sampling-Theorem anwenden, so gilt

$$E\tau = EW_\tau^2 = (-a)^2\, P(W_\tau = -a) + b^2\, P(W_\tau = b)$$

$$= a^2\, \frac{b}{a+b} + b^2\, \frac{a}{a+b} = ab.$$

Es verbleibt also zu zeigen, daß die Voraussetzungen des Optional-Sampling-Theorems erfüllt sind. Die Berechnung aus Aufgabenteil (a) liefert neben $P(\tau < \infty) = 1$ auch

$$E\tau \le \sum_{n=0}^{\infty} P(\tau > n) \le \sum_{n=0}^{\infty} (\Phi(a+b))^n = \frac{1}{1 - \Phi(a+b)} < \infty$$

und somit

$$E|W_\tau^2 - \tau| \le \max\{a^2, b^2\} + E\tau < \infty.$$

Schließlich gilt

$$\int\limits_{\{\tau > n\}} |W_n^2 - n|\, dP \;\le\; \int\limits_{\{\tau > n\}} W_n^2\, dP + n\, P(\tau > n)$$

$$\le\; (\max\{a, b\}^2 + n)\, P(\tau > n)$$

$$\longrightarrow\; 0 \text{ für } n \to \infty.$$

7.6

Sei $M_t = \sum_{i=1}^{n} (W_t^i)^2 - nt$ für alle $t \in [0, \infty)$. $\underset{\sim}{M}$ ist eine Summe von Martingalen bzgl. $\mathcal{A}$ und somit selbst ein Martingal bzgl. $\mathcal{A}$. Des weiteren gilt

$$\tau \le \inf\{t : W_t^1 \notin (-r, r)\},$$

also mit Aufgabe 7.5 $E\tau < \infty$. Die Anwendbarkeit des Optional-Sampling-Theorems ist damit wegen

$$E|M_\tau| \le E|W_\tau|^2 + nE\tau = r^2 + nE\tau < \infty$$

und

$$\int\limits_{\{\tau > m\}} |M_m|\, dP \le r^2\, P(\tau > m) + nm\, P(\tau > m) \longrightarrow 0 \text{ für } m \to \infty$$

gewährleistet. Also gilt $EM_\tau = 0$, und es folgt

$$En\tau = E \sum_{i=1}^{n} (W_\tau^i)^2 = r^2,$$

und somit

$$E\tau = \frac{r^2}{n}.$$

Seien nun $\underset{\sim}{W}^1, \ldots, \underset{\sim}{W}^n$ unabhängig und $\mathcal{G}_t = \sigma((W_s^1, \ldots, W_s^n)_{s \le t})$, $t \in [0, \infty)$. Wir zeigen, daß $\underset{\sim}{W}^l$ für gegebenes $l = 1, \ldots, n$ ein Wienerprozeß bzgl. der so definierten Filtration $\underset{\sim}{\mathcal{G}}$ ist. Offensichtlich genügt hierfür der Nachweis, daß $W_t^l - W_s^l$ für alle $0 \le s < t$ unabhängig von $\mathcal{G}_s$ ist.

Seien $A_1 \in \sigma((W_r^1)_{r \le s}), \ldots, A_n \in \sigma((W_r^n)_{r \le s})$ und $B \in \mathcal{B}$. Da $W^1, \ldots, W^n$ unabhängig sind, und da $W_t^l - W_s^l$ und $\sigma((W_r^l)_{r \le s})$ unabhängig sind, gilt

$$P(\{W_t^l - W_s^l \in B\} \cap A_1 \cap \ldots \cap A_n) = P(\{W_t^l - W_s^l \in B\} \cap A_l) \cdot \prod_{\substack{i=1, \\ i \ne l}}^{n} P(A_i)$$

$$= P(W_t^l - W_s^l \in B) \cdot \prod_{i=1}^{n} P(A_i).$$

Da $\sigma((W_r^1)_{r \le s}) \times \ldots \times \sigma((W_r^n)_{r \le s})$ ein $\cap$-stabiles Erzeugendensystem von $\mathcal{G}_s$ bildet, folgt mit dem üblichen Erweiterungsprozeß die Behauptung.

7.7

Sei $\underset{\sim}{\mathcal{G}}$ die kanonische Filtration des Wienerprozesses.

Offensichtlich sind $\{\tau = 0\}, \{\sigma = 0\} \in \mathcal{G}_0^+$. Gemäß dem Blumenthalschen 0-1-Gesetz genügt somit der Nachweis von $P(\tau = 0) > 0$, $P(\sigma = 0) > 0$.

Es gilt aber

$$P(\tau = 0) \ge P(\bigcap_{n \in \mathbb{N}} \bigcup_{k \ge n} \{W_{\frac{1}{k}} > 0\}) = \lim_{n \to \infty} P(\bigcup_{k \ge n} \{W_{\frac{1}{k}} > 0\}) \ge \frac{1}{2} > 0,$$

$$P(\sigma = 0) \ge P(\bigcap_{n \in \mathbb{N}} \bigcup_{k \ge n} \{|W_{\frac{1}{k}}| > \frac{c}{\sqrt{k}}\}) = \lim_{n \to \infty} P(\bigcup_{k \ge n} \{|\sqrt{k} W_{\frac{1}{k}}| > c\})$$

$$\ge 2(1 - \Phi(c)) > 0.$$

7.8

(a) Es gilt mit 7.10

$$P(\tau_a > t) = P(\sup_{s \ge t} W_s < a) = 1 - 2 P(W_t \ge a)$$

$$= 1 - 2 P(W_1 \ge \frac{a}{\sqrt{t}})$$

$$\longrightarrow 0 \text{ für } t \to \infty.$$

Damit folgt

$$P(\tau_a < \infty) = 1.$$

(b) Sei $\underset{\sim}{\mathcal{A}}$ die zugehörige Filtration zu $\underset{\sim}{W}$. Sei $a > 0$ und

$$\hat{W}_t^a = W_{t+\tau_a} - W_{\tau_a}$$

für alle $t \in [0, \infty)$.

Gemäß 7.12 ist $\hat{W}^a$ ein Wienerprozeß bzgl. $(\mathcal{F}_t)_{t \in [0,\infty)} = (\mathcal{A}_{t+\tau_a})_{t \in [0,\infty)}$, der unabhängig von $\tilde{\mathcal{A}}_{\tau_a}$ ist. Sei nun $b > 0$. Unter Beachtung der Stetigkeit der Pfade des Wienerprozesses gilt

$$\tau_{a+b} = \tau_a + \inf\{t : W_{t+\tau_a} - W_{\tau_a} = b\}$$

und somit

$$\tau_{a+b} - \tau_a = \inf\{t : \hat{W}_t^a = b\}.$$

Damit besitzen $\tau_{a+b} - \tau_a$ und τ_b dieselbe Verteilung, was die identische Verteilung der Zuwächse besagt. Ferner ist $\tau_{a+b} - \tau_a$ stochastisch unabhängig von $\mathcal{A}_{\tau_a}$ und damit für beliebige $0 \leq a_1 \leq \ldots \leq a_k \leq a$ auch stochastisch unabhängig von $\tau_{a_1}, \ldots, \tau_{a_k}$, was die Unabhängigkeit der Zuwächse ergibt.

7.9

Wegen $B_0 = B_1 = 1$ genügt es zu zeigen, daß $(B_t)_{t \in (0,1)}$ ein Gaußprozeß ist. Seien dazu $0 = t_0 < t_1 < \ldots < t_n < t_{n+1} = 1$. Wir definieren $n+1$ stochastisch unabhängige $N(0,1)$-verteilte Zufallsgrößen $Y_1, \ldots, Y_{n+1}$ durch

$$Y_j = \frac{W_{t_j} - W_{t_{j-1}}}{\sqrt{t_j - t_{j-1}}}$$

für alle $j = 1, \ldots, n+1$ und setzen $Y = [Y_1, \ldots, Y_{n+1}]^T$.
Für alle $i = 1, \ldots, n$ gilt

$$
\begin{aligned}
B_{t_i} &= W_{t_i} - t_i W_1 = (1 - t_i) W_{t_i} - t_i (W_1 - W_{t_i}) \\
&= \sum_{j=1}^{i} (1 - t_i)(W_{t_j} - W_{t_{j-1}}) + \sum_{j=i+1}^{n+1} (-t_i)(W_{t_j} - W_{t_{j-1}}) \\
&= \sum_{j=1}^{i} (1 - t_i)\sqrt{t_j - t_{j-1}}\, Y_j + \sum_{j=i+1}^{n+1} (-t_i \sqrt{t_j - t_{j-1}})Y_j.
\end{aligned}
$$

Ist A die Matrix, die durch die Einträge

$$a_{ij} = \begin{cases} (1 - t_i)\sqrt{t_j - t_{j-1}}, & \text{falls } j \leq i \\ -t_i \sqrt{t_j - t_{j-1}}, & \text{falls } j > i \end{cases}$$

für alle $i = 1, \ldots, n$, $j = 1, \ldots, n+1$ definiert wird, so gilt

$$[B_{t_1}, \ldots, B_{t_n}]^T = AY.$$

Dies zeigt, daß $(B_t)_{t \in [0,1]}$ ein Gaußprozeß ist. Wir berechnen nun die Mittelwertfunktion m und die Kovarianzfunktion K. Es gilt für alle $s, t \in [0,1]$

$$
\begin{aligned}
m(t) &= E\,B_t = E(W_t - t\,W_1) = E\,W_t - t\,E\,W_1 = 0,\\
K(s,t) &= E(W_s - s\,W_1)\,(W_t - t\,W_1)\\
&= E\,W_s\,W_t - s\,E\,W_1\,W_t - t\,E\,W_1\,W_s + s\,t\,E\,W_1^2\\
&= \min\{s,t\} - s\,t.
\end{aligned}
$$

Die Bezeichnung „Brücke" läßt sich dadurch motivieren, daß der Startwert des Prozesses $B_0 = 0$ und der Endwert $B_1 = 0$ fest vorgegeben sind und die Pfade jeweils „Brücken" zwischen diesen beiden Punkten bilden.

Lösungen zu Kapitel 8

8.1

Sei τ eine Stopzeit mit $Q(\tau < \infty) = 1$. Für alle $n \in \mathbb{N}$ sei $\tau_n = \tau \wedge n$. Dann gilt gemäß Optional-Sampling-Theorem

$$
\begin{aligned}
1 &= E(e^{\theta W_{\tau_n} - \frac{1}{2}\theta^2 \tau_n})\\
&= E(e^{\theta W_n - \frac{1}{2}\theta^2 n} 1_{\{\tau > n\}}) + E(e^{\theta W_\tau - \frac{1}{2}\theta^2 \tau} 1_{\{\tau \le n\}})\\
&= Q(\tau > n) + E(e^{\theta W_\tau - \frac{1}{2}\theta^2 \tau} 1_{\{\tau \le n\}}).
\end{aligned}
$$

Wegen $Q(\tau < \infty) = 1$ konvergiert der erste Summand für $n \to \infty$ gegen 0. Anwendung des Satzes von der monotonen Kovergenz liefert außerdem

$$\lim_{n \to \infty} E(e^{\theta W_\tau - \frac{1}{2}\theta^2 \tau} 1_{\{\tau \le n\}}) = E(e^{\theta W_\tau - \frac{1}{2}\theta^2 \tau} 1_{\{\tau < \infty\}}).$$

8.2

Sei $(\overline{W}_t)_{t \in [0,T]}$ Wienerprozeß bzgl. des äquivalenten Martingalmaßes Q und seien h_1, h_2 wie in 8.8 definiert.

(a) Der faire Preis der Cash-or-Nothing-Option ist gegeben durch

$$
\begin{aligned}
E_Q(e^{-\rho T} c 1_{\{A_T > K\}}) &= c e^{-\rho T} Q(A_T > K)\\
&= c e^{-\rho T} Q(A_0 e^{\rho T} e^{\sigma \overline{W}_T - \frac{1}{2}\sigma^2 T} > K)\\
&= c e^{-\rho T} Q\left(\frac{1}{\sqrt{T}} \overline{W}_T > \frac{\log \frac{K}{A_0} - (\rho - \frac{1}{2}\sigma^2)T}{\sigma \sqrt{T}}\right)\\
&= c e^{-\rho T} \Phi(h_2(A_0, T, K)).
\end{aligned}
$$

(b) Es gilt

$$(A_T - c)1_{\{A_T > K\}} = (A_T - K)^+ + (K - c)1_{\{A_T > K\}}.$$

Der faire Preis der Gap-Option ist somit gegeben durch

$$A_0\Phi(h_1(A_0, T, K)) - Ke^{-\rho T}\Phi(h_2(A_0, T, K))$$
$$+ (K - c)e^{-\rho T}\Phi(h_2(A_0, T, K))$$
$$= A_0\Phi(h_1(A_0, T, K)) - ce^{-\rho T}\Phi(h_2(A_0, T, K)).$$

8.3

Sei $(\overline{W}_t)_{t \in [0,T]}$ Wienerprozeß bzgl. des äquivalenten Martingalmaßes Q und seien h_1, h_2 wie in 8.8 definiert. Der faire Preis eines Lookback-Calls ist gegeben durch

$$
\begin{aligned}
E_Q(e^{-\rho T}(A_T - \inf_{0 \leq t \leq T} A_t)) &= A_0 - e^{-\rho T} E_Q(\inf_{0 \leq t \leq T} A_0 e^{\rho t} e^{\sigma \overline{W}_t - \frac{1}{2}\sigma^2 t}) \\
&= A_0(1 - e^{-\rho T} E_Q(\inf_{0 \leq t \leq T} e^{-\sigma X_t})) \\
&= A_0(1 - e^{-\rho T} E_Q(e^{-\sigma M_T})),
\end{aligned}
$$

wobei $(X_t)_{t \in [0,T]}$ bzgl. Q ein Wienerprozeß mit Volatilität 1 und Drift

$$a = \frac{\sigma}{2} - \frac{\rho}{\sigma}$$

ist und $M_T = \sup\limits_{0 \leq t \leq T} X_t$ gesetzt wurde.

Die Verteilungsfunktion von M_T läßt sich aus 8.11 ablesen, durch Ableiten ergibt sich hieraus die zugehörige (Lebesgue-)Dichte f als

$$
\begin{aligned}
f(x) &= \frac{1}{\sqrt{T}}\varphi(\frac{x - aT}{\sqrt{T}}) + \frac{1}{\sqrt{T}}e^{2ax}\varphi(\frac{-x - aT}{\sqrt{T}}) \\
&\quad - 2ae^{2ax}\Phi\big(\frac{-x - aT}{\sqrt{T}}\big) \text{ für alle } x \geq 0
\end{aligned}
$$

und $f(x) = 0$ für $x < 0$.

Es folgt

$$E_Q(e^{-\sigma M_T}) = \int_0^\infty e^{-\sigma x} f(x)\, dx$$

$$= \int_{-\infty}^0 \frac{1}{\sigma} e^x f(-\frac{x}{\sigma})\, dx$$

$$= \int_{-\infty}^0 \frac{1}{\sigma\sqrt{T}} e^x \varphi(-\frac{x}{\sigma\sqrt{T}} - a\sqrt{T})\, dx$$

$$+ \int_{-\infty}^0 \frac{1}{\sigma\sqrt{T}} e^{(1-\frac{2a}{\sigma})x} \varphi(\frac{x}{\sigma\sqrt{T}} - a\sqrt{T})\, dx$$

$$+ \int_{-\infty}^0 \frac{-2a}{\sigma} e^{(1-\frac{2a}{\sigma})x} \Phi(\frac{x}{\sigma\sqrt{T}} - a\sqrt{T})\, dx.$$

Unter Benutzung von

$$-\frac{1}{2}(cx+d)^2 + bx = -\frac{1}{2}(-cx-d+\frac{b}{c})^2 - \frac{b}{c}d + \frac{b^2}{2c^2}$$

für beliebige $b, c, d \in \mathbb{R}$ sowie von

$$1 - \frac{a}{\sigma} = \frac{1}{2} + \frac{\rho}{\sigma^2}, \quad 1 - \frac{2a}{\sigma} = \frac{2\rho}{\sigma^2}$$

läßt sich das erste Integral berechnen als

$$\int_{-\infty}^0 \frac{1}{\sigma\sqrt{2\pi T}} e^{x - \frac{1}{2}(-\frac{x}{\sigma\sqrt{T}} - a\sqrt{T})^2}\, dx$$

$$= \int_{-\infty}^0 \frac{1}{\sigma\sqrt{2\pi T}} e^{\frac{1}{2}\sigma^2 T(1-\frac{2a}{\sigma})} e^{-\frac{1}{2}(\frac{x}{\sigma\sqrt{T}} - \sigma\sqrt{T}(1-\frac{a}{\sigma}))^2}\, dx$$

$$= e^{\frac{1}{2}\sigma^2 T(1-\frac{2a}{\sigma})} \int_{-\infty}^0 \frac{1}{\sigma\sqrt{T}} \varphi(\frac{x - \sigma^2 T(1-\frac{a}{\sigma})}{\sigma\sqrt{T}})\, dx$$

$$= e^{\frac{1}{2}\sigma^2 T(1-\frac{2a}{\sigma})} \Phi(-\sigma\sqrt{T}(1-\frac{a}{\sigma}))$$

$$= e^{\rho T} \Phi(-h_1(A_0, T, A_0)).$$

Durch Ausmultiplizieren der Terme in den jeweiligen Exponenten läßt sich erkennen, daß der Integrand im zweiten Integral mit jenem im ersten Integral übereinstimmt, somit ist auch das zweite Integral gleich dem oben erhaltenen Ausdruck.

Für das dritte Integral ergibt sich schließlich mit partieller Integration

$$
\frac{-\frac{2a}{\sigma}}{1 - \frac{2a}{\sigma}} e^{(1 - \frac{2a}{\sigma})x} \Phi\left(\frac{x}{\sigma\sqrt{T}} - a\sqrt{T}\right)\Big|_{-\infty}^{0}
$$

$$
- \int_{-\infty}^{0} \frac{-\frac{2a}{\sigma}}{\sigma\sqrt{T}(1 - \frac{2a}{\sigma})} e^{(1 - \frac{2a}{\sigma})x} \varphi\left(\frac{x}{\sigma\sqrt{T}} - a\sqrt{T}\right) dx
$$

$$
= \frac{1}{1 - \frac{\sigma}{2a}} \Phi(-a\sqrt{T})
$$

$$
- \int_{-\infty}^{0} \frac{1}{\sigma\sqrt{T}(1 - \frac{\sigma}{2a})} e^{\frac{1}{2}\sigma^2 T(1 - \frac{2a}{\sigma})} \varphi\left(\frac{x - \sigma^2 T(1 - \frac{a}{\sigma})}{\sigma\sqrt{T}}\right) dx
$$

$$
= \frac{1}{1 - \frac{\sigma}{2a}} \Phi(-a\sqrt{T}) - \frac{1}{1 - \frac{\sigma}{2a}} e^{\frac{1}{2}\sigma^2 T(1 - \frac{2a}{\sigma})} \Phi\left(-\sigma\sqrt{T}(1 - \frac{a}{\sigma})\right)
$$

$$
= (1 - \frac{\sigma^2}{2\rho})(\Phi(h_2(A_0, T, A_0)) - e^{\rho T}\Phi(-h_1(A_0, T, A_0))).
$$

Einsetzen der erhaltenen Ergebnisse liefert den fairen Preis des Lookback-Calls als

$$
A_0\Big[1 - e^{-\rho T}\Big[2e^{\rho T}\Phi(-h_1(A_0, T, A_0))
$$

$$
+ (1 - \frac{\sigma^2}{2\rho})\big(\Phi(h_2(A_0, T, A_0)) - e^{\rho T}\Phi(-h_1(A_0, T, A_0))\big)\Big]\Big]
$$

$$
= A_0\Big[1 - \Phi(-h_1(A_0, T, A_0)) - e^{-\rho T}\Phi(h_2(A_0, T, A_0))
$$

$$
+ \frac{\sigma^2}{2\rho}\big(e^{-\rho T}\Phi(h_2(A_0, T, A_0)) - \Phi(-h_1(A_0, T, A_0))\big)\Big].
$$

8.4

Wir geben im folgenden weitere Typen von Barriere-Call-Optionen und deren faire Preise an. Es sei angemerkt, daß auf diese Weise auch „Barriere-Versionen" von anderen Optionstypen wie etwa Put- oder Cash-or-Nothing-Optionen konstruiert und deren faire Preise berechnet werden können.

Im folgenden seien die Funktionen p, h_1, h_2 wie in 8.8 definiert, und wir setzen wie in 8.12

$$
a = \frac{\sigma}{2} - \frac{\rho}{\sigma}, \ \beta = \frac{1}{\sigma}\log(\frac{A_0}{B}), \ \gamma = (\frac{A_0}{B})^2.
$$

(a) Ein down-and-in europäischer Call mit Laufzeit T, Ausübungspreis K und Barriere B ist gegeben durch

$$C_{DI} = (A_T - K)^+ 1_{\{\inf\limits_{0 \le t \le T} A_t \le B\}}.$$

Bezeichnet C_{DO} einen down-and-out Call mit entsprechenden Parameterwerten, so gilt also $C_{DI} + C_{DO} = (A_T - K)^+$. Mit 8.7 und 8.12 ergibt sich nun aus No-Arbitrage-Gründen der faire Preis der Option im Fall $A_0 > B$, $K > B$ als

$$
\begin{aligned}
s(C_{DI}) &= p(A_0, T, K) - s(C_{DO}) \\
&= \frac{e^{2a\beta}}{\gamma} p(A_0, T, \gamma K).
\end{aligned}
$$

(b) Ein up-and-out europäischer Call mit Laufzeit T, Ausübungspreis K und Barriere B ist gegeben durch

$$C_{UO} = (A_T - K)^+ 1_{\{\sup\limits_{0 \le t \le T} A_t < B\}}.$$

Wir bestimmen nun den fairen Preis dieser Option im Fall $A_0 < B$, $K < B$. Sei dazu $(\overline{W}_t)_{t \in [0,T]}$ ein Wienerprozeß bzgl. Q.
Für jedes $x \in (0, B]$ gilt unter Verwendung von 8.11

$$
\begin{aligned}
&Q(A_T \le x, \ \sup\limits_{0 \le t \le T} A_t < B) \\
={}& Q(A_0 e^{\sigma \overline{W}_T + (\rho - \frac{\sigma^2}{2})T} \le x, \ \sup\limits_{0 \le t \le T} A_0 e^{\sigma \overline{W}_t + (\rho - \frac{\sigma^2}{2})t} < B) \\
={}& Q(\overline{W}_T - aT \le \frac{\log(\frac{x}{A_0})}{\sigma}, \ \sup\limits_{0 \le t \le T} (\overline{W}_t - at) < \frac{\log(\frac{B}{A_0})}{\sigma}) \\
={}& \Phi\Big(\frac{\frac{1}{\sigma} \log(\frac{x}{A_0}) + aT}{\sqrt{T}}\Big) - e^{-2a\beta} \Phi\Big(\frac{\frac{1}{\sigma} \log(\frac{xA_0}{B^2}) + aT}{\sqrt{T}}\Big) \\
={}& Q(A_T \le x) - e^{-2a\beta} Q(\frac{A_T}{\gamma} \le x).
\end{aligned}
$$

Wir definieren nun ein endliches Maß $\tilde{Q}$ durch

$$\tilde{Q}(C) = Q(C \cap \{\sup\limits_{0 \le t \le T} A_t < B\}).$$

Die obigen Berechnungen zeigen, daß auf $(0, B]$ gilt

$$\tilde{Q}^{A_T} = Q^{A_T} - e^{-2a\beta} Q^{\frac{A_T}{\gamma}}.$$

Mit der Festlegung

$$f(x) = e^{-\rho T}(x - K)^+$$

erhalten wir damit

$$E_Q e^{-\rho T}(A_T - K)^+ 1_{\{\sup\limits_{0 \le t \le T} A_t < B\}}$$

$$= \int\limits_{\{\sup\limits_{0 \le t \le T} A_t < B\}} 1_{\{A_T \le B\}} f(A_T)\, dQ$$

$$= \int 1_{(0,B]} f\, d\widetilde{Q}^{A_T}$$

$$= \int\limits_{\{A_T \le B\}} f(A_T)\, dQ - e^{-2a\beta} \int\limits_{\{\frac{A_T}{\gamma} \le B\}} f(\frac{A_T}{\gamma})\, dQ$$

$$= E_Q(e^{-\rho T}(A_T - K)^+) - E_Q(e^{-\rho T}(A_T - K)1_{\{A_T > B\}})$$

$$- \frac{e^{-2a\beta}}{\gamma} \big(E_Q(e^{-\rho T}(A_T - \gamma K)^+) - E_Q(e^{-\rho T}(A_T - \gamma K)1_{\{A_T > \gamma B\}})\big).$$

Die in diesem Ausdruck auftretenden Erwartungswerte sind gerade die fairen Preise von europäischen Call-Optionen bzw. Gap-Optionen.
Durch Einsetzen der aus 8.7 bzw. Aufgabe 8.2 (b) ablesbaren Formeln ergibt sich schließlich der faire Preis der up-and-out europäischen Call-Option als

$$\begin{aligned}
s(C_{UO}) &= A_0 \big[\Phi(h_1(A_0, T, K)) - \Phi(h_1(A_0, T, B)) \\
&\quad - \frac{e^{2a\beta}}{\gamma}\big(\Phi(h_1(A_0, T, \gamma K)) - \Phi(h_1(A_0, T, \gamma B)))\big] \\
&\quad - Ke^{-\rho T}\big[\Phi(h_2(A_0, T, K)) - \Phi(h_2(A_0, T, B)) \\
&\quad - e^{2a\beta}\big(\Phi(h_2(A_0, T, \gamma K)) - \Phi(h_2(A_0, T, \gamma B)))\big].
\end{aligned}$$

(c) Ein up-and-in europäischer Call mit Laufzeit T, Ausübungspreis K und Barriere B ist gegeben durch

$$C_{UI} = (A_T - K)^+ 1_{\{\sup\limits_{0 \le t \le T} A_t \ge B\}}.$$

Unter Benutzung von $C_{UO} + C_{UI} = (A_T - K)^+$ und von Aufgabenteil (b) erhalten wir analog zur Argumentation in Aufgabenteil (a) den fairen Preis dieser Option im Falle $A_0 < B$, $K < B$ als

$$
\begin{aligned}
s(C_{UI}) \;=\; & A_0\big[\Phi(h_1(A_0,T,B)) \\
& + \frac{e^{2a\beta}}{\gamma}\big(\Phi(h_1(A_0,T,\gamma K)) - \Phi(h_1(A_0,T,\gamma B))\big)\big] \\
& - Ke^{-\rho T}\big[\Phi(h_2(A_0,T,B)) \\
& + e^{2a\beta}\big(\Phi(h_2(A_0,T,\gamma K)) - \Phi(h_2(A_0,T,\gamma B))\big)\big].
\end{aligned}
$$

8.5

Wir approximieren das zugrundeliegende Black-Scholes-Modell durch ein Cox-Ross-Rubinstein-Modell, vgl. 8.3. Zur Berechnung eines Näherungswertes für den Preis einer amerikanischen Put-Option können wir somit z.B. den Algorithmus aus Aufgabe 4.3 verwenden. Dabei haben wir ein geeignet großes $n \in \mathbb{N}$ zu wählen, und die weiteren im Algorithmus auftretenden Parameter können in Abhängigkeit von den Parametern des zugrundegelegten Black-Scholes-Modells festgesetzt werden durch

$$
u \;=\; e^{\sigma\sqrt{\frac{T}{n}}}, \quad d = \frac{1}{u},
$$

$$
q \;=\; \frac{1}{2}\Big(1 + \big(\frac{\rho}{\sigma} - \frac{\sigma}{2}\big)\sqrt{\frac{T}{n}}\Big), \quad \alpha = \frac{1}{1 + \frac{\rho T}{n}}.
$$

8.6

(a) Für jedes $\alpha > 0$ gilt

$$
\begin{aligned}
& (M_\alpha(t))_{t\in[0,\infty)} \text{ Martingal} \\
\iff & E(M_\alpha(t)|\mathcal{F}_s) = M_\alpha(s) \text{ für alle } t > s \geq 0 \\
\iff & E(e^{-\rho(1+\alpha)(t-s)}e^{-\alpha\sigma(W_t - W_s) + \frac{1}{2}\alpha\sigma^2(t-s)}) = 1 \text{ für alle } t > s \geq 0 \\
\iff & E(e^{(-\rho(1+\alpha) + \frac{1}{2}\alpha\sigma^2 + \frac{1}{2}\alpha^2\sigma^2)r}e^{-\alpha\sigma W_r - \frac{1}{2}\alpha^2\sigma^2 r}) = 1 \text{ für alle } r \geq 0 \\
\iff & -\rho(1+\alpha) + \frac{1}{2}\alpha\sigma^2 + \frac{1}{2}\alpha^2\sigma^2 = 0 \\
\iff & \alpha = \frac{\rho}{\sigma^2} - \frac{1}{2} + \sqrt{\frac{2\rho}{\sigma^2} + \big(\frac{\rho}{\sigma^2} - \frac{1}{2}\big)^2}.
\end{aligned}
$$

(b) Es gilt $h(0) = 0$ und $h(x) = 0$ für $x \geq K$. Auf $(0,K)$ ist h differenzierbar mit

$$
h'(x) = x^{\alpha-1}(\alpha K - (1+\alpha)x)
$$

für alle $x \in (0,K)$. Die eindeutig bestimmte Nullstelle dieser Ableitung ist $m = K\frac{\alpha}{1+\alpha}$, Berechnung der zweiten Ableitung zeigt, daß m tatsächlich ein lokales Maximum und somit auch das globale Maximum von h ist.

(c) Aus den Berechnungen in Aufgabenteil (a) läßt sich leicht die Darstellung

$$M_\alpha(t) = e^{-\alpha\sigma W_t - \frac{1}{2}\alpha^2\sigma^2 t}$$

ablesen. Hieraus folgt mit dem Gesetz der großen Zahlen für den Wiener-prozeß sofort

$$\lim_{t\to\infty} M_\alpha(t) = 0 \ P\text{-f.s.}$$

Außerdem gilt offensichtlich

$$\lim_{t\to\infty} e^{-\rho t}(K - A_t)^+ = 0 \ P\text{-f.s.}$$

Sei $\tau \in \mathcal{S}$. Wir setzen aufgrund obiger Konvergenzaussagen

$$e^{-\rho\tau}(K - A_\tau)^+ = 0 \text{ auf } \{\tau = \infty\} \text{ und } M_\alpha(\tau) = 0 \text{ auf } \{\tau = \infty\}.$$

Nun ist

$$\begin{aligned}
E(e^{-\rho\tau}(K - A_\tau)^+) &= E(M_\alpha(\tau)h(A_\tau)1_{\{\tau<\infty\}}) \\
&\leq E(M_\alpha(\tau))(K - K\frac{\alpha}{1+\alpha})(K\frac{\alpha}{1+\alpha})^\alpha.
\end{aligned}$$

Dabei gilt mit dem Lemma von Fatou

$$E(M_\alpha(\tau)) = E(\lim_{n\to\infty} M_\alpha(\tau \wedge n)) \leq \liminf_{n\to\infty} E(M_\alpha(\tau \wedge n)) = 1,$$

womit die Behauptung gezeigt ist.

(d) Man beachte zunächst, daß für alle $n \in \mathbb{N}$ gilt

$$M_\alpha(\tau^* \wedge n) \leq (K\frac{\alpha}{1+\alpha})^{-\alpha}.$$

Unter Anwendung des Satzes von Lebesgue ergibt sich nun

$$E(M_\alpha(\tau^*)) = \lim_{n\to\infty} E(M_\alpha(\tau^* \wedge n)) = 1,$$

und es folgt sofort, daß in den Berechnungen von Aufgabenteil (c) überall die Gleichheit gilt.

Lösungen zu Kapitel 9

9.1

Offensichtlich genügt es, $\mathcal{R} \subseteq \mathcal{O}$ zu zeigen. Sei $R \in \mathcal{R}$. Wir betrachten zunächst den Fall, daß $R = \{0\} \times F_0$ mit $F_0 \in \mathcal{F}_0$ ist. Wir definieren eine Stopzeit τ durch

$$\tau(\omega) = \begin{cases} 0, & \text{falls } \omega \in F_0, \\ \infty, & \text{falls } \omega \notin F_0. \end{cases}$$

Für jedes $n \in \mathbb{N}$ ist $[\tau, \frac{1}{n}) = [\tau, \infty) \setminus [\frac{1}{n}, \infty) \in \mathcal{O}$, und es gilt

$$\bigcap_{n \in \mathbb{N}} [\tau, \frac{1}{n}) = \{(r, \omega) : \omega \in F_0, r \in [0, \frac{1}{n}) \text{ für alle } n \in \mathbb{N}\} = \{0\} \times F_0 = R.$$

Wir betrachten nun den Fall, daß $R = (s, t] \times F_s$ mit $0 \le s < t$ und $F_s \in \mathcal{F}_s$ ist. Wir definieren Stopzeiten $(\tau_n)_{n \in \mathbb{N}}$ durch

$$\tau_n(\omega) = \begin{cases} s + \frac{1}{n}, & \text{falls } \omega \in F_s, \\ \infty, & \text{falls } \omega \notin F_s. \end{cases}$$

Für alle $k, n \in \mathbb{N}$ ist $[\tau_n, t + \frac{1}{k}) = [\tau_n, \infty) \setminus [t + \frac{1}{k}, \infty) \in \mathcal{O}$, und es gilt

$$\begin{aligned} \bigcup_{n \in \mathbb{N}} \bigcap_{k \in \mathbb{N}} [\tau_n, t + \frac{1}{k}) &= \bigcup_{n \in \mathbb{N}} \bigcap_{k \in \mathbb{N}} \{(r, \omega) : \omega \in F_s, r \in [s + \frac{1}{n}, t + \frac{1}{k})\} \\ &= (s, t] \times F_s = R. \end{aligned}$$

9.2

Offensichtlich sind die in der Lösung zu Aufgabe 9.1 definierten Stopzeiten τ und τ_n previsibel, somit gilt

$$\mathcal{P} \subseteq \sigma(\{[\tau, \infty) : \tau \text{ previsible Stopzeit}\}).$$

Es verbleibt $[\tau, \infty) \in \mathcal{P}$ für jede previsible Stopzeit τ zu zeigen. Es sei dazu $(\tau_n)_{n \in \mathbb{N}}$ eine monoton wachsende Folge von Stopzeiten mit

$$\lim_{n \to \infty} \tau_n = \tau \text{ und } \tau_n|_{\{\tau > 0\}} < \tau|_{\{\tau > 0\}}.$$

Gemäß 9.3 ist $(\tau_n, \infty) = [0, \tau_n]^c \in \mathcal{P}$. Es folgt

$$\begin{aligned} [\tau, \infty) &= \{(r, \omega) : \tau(\omega) \le r\} \\ &= \{(0, \omega) : \tau(\omega) = 0\} \cup \{(r, \omega) : \tau_n(\omega) < r \text{ für alle } n \in \mathbb{N}\} \\ &= \{0\} \times \{\tau = 0\} \cup \bigcap_{n \in \mathbb{N}} (\tau_n, \infty) \in \mathcal{P}. \end{aligned}$$

9.3

Es ist $\mu_W = \lambda \otimes P$, siehe 9.5. Mit dem Satz von Fubini folgt für jede Stopzeit τ

$$
\begin{aligned}
\mu_W([0,\tau]) &= \int \lambda(\{t : 0 \le t \le \tau(\omega)\})\, P(d\omega) \\
&= \int \tau(\omega)\, P(d\omega) \\
&= E\tau.
\end{aligned}
$$

Unter Beachtung von Aufgabe 7.5 (c) folgt nun für $a < 0 < b$

$$
\mu_W([0,\tau_a \wedge \tau_b]) = E\,(\tau_a \wedge \tau_b) = -ab.
$$

Zur Berechnung von $\mu_W([0,\tau_a])$ für $a \neq 0$ können wir ohne Einschränkung $a < 0$ annehmen, da auch $(-W_t)_{t\in[0,\infty)}$ ein Wienerprozeß ist. Es gilt für alle $b > 0$

$$
[0,\tau_a] \supseteq [0,\tau_a \wedge \tau_b],
$$

also

$$
\mu_W([0,\tau_a]) \ge \sup_{b>0} \mu_W([0,\tau_a \wedge \tau_b]) = \sup_{b>0}(-ab) = \infty.
$$

9.4

(a) Unter Verwendung des Exponentialmartingals $(e^{2W_t - \frac{1}{2}4t})_{t\in[0,\infty)}$ ergibt sich

$$
\begin{aligned}
E(M_t^2|\mathcal{F}_t) &= E(e^{2W_t - t}|\mathcal{F}_t) \\
&= e^t\, E(e^{2W_t - 2t}|\mathcal{F}_t) \\
&= e^t e^{2W_s - 2s} \\
&= e^{t-s}\, M_s^2.
\end{aligned}
$$

(b) Gemäß 7.2 ist $\sigma((W_u - W_s)_{u \ge s})$ für jedes $s > 0$ stochastisch unabhängig von $\mathcal{F}_s$. Die Zufallsgröße

$$
\int\limits_{(s,t]} \frac{M_u^2}{M_s^2}\, du = \int\limits_{(s,t]} e^{2(W_u - W_s) - (u-s)}\, du
$$

ist als Riemann-Integral punktweiser Limes von Summen der Form

$$
\sum_{i=1}^{n} e^{2(W_{t_i} - W_s) - (t_i - s)}(t_i - t_{i-1}),
$$

$s = t_0 < t_1 < \ldots < t_n = t$, also auch meßbar bzgl. $\sigma((W_u - W_s)_{u \ge s})$ und damit stochastisch unabhängig von $\mathcal{F}_s$.

(c) Mit dem Satz von Fubini und Aufgabenteil (a) gilt

$$E \left(\int_{(s,t]} \frac{M_u^2}{M_s^2} \, du \right) = \int_{(s,t]} E \left(\frac{M_u^2}{M_s^2} \right) du = \int_{(s,t]} e^{u-s} \, du = e^{t-s} - 1.$$

9.5

(a) Sei $R = (r,t] \times F_r$ für gewisse $r < t, F_r \in \mathcal{F}_r$. Dann gilt mit Aufgabe 9.4

$$\begin{aligned}
\mu_M(R) &= E \left(1_{F_r} (M_t^2 - M_r^2) \right) = E \left(1_{F_r} (E \left(M_t^2 | \mathcal{F}_r \right) - M_r^2) \right) \\
&= E \left(1_{F_r} M_r^2 (e^{t-r} - 1) \right) = E \left(1_{F_r} M_r^2 \int_{(r,t]} \frac{M_s^2}{M_r^2} \, ds \right) \\
&= E \left(\int_{(r,t]} 1_{F_r} M_s^2 \, ds \right) = E \left(\int_{[0,\infty)} 1_{(r,t] \times F_r} M_s^2 \, ds \right) \\
&= E \left(\int_{[0,\infty)} 1_R M_s^2 \, ds \right).
\end{aligned}$$

Da die previsiblen Rechtecke ein $\cap$-stabiles Erzeugendensystem der previsiblen σ-Algebra bilden, folgt mit dem üblichen Erweiterungsschluß die Behauptung.

(b) Es gilt für alle $r, t > 0$ mit $r \le t$ unter Benutzung von Aufgabe 9.4

$$\begin{aligned}
E \left(M_t^2 - \int_{[0,t]} M_s^2 \, ds \Big| \mathcal{F}_r \right) &= e^{t-r} M_r^2 - \int_{[0,r]} M_s^2 \, ds - M_r^2 E \left(\int_{(r,t]} \frac{M_s^2}{M_r^2} \, ds \right) \\
&= e^{t-r} M_r^2 - \int_{[0,r]} M_s^2 \, ds - M_r^2 (e^{t-r} - 1) \\
&= M_r^2 - \int_{[0,r]} M_s^2 \, ds.
\end{aligned}$$

9.6

Man beachte zunächst, daß für festes $r \in [0, \infty)$ gilt

$$\int 1_{(r,t]} W_r \, dW = W_r (W_t - W_r).$$

Dies kann wie folgt eingesehen werden. Ist h eine Linearkombination von Indikatorfunktionen $\mathcal{F}_r$-meßbarer Mengen, so gilt

$$\int h 1_{(r,t]} \, dW = h \cdot (W_t - W_r)$$

gemäß der pfadweisen Definition des stochastischen Integrals, siehe 9.6. Sei nun $(h_n)_{n \in \mathbb{N}}$ eine Folge solcher Funktionen mit $h_n \to W_r$ in L^2. Dann gilt

$$\int 1_{(r,t]} (h_n - W_r)^2 \, d\mu_W = E(h_n - W_r)^2 (t - r) \longrightarrow 0 \text{ für } n \to \infty.$$

Mit der Isometrieeigenschaft folgt

$$h_n \cdot (W_t - W_r) = \int 1_{(r,t]} h_n \, dW \longrightarrow \int 1_{(r,t]} W_r \, dW \text{ in } L^2 \text{ für } n \to \infty.$$

Andererseits gilt aber

$$
\begin{aligned}
E(h_n \cdot (W_t - W_r) - W_r(W_t - W_r))^2 &= E((h_n - W_r)^2 (W_t - W_r)^2) \\
&= E(h_n - W_r)^2 E(W_t - W_r)^2
\end{aligned}
$$

und folglich

$$h_n \cdot (W_t - W_r) \longrightarrow W_r(W_t - W_r) \text{ in } L^2 \text{ für } n \to \infty.$$

Somit haben wir die gewünschte Gleichheit nachgewiesen.
Wir betrachten nun einen Prozeß $\underset{\sim}{S}$ der Form

$$S(t,\omega) = \sum_{i=1}^{n} 1_{(t_{i-1}, t_i]}(t) W_{t_{i-1}}(\omega)$$

mit $0 = t_0 < t_1 < \ldots < t_n = t$. Dann gilt

$$
\begin{aligned}
\int (S - W 1_{[0,t]})^2 \, d\mu_W &= \sum_{i=1}^{n} \int\limits_{(t_{i-1}, t_i]} E(W_{t_{i-1}} - W_s)^2 \, ds = \sum_{i=1}^{n} \int\limits_{(t_{i-1}, t_i]} (s - t_{i-1}) \, ds \\
&= \frac{1}{2} \sum_{i=1}^{n} (t_i - t_{i-1})^2 \leq \frac{1}{2} t \max_{i=1,\ldots,n} (t_i - t_{i-1}).
\end{aligned}
$$

Betrachten wir nun eine Folge von Zerlegungen $0 = t_0^n < t_1^n < \ldots < t_n^n = t$ mit $\max_{i=1,\ldots,n}(t_i - t_{i-1}) \to 0$, so folgt mit den zugehörigen Prozessen $\underset{\sim}{S_n}$

$$\int (S_n - W 1_{[0,t]})^2 \, d\mu_W \to 0,$$

also mit der Isometrieeigenschaft in L^2

$$\sum_{i=1}^{n} W_{t_{i-1}^n}(W_{t_i^n} - W_{t_{i-1}^n}) = \int S_n \, dW \rightarrow \int 1_{[0,t]} W \, dW.$$

Wir schreiben nun für eine Zerlegung

$$W_t^2 = \sum_{i=1}^{n}(W_{t_i}^2 - W_{t_{i-1}}^2) = \sum_{i=1}^{n}(W_{t_i} - W_{t_{i-1}})^2 + 2\sum_{i=1}^{n} W_{t_{i-1}}(W_{t_i} - W_{t_{i-1}}).$$

Dabei gilt

$$E\left(\sum_{i=1}^{n}(W_{t_i} - W_{t_{i-1}})^2\right) = t,$$

$$Var\left(\sum_{i=1}^{n}(W_{t_i} - W_{t_{i-1}})^2\right) = \sum_{i=1}^{n} Var\left((W_{t_i} - W_{t_{i-1}})^2\right)$$

$$= \sum_{i=1}^{n} Var\left((t_i - t_{i-1})W_1^2\right)$$

$$= \sum_{i=1}^{n}(t_i - t_{i-1})^2(E(W_1^4) - E(W_1^2)^2).$$

Für eine Zerlegungsfolge wie oben folgt damit

$$\sum_{i=1}^{n}(W_{t_i^n} - W_{t_{i-1}^n})^2 \rightarrow t \text{ in } L^2,$$

und insgesamt ergibt sich die Behauptung.

Lösungen zu Kapitel 10

10.1

Sei zunächst $\underset{\sim}{M}$ ein lokales Martingal und sei $(\sigma_m)_{m\in\mathbb{N}}$ eine zugehörige lokalisierende Folge. Dann ist $(\underset{\sim}{M}^\tau)^{\sigma_m} = (\underset{\sim}{M}^{\sigma_m})^\tau$ gemäß Aufgabe 6.1 (c) ein Martingal für jede Stopzeit τ und jedes $m \in \mathbb{N}$. Insbesondere ist also $\underset{\sim}{M}^{\tau_n}$ für jedes $n \in \mathbb{N}$ ein lokales Martingal mit lokalisierender Folge $(\sigma_m)_{m\in\mathbb{N}}$.

Sei nun $\underset{\sim}{M}^{\tau_n}$ ein lokales Martingal für jedes n und seien $(\sigma_m^n)_{m\in\mathbb{N}}$ zugehörige lokalisierende Folgen. Für jedes $n \in \mathbb{N}$ finden wir wegen $\lim_{m\to\infty} \sigma_m^n = \infty$ ein $k_n \in \mathbb{N}$ mit

$$P(\sigma_{k_n}^n < n) \leq 2^{-n}.$$

Das Lemma von Borel-Cantelli liefert

$$P(\sigma_{k_n}^n \geq n \text{ für fast alle } n \in \mathbb{N}) = 1.$$

Somit gilt $\tau_n' = \sigma_{k_n}^n \wedge \tau_n \to \infty$ für $n \to \infty$ P-fast sicher und folglich erfüllen die Stopzeiten $\tau_n'' = \inf_{m \geq n} \tau_m'$

$$\tau_n'' \uparrow \infty \text{ für } n \to \infty \text{ } P\text{-fast sicher.}$$

Mit Aufgabe 6.1 (c) ergibt sich außerdem, daß $\underset{\sim}{M}^{\tau_n''} = (\underset{\sim}{M}^{\tau_n'})^{\tau_n''}$ für jedes n ein Martingal ist. Also ist $\underset{\sim}{M}$ ein lokales Martingal mit lokalisierender Folge $(\tau_n'')_{n \in \mathbb{N}}$.

10.2

Unter Beachtung von

$$\int\limits_{[0,t]} h 1_{(\sigma,\tau]} \, dM = \int h 1_{(\sigma \wedge t, \tau \wedge t]} \, dM$$

genügt es, die Gleichheit

$$\int h 1_{(\sigma,\tau]} \, dM = h \cdot (M_\tau - M_\sigma)$$

für alle beschränkten Stopzeiten σ, τ mit $\sigma \leq \tau$ nachzuweisen.
Ist σ konstant, so folgt die gewünschte Gleichheit sofort aus 10.4.
Hat σ endlichen Wertebereich, d.h.

$$\sigma = \sum_{i=1}^{n} s_i 1_{\{\sigma = s_i\}}$$

für gewisse $0 \leq s_1 < \ldots < s_n < \infty$, so gilt unter Beachtung der $\mathcal{F}_{s_i}$-Meßbarkeit von $h 1_{\{\sigma = s_i\}}$ und Anwendung des für konstantes σ erhaltenen Resultats

$$
\begin{aligned}
\int h 1_{(\sigma,\tau]} \, dM &= \int \sum_{i=1}^{n} h 1_{\{\sigma = s_i\}} 1_{(s_i,\tau]} \, dM \\
&= \sum_{i=1}^{n} h 1_{\{\sigma = s_i\}} (M_\tau - M_{s_i}) \\
&= h \cdot (M_\tau - M_\sigma).
\end{aligned}
$$

Wir zeigen die Aussage nun für beliebige beschränkte $\sigma \leq \tau$. Für $n \in \mathbb{N}$ sei dazu

$$\sigma_n = \inf\{k 2^{-n} : \sigma < k 2^{-n}\}.$$

Dann ist σ_n für jedes n Stopzeit mit endlichem Wertebereich, also gilt mit $\sigma_n \vee \tau = \max\{\sigma_n, \tau\}$

$$\int h1_{(\sigma_n, \sigma_n \vee \tau]} \, dM = h \cdot (M_{\sigma_n \vee \tau} - M_{\sigma_n}) \to h \cdot (M_\tau - M_\sigma) \ P\text{-f.s.}$$

Andererseits ergibt sich mit dem Satz von Lebesgue

$$h1_{(\sigma_n, \sigma_n \vee \tau_n]} \to h1_{(\sigma, \tau]} \text{ in } \mathcal{L}^2$$

und somit aufgrund der Isometrieeigenschaft

$$\int h1_{(\sigma_n, \sigma_n \vee \tau_n]} \, dM \to \int h1_{(\sigma, \tau]} \, dM \text{ in } L^2.$$

Da sowohl aus L^2-Konvergenz als auch aus fast sicherer Konvergenz insbesondere Konvergenz in Wahrscheinlichkeit folgt, ist die Behauptung bewiesen.

10.3

Seien $(\sigma_n)_{n \in \mathbb{N}}$, $(\rho_n)_{n \in \mathbb{N}}$ lokalisierende Folgen von Stopzeiten so, daß $X^{\sigma_n}_{\sim}$ ein beschränkter Prozeß und $M^{\rho_n}_{\sim}$ ein rechtsseitig-stetiges L^2-Martingal für jedes $n \in \mathbb{N}$ ist. Wir setzen

$$\tau_n = \sigma_n \wedge \rho_n \wedge n$$

für alle $n \in \mathbb{N}$. Dann ist $(\tau_n)_{n \in \mathbb{N}}$ gemeinsame lokalisierende Folge. Mit

$$c_n = \sup_{\omega, t \le \tau_n} |X_t(\omega)| < \infty$$

gilt

$$\begin{aligned}
\int 1_{[0, \tau_n]} X^2 \, d\mu_{M^{\tau_n}} &\le c_n^2 \int 1_{[0, \tau_n]} \, d\mu_{M^{\tau_n}} \\
&= c_n^2 \, \mu_{M^{\tau_n}}([0, \tau_n]) \\
&= c_n^2 \, E(((M^{\tau_n}_{\tau_n})^2 - (M^{\tau_n}_0)^2)) \\
&< \infty,
\end{aligned}$$

also $X_{\sim} \in \mathcal{L}(M)$.

10.4

Für alle $t \in [0, \infty)$ gilt $M_t^2 = \lim\limits_{n \to \infty} M_{t \wedge \tau_n}^2$ und somit gemäß 6.3 unter Benutzung der vorausgesetzten gleichgradigen Integrierbarkeit auch

$$E(|M_{\tau_n \wedge t}^2 - M_t^2|) \longrightarrow 0 \text{ für } n \to \infty.$$

Damit ist $\underset{\sim}{M}$ ein L^2-Prozeß, denn

$$E\,M_t^2 = \lim_{n\to\infty} E\,M_{t\wedge\tau_n}^2 \leq \sup_{n\in\mathbb{N}} E\,M_{t\wedge\tau_n}^2 < \infty.$$

Die Jensensche Ungleichung zeigt, daß mit $(M_{\tau_n\wedge t}^2)_n$ auch $(M_{\tau_n\wedge t})_n$ gleichgradig integrierbar ist, also gilt für jedes meßbare A

$$|E1_A M_t - E1_A M_{\tau_n\wedge t}| \;\leq\; E|M_t - M_{\tau_n\wedge t}|$$
$$\longrightarrow\; 0 \text{ für } n \to \infty.$$

Wir zeigen nun die Martingaleigenschaft von $\underset{\sim}{M}$. Seien dazu $0 \leq s < t$ und $A \in \mathcal{F}_s$. Mit der Martingaleigenschaft von $\underset{\sim}{M}^{\tau_n}$ für jedes n ergibt sich

$$E\,(1_A\,M_t) = \lim_{n\to\infty} E\,(1_A M_{t\wedge\tau_n}) = \lim_{n\to\infty} E\,(1_A\,M_{s\wedge\tau_n}) = E\,(1_A M_s).$$

10.5

Seien $(\tau_n)_{n\in\mathbb{N}}, (\underset{\sim}{Y}^n)_{n\in\mathbb{N}}$ und $\underset{\sim}{Y}$ wie in 10.7 und $(\sigma_n)_{n\in\mathbb{N}}$ eine weitere lokalisierende Folge mit entsprechend definierten Prozessen $(\underset{\sim}{Z}^n)_{n\in\mathbb{N}}$ und $\underset{\sim}{Z}$.
Wir können ohne Einschänkung $\sigma_n \leq \tau_n$ annehmen, da wir gegebenenfalls zu $(\sigma_n \wedge \tau_n)_{n\in\mathbb{N}}$ übergehen und die fast sichere Gleichheit des hieraus resultierenden Prozesses mit den aus $(\sigma_n)_{n\in\mathbb{N}}$ und $(\tau_n)_{n\in\mathbb{N}}$ resultierenden nachweisen könnten.
Sei $t \in [0,\infty)$. Das Lokalisationslemma liefert für gegebenes $n \in \mathbb{N}$

$$Z_t^n = \int\limits_{[0,t]} 1_{[0,\sigma_n]} X dM^{\tau_n},$$

unter Beachtung von 10.4 folgt hieraus

$$Z_t^n(\omega) = Y_{t\wedge\sigma_n}^n(\omega)$$

für fast alle $\omega \in \Omega$. Mit Durchschnittsbildung erhalten wir nun eine Menge B_t mit $P\,(B_t) = 1$ und

$$Z_t^n(\omega) = Y_{t\wedge\sigma_n}^n(\omega)$$

für alle $n \in \mathbb{N}, \omega \in B_t$. Es folgt

$$Z_t(\omega) = \lim_{n\to\infty} Z_t^n(\omega) = \lim_{n\to\infty} Y_{t\wedge\sigma_n}^n(\omega) = \lim_{n\to\infty} Y_t^n(\omega) = Y_t(\omega)$$

für alle $\omega \in B_t$. Da die Prozesse $\underset{\sim}{Y}, \underset{\sim}{Z}$ gemäß 10.3 rechtsseitig stetig sind, folgt durch Betrachtung von $\bigcap_{q\in\mathbb{Q}} B_q$ das gewünschte Resultat

$$P\,(Y_t = Z_t \text{ für alle } t \in [0,\infty)) = 1.$$

Lösungen zu Kapitel 11

11.1

Sei $M_t = W_t^2 - t$ für $t \in [0, \infty)$. Wegen $[W]_t = t$ gilt

$$M_t = W_t^2 - t = 2 \int_{[0,t]} W_s \, dW_s.$$

Mit 11.5 und dem Satz von Fubini folgt

$$[M]_t = 4 \int_{[0,t]} W_s^2 \, ds \quad \text{und} \quad E[M]_t = 4 \int_{[0,t]} s \, ds = 2t^2.$$

Nun ergibt sich unter Beachtung von 11.4

$$\begin{aligned}
E W_t^4 &= E(W_t^2 - t)^2 + 2E(t W_t^2) - t^2 = E M_t^2 + t^2 \\
&= E[M]_t + t^2 = 2t^2 + t^2 \\
&= 3t^2.
\end{aligned}$$

11.2

Unter Beachtung von 11.4 ergibt sich

$$\int 1_{[0,\tau]} \, d\mu_M = \mu_M([0,\tau]) = E \int 1_{[0,\tau]} \, d[M] = E[M]_\tau < \infty$$

und somit $1_{[0,\tau]} \in \mathcal{L}^2(M)$. Es folgt mit 10.2

$$E M_\tau = E \int 1_{[0,\tau]} \, dM = 0$$

und mit der Isometrieeigenschaft

$$E M_\tau^2 = E \left(\int 1_{[0,\tau]} \, dM \right)^2 = \int 1_{[0,\tau]} \, d\mu_M = E[M]_\tau.$$

11.3

(a) Sei $(\mathcal{F}_t)_{t \in [0,\infty)}$ die zugrundeliegende Filtration.
Für alle $0 \leq q < r \leq s < t$ gilt

$$E(M_t - M_s)(M_r - M_q) = E((M_r - M_q) E(M_t - M_s | \mathcal{F}_s)) = 0.$$

Die Zuwächse $(M_t - M_s)$ und $(M_r - M_q)$ sind also unkorreliert und somit sind aufgrund der vorausgesetzten Gaußverteilung sämtliche Zuwächse $M_{t_1} - M_{t_0}, \ldots, M_{t_n} - M_{t_{n-1}}$ für $0 \leq t_0 < t_1 < \ldots < t_n$ stochastisch unabhängig.

(b) Wir zeigen, daß für alle $t \in [0, \infty)$ gilt

$$[M]_t = EM_t^2.$$

Durch Übergang zu $M_t - M_0$ können wir ohne Einschränkung $M_0 = 0$ annehmen. Zunächst beachten wir, daß

$$g(t) = EM_t^2$$

als Abbildung in t stetig ist. Dies folgt aus der Pfadstetigkeit mit dem Satz von der dominierten Konvergenz und der Doobschen Ungleichung 6.6. Sei nun $0 = t_0 < t_1 < \ldots < t_n = t$ eine Zerlegung. Mit Aufgabenteil (a) folgt

$$E \sum_{j=1}^{n} (M_{t_j} - M_{t_{j-1}})^2 = \sum_{j=1}^{n} \left(EM_{t_j}^2 - EM_{t_{j-1}}^2 \right)$$

$$= g(t).$$

Mit einer $N(0,1)$-verteilten Zufallsgröße Y ergibt sich unter Beachtung von Aufgabenteil (a), $Var(M_{t_j} - M_{t_{j-1}}) = g(t_j) - g(t_{j-1})$ und $EY^4 = 3$

$$Var \sum_{j=1}^{n} (M_{t_j} - M_{t_{j-1}})^2$$

$$= \sum_{j=1}^{n} Var \left(\sqrt{g(t_j) - g(t_{j-1})} \, Y \right)^2$$

$$= \sum_{j=1}^{n} \left(3(g(t_j) - g(t_{j-1}))^2 - (g(t_j) - g(t_{j-1}))^2 \right)$$

$$= 2 \sum_{j=1}^{n} \left(g(t_j) - g(t_{j-1}) \right)^2.$$

Betrachten wir eine Zerlegungsfolge $0 = t_0^n < t_1^n < \ldots < t_n^n = t$ mit $\max_{i=1,\ldots,n} (t_i^n - t_{i-1}^n) \to 0$, so folgt

$$Var \sum_{j=1}^{n} (M_{t_j} - M_{t_{j-1}})^2 \leq 2 \max_{i=1,\ldots,n} |g(t_j) - g(t_{j-1})| \, g(t) \xrightarrow{n \to \infty} 0,$$

da g stetig ist. Dies zeigt

$$\sum_{j=1}^{n} (M_{t_j} - M_{t_{j-1}})^2 \longrightarrow g(t) \text{ in } L^2 \text{ für } n \to \infty,$$

mit 11.1 also

$$g(t) = [M]_t.$$

11.4

(a) Die Itô-Formel liefert für jedes $t \in [0, \infty)$ die Semimartingaldarstellung

$$f(t)W_t = \int\limits_{[0,t]} f(s)\,dW_s + \int\limits_{[0,t]} f'(s)\,W_s\,ds.$$

(b) Mit 11.5 bzw. 11.11 ergibt sich

$$\Big[\int f\,dW\Big]_t = \int\limits_{[0,t]} f(s)^2\,ds,$$

$$\Big[W, \int f\,dW\Big]_t = \int\limits_{[0,t]} f(s)\,ds.$$

Da W und $(\int\limits_{[0,t]} f(s)\,dW_s)_{t\in[0,\infty)}$ stetige L^2-Martingale sind, folgt unter Beachtung von Aufgabenteil (a), 11.4 und 11.11

$$E\,(\int\limits_{[0,T]} f'(s)\,W_s\,ds)^2 \;=\; E\,(f(T)\,W_T)^2 - 2f(T)\,E\,W_T \int\limits_{[0,T]} f(s)\,dW_s$$

$$+E\,(\int\limits_{[0,T]} f(s)\,dW_s)^2$$

$$=\; f(T)^2 T - 2f(T) \int\limits_{[0,T]} f(s)\,ds + \int\limits_{[0,T]} f(s)^2\,ds.$$

(c) Wir betrachten in Aufgabenteil (b) den Spezialfall $f(s) = s$ und erhalten

$$E\,(\int\limits_{[0,T]} W_s\,ds)^2 = T^3 - 2T \int\limits_{[0,T]} s\,ds + \int\limits_{[0,T]} s^2\,ds = \frac{1}{3}T^3.$$

11.5

Ohne Einschränkung sei $N_0 = 0$.
Für jedes θ ist $\mathcal{E}(\theta N)$ ein lokales Martingal ≥ 0, also ein Supermartingal mit $\mathcal{E}(\theta N)_0 = 1$.
Für $t \leq T$ sei

$$Z_t = \sup_{s \leq t} N_s.$$

Wir beachten nun, daß für jedes positive Supermartingal $(X_t)_{t\in[0,T]}$ die Doobsche Ungleichung 6.6 (i) in der Form

$$P(\sup_{s\leq t} X_s > \gamma) \leq \frac{1}{\gamma} E(X_0)$$

für alle $\gamma > 0$ gilt, wie durch zeitliche Diskretisierung und Anwendung der Doobschen Zerlegung leicht einzusehen ist. Damit ergibt sich für $y > 0$

$$
\begin{aligned}
P(Z_t > y) \;&\leq\; P(\sup_{s\leq t} \mathcal{E}(\theta N)_s > e^{\theta y - \frac{\theta^2}{2} K}) \\[2mm]
&\leq\; e^{-\theta y + \frac{\theta^2}{2} K}.
\end{aligned}
$$

Mit $\theta = \frac{y}{K}$ folgt $P(Z_t > y) \leq e^{-\frac{y^2}{2K}}$. Damit erhalten wir

$$
\begin{aligned}
E e^{Z_t} \;&=\; \int_{[0,\infty)} P(e^{Z_t} > z)\, dz \\[2mm]
&=\; 1 + \int_{[0,\infty)} e^z P(Z_t > z)\, dz \\[2mm]
&\leq\; 1 + \int_{[0,\infty)} e^z e^{-\frac{z^2}{2K}}\, dz \\[2mm]
&<\; \infty
\end{aligned}
$$

und damit

$$E \sup_{s\leq t} \mathcal{E}(N)_s \leq E e^{Z_t} < \infty.$$

Da für eine lokalisierende Folge $(\tau_n)_{n\in\mathbb{N}}$ und $0 \leq s < t \leq T$ gilt

$$E(\mathcal{E}(N)_{t\wedge\tau_n}|\mathcal{F}_s) = \mathcal{E}(N)_{s\wedge\tau_n},$$

ergibt sich nun mit dem Satz von der dominierten Konvergenz für bedingte Erwartungswerte

$$E(\mathcal{E}(N)_t|\mathcal{F}_s) = \mathcal{E}(N)_s.$$

Also ist $\mathcal{E}(N)$ ein Martingal.

11.6

Durch Übergang zu $M_t' = M_{t+a} - M_a$ können wir ohne Einschränkung $a = 0$ und $M_0 = 0$ voraussetzen. Des weiteren können wir durch Lokalisation ohne Einschränkung davon ausgehen, daß $\underset{\sim}{M}$ ein beschränktes Martingal ist. Es seien

$$A \;=\; \{\underset{\sim}{M} \text{ ist konstant auf } [0,b]\} \;=\; \bigcap_{t\in\mathbb{Q}\cap[0,b]} \{M_t = 0\},$$

$$B \;=\; \{[M] \text{ ist konstant auf } [0,b]\} \;=\; \{[M]_b = 0\}.$$

Zu zeigen ist $P((A \cap B) \cup (A^c \cap B^c)) = 1$, d.h. es genügt der Nachweis von $P(A \cap B^c) = 0$ und $P(A^c \cap B) = 0$.

Sei $(\mathcal{Z}_n^b)_n$ reguläre Zerlegungsfolge. Es gilt

$$0 = 1_A \sum_{j=0}^{k_n-1} (M_{t_{j+1}^n} - M_{t_j^n})^2 \longrightarrow 1_A[M]_b \text{ für } n \to \infty \text{ in Wahrscheinlichkeit,}$$

also $1_A[M]_b = 0$, und somit ist die erste der gewünschten Gleichheiten bewiesen. Zum Nachweis der zweiten Gleichheit sei zunächst ein festes $t \in [0, b]$ gegeben. Mit 11.4 ergibt sich

$$\mu_M([0, t] \times B) = E\left(\int 1_{[0,t] \times B} \, d[M]\right) = E(1_B[M]_t) = 0.$$

Mit der Isometrieeigenschaft folgt

$$E(1_B M_t^2) = E\left(\int 1_{[0,t] \times B} \, dM\right)^2 = \int 1_{[0,t] \times B} \, d\mu_M = 0,$$

also $P(\{M_t \neq 0\} \cap B) = 0$. Insgesamt erhalten wir also

$$P(A^c \cap B) = P\left(\bigcup_{t \in \mathbb{Q} \cap [0,b]} (\{M_t \neq 0\} \cap B)\right) = 0.$$

Lösungen zu Kapitel 12

12.1

Für alle $t \in [0, T)$ gilt

$$
\begin{aligned}
e^{-\rho t} V_t &= e^{-\rho t} \big[A_t \Phi(h_1(A_t, T - t, K)) - K e^{-\rho(T-t)} \Phi(h_2(A_t, T - t, K)) \\
&\quad - A_t \Phi(h_1(A_t, T - t, K)) \big] \\
&= -K e^{-\rho T} \Phi(h_2(A_t, T - t, K)) \\
&= -K e^{-\rho T} \Phi\left(\frac{\log(\frac{A_t}{K}) + (\rho - \frac{1}{2}\sigma^2)(T - t)}{\sigma\sqrt{T-t}}\right) \\
&= -K e^{-\rho T} Q(A_T > K | \mathcal{F}_t),
\end{aligned}
$$

was die Martingaleigenschaft von $(e^{-\rho t} V_t)_{t \in [0,T]}$ zeigt.

12.2

Der faire Preis des Claims zum Zeitpunkt $t \in [0, T]$ ist gegeben durch

$$
\begin{aligned}
&f(A_t, t) \\
=\ & E_Q(e^{-\rho(T-t)} A_T^\alpha | \mathcal{F}_t) \\
=\ & E_Q(e^{-\rho(T-t)} A_t^\alpha e^{\alpha(\rho - \frac{1}{2}\sigma^2)(T-t)} e^{\alpha\sigma(\overline{W}_T - \overline{W}_t)} | \mathcal{F}_t) \\
=\ & e^{-\rho(T-t) + \alpha(\rho - \frac{1}{2}\sigma^2)(T-t) + \frac{1}{2}\alpha^2\sigma^2(T-t)} A_t^\alpha E_Q(e^{\alpha\sigma(\overline{W}_T - \overline{W}_t) - \frac{1}{2}\alpha^2\sigma^2(T-t)} | \mathcal{F}_t) \\
=\ & e^{-(1-\alpha)(\frac{1}{2}\alpha\sigma^2 + \rho)(T-t)} A_t^\alpha.
\end{aligned}
$$

Zur Bestimmung des Hedges berechnen wir zunächst

$$
f_x(A_t, t) = \alpha e^{-(1-\alpha)(\frac{1}{2}\alpha\sigma^2 + \rho)(T-t)} A_t^{\alpha - 1}
$$

und erhalten somit gemäß 12.13 den Hedge $(g_t, h_t)_{t \in [0,T]}$ mit

$$
\begin{aligned}
g_t &= e^{-\rho t} \left(e^{-(1-\alpha)(\frac{1}{2}\alpha\sigma^2 + \rho)(T-t)} A_t^\alpha - \alpha A_t \, e^{-(1-\alpha)(\frac{1}{2}\alpha\sigma^2 + \rho)(T-t)} A_t^{\alpha - 1} \right) \\
&= (1 - \alpha) e^{-(1-\alpha)(\frac{1}{2}\alpha\sigma^2 + \rho)(T-t) - \rho t} A_t^\alpha, \\
h_t &= \alpha e^{-(1-\alpha)(\frac{1}{2}\alpha\sigma^2 + \rho)(T-t)} A_t^{\alpha - 1}.
\end{aligned}
$$

12.3

(a) Sei $(\tau_n)_{n \in \mathbb{N}}$ lokalisierende Folge. Es genügt zu zeigen, daß $\underset{\sim}{M}^{\tau_n}$ eine Version mit stetigen Pfaden besitzt. Ohne Einschränkung können wir also annehmen, daß $\underset{\sim}{M}$ ein Martingal ist. Ferner genügt es zu zeigen, daß $(M_t)_{t \in [0,T]}$ für jedes $T > 0$ eine Version mit stetigen Pfaden besitzt.

Sei $f = M_T$; also ist f integrierbar und $M_t = E(f | \mathcal{F}_t)$, $t \leq T$. Wir wählen eine Folge von beschränkten, $\mathcal{F}_T$-meßbaren f_n mit $E|f_n - f| \to 0$ für $n \to \infty$. Sei

$$
M_t^n = E(f_n | \mathcal{F}_t)
$$

für $t \leq T$. Gemäß 12.9 besitzt $(M_t^n)_{t \in [0,T]}$ eine Version $(Z_t^n)_{t \in [0,T]}$ mit stetigen Pfaden. Es gilt für jedes $t \in [0, T]$

$$
E|M_t^n - M_t| \to 0 \text{ für } n \to \infty.
$$

Die Doobsche Ungleichung zeigt

$$
P\left(\sup_{t \in [0,T]} |Z_t^k - Z_t^j| \geq \frac{1}{2^m} \right) \leq 2^{2m} E|f_k - f_j|.
$$

Wegen $E|f_n - f| \to 0$ für $n \to \infty$ existieren $k_1 < k_2 < \dots$ mit der Eigenschaft

$$
E|f_{k_{m+1}} - f_{k_m}| \leq \frac{1}{2^{3m}}.
$$

Damit folgt

$$P(\sup_{t\in[0,T]} |Z_t^{k_{m+1}} - Z_t^{k_m}| \geq \frac{1}{2^m}) < \frac{1}{2^m},$$

also

$$\sum_{m=1}^{\infty} P(\sup_{t\in[0,T]} |Z_t^{k_{m+1}} - Z_t^{k_m}| \geq \frac{1}{2^m}) < \infty.$$

Anwendung des Borel-Cantelli-Lemmas liefert

$$P(\limsup_m \{\omega : \sup_{t\in[0,T]} |Z_t^{k_{m+1}}(\omega) - Z_t^{k_m}(\omega)| \geq \frac{1}{2^m}\}) = 0.$$

Bezeichnen wir mit Ω_0 das Komplement dieses mengentheoretischen lim sup, so gilt $P(\Omega_0) = 1$ und

$$\Omega_0 = \{\omega : \sup_{t\in[0,T]} |Z_t^{k_{m+1}}(\omega) - Z_t^{k_m}(\omega)| < \frac{1}{2^m} \text{ für fast alle } m\}.$$

Sei $\omega \in \Omega_0$. Dann ist $(Z_t^{k_m}(\omega))_{t\in[0,T]}$ eine Cauchy-Folge bzgl. der Supremumsnorm. Also existiert für jedes t

$$Z_t(\omega) = \lim_{m\to\infty} Z_t^{k_m}(\omega),$$

und es liegt gleichmäßige Konvergenz vor:

$$\sup_{t\in[0,T]} |Z_t^{k_m}(\omega) - Z_t(\omega)| \to 0.$$

Da bei gleichmäßiger Konvergenz die Stetigkeit erhalten bleibt, ist die Abbildung $t \to Z_t(\omega)$ stetig.

Definieren wir ferner z.B. $Z_t(\omega) = 0$ für $\omega \in \Omega_0^c$, so ist $(Z_t)_{t\in[0,T]}$ die gewünschte stetige Version von $(M_t)_{t\in[0,T]}$.

(b) Gemäß Aufgabenteil (a) können wir $\underset{\sim}{M}$ als stetig annehmen. Also ist $\underset{\sim}{M}$ lokales L^2-Martingal. Sei $(\tau_n)_{n\in\mathbb{N}}$ lokalisierende Folge mit $\tau_n \leq n$ für alle n. Wir zeigen zunächst, daß jedes $\underset{\sim}{M}^{\tau_n}$ eine Darstellung in der gewünschten Form besitzt. Mit $f_n = M_{\tau_n}$ gilt

$$M_t^{\tau_n} = E(f_n|\mathcal{F}_t),$$

wobei $f_n \in L^2$. Mit 12.10 erhalten wir für ein geeignetes $\underset{\sim}{Y}^n \in \mathcal{L}^2$

$$M_t^{\tau_n} = E(f_n|\mathcal{F}_t) = Ef_n + \int_{[0,t]} Y^n \, dW$$

$$= EM_0 + \int_{[0,t]} Y^n \, dW.$$

Dabei gilt $Ef_n = EM_0$ für alle n. Ferner ist für $m \leq n$

$$M_{\tau_m}^{\tau_n} = EM_0 + \int\limits_{[0,\tau_m]} Y^m \, dW = EM_0 + \int\limits_{[0,\tau_m]} Y^n \, dW,$$

also

$$\int\limits_{[0,\tau_m]} (Y^m - Y^n) \, dW = 0.$$

Die Isometrieeigenschaft liefert nun $Y^m = Y^n$ auf $[0, \tau_m]$ μ_W-fast-sicher. Definieren wir mit $\tau_0 = 0$

$$Y = \sum_{n \in \mathbb{N}} 1_{(\tau_{n-1}, \tau_n]} Y^n,$$

so gilt wie gewünscht

$$M_t = EM_0 + \int\limits_{[0,t]} Y \, dW.$$

12.4

Mit wiederholter Anwendung der Itô-Formel ergibt sich

$$
\begin{aligned}
dV_t^* &= e^{-\rho t} \, dV_t + V_t \, de^{-\rho t} \\
&= e^{-\rho t}(g_t \, de^{\rho t} + h_t \, dA_t) + (g_t e^{\rho t} + h_t A_t) \, de^{-\rho t} \\
&= \rho g_t \, dt + e^{-\rho t} h_t (\rho A_t \, dt + \sigma A_t \, d\hat{W}_t) - \rho g_t \, dt - \rho h_t A_t e^{-\rho t} \, dt \\
&= h_t \, \sigma \, e^{-\rho t} A_t \, d\hat{W}_t \\
&= V_t^* \pi_t \, \sigma \, d\hat{W}_t.
\end{aligned}
$$

12.5

Sei $\mathcal{M} = \{Y : Y \; \mathcal{F}_T\text{-meßbare Zufallsgröße}, Y > 0, E(\log Y)^- < \infty\}$. Wir können ohne Einschränkung von der restriktiveren Nebenbedingung

$$E_Q e^{-\rho T} Y = x$$

ausgehen, da Y im Falle „$<$" z.B. um eine deterministische Komponente erhöht werden könnte. Wir erhalten nun die Lagrange-Funktion

$$
\begin{aligned}
\mathcal{L} : \mathcal{M} \times \mathbb{R} \mapsto \mathbb{R}, (Y, \lambda) \;\; &\mapsto \;\; E(\log Y) + \lambda(x - E_Q e^{-\rho T} Y) \\
&= \lambda x + \int (\log(Y) - \lambda e^{-\rho T} L_T Y) dP.
\end{aligned}
$$

Wir maximieren zunächst $\mathcal{L}(\cdot, \lambda)$ in Y für gegebenes $\lambda \neq 0$. Zur punktweisen Maximierung des Integranden erhalten wir durch Nullsetzen der Ableitung die Bedingung erster Ordnung

$$\frac{1}{Y_\lambda^*(\omega)} = \lambda e^{-\rho T} L_T(\omega) \iff Y_\lambda^*(\omega) = \frac{1}{\lambda} \frac{e^{\rho T}}{L_T(\omega)}.$$

Da der Integrand konkav in $Y(\omega)$ ist, ist die so definierte Zufallsgröße Y_λ^* eine globale Maximalstelle von $\mathcal{L}(\cdot, \lambda)$.
Y_λ^* genügt genau dann der Nebenbedingung, wenn gilt

$$x = \int e^{-\rho T} L_T Y_\lambda^* \, dP = \int \frac{1}{\lambda} \, dP = \frac{1}{\lambda}.$$

Hieraus folgt sofort, daß

$$Y_{\frac{1}{x}}^* = e^{\rho T} \frac{x}{L_T}$$

Lösung des gestellten Maximierungsproblems ist.

12.6

Der faire Preis zum Zeitpunkt t des in Aufgabe 12.5 ermittelten Claims ergibt sich unter Benutzung der Martingaleigenschaft von $(\frac{1}{L_t})_{t \in [0,T]}$ bzgl. Q als

$$C_t = E_Q(e^{-\rho(T-t)} C \mid \mathcal{F}_t) = x \frac{e^{\rho t}}{L_t} = x e^{(\rho + \frac{1}{2}(\frac{\mu - \rho}{\sigma})^2)t + (\frac{\mu - \rho}{\sigma})W_t}.$$

Es ergibt sich also

$$\begin{aligned} dC_t &= C_t((\rho + \frac{1}{2}(\frac{\mu - \rho}{\sigma})^2) \, dt + \frac{\mu - \rho}{\sigma} \, dW_t + \frac{1}{2}(\frac{\mu - \rho}{\sigma})^2 \, dt) \\ &= C_t((\rho + (\frac{\mu - \rho}{\sigma})^2) \, dt + \frac{\mu - \rho}{\sigma} \, dW_t). \end{aligned}$$

Gemäß 12.10 finden wir einen Martingalhedge $(g_t, h_t)_{t \in [0,T]}$ zu C. Es ist einerseits

$$g_t \, dR_t + h_t \, dA_t = g_t \rho e^{\rho t} \, dt + h_t \mu A_t \, dt + h_t \sigma A_t \, dW_t,$$

andererseits gilt $g_t dR_t + h_t dA_t = dC_t$ und somit ergibt sich durch Vergleich der „dW_t"-Koeffizienten

$$h_t = \frac{C_t}{A_t} \cdot \frac{\mu - \rho}{\sigma^2}.$$

g_t läßt sich nun durch Vergleich der „dt"-Koeffizienten oder alternativ unter Verwendung der Gleichheit $g_t R_t + h_t A_t = C_t$ berechnen, es ergibt sich

$$g_t = e^{-\rho t} C_t (1 - \frac{\mu - \rho}{\sigma^2}).$$

12.7

Für jedes $H \in \mathcal{H}_x$ ist $V(H)_T$ $\mathcal{F}_T$-meßbar, es gilt $V(H)_T > 0$ und

$$E_Q \, e^{-\rho T} V(H)_T = V_0(H) \leq x.$$

Somit folgt die Behauptung aus den Aufgaben 12.5 und 12.6. Die optimale Handelsstrategie besteht also darin, den in die Aktie investierten Anteil des Gesamtvermögens konstant gleich $\frac{\mu - \rho}{\sigma^2}$ zu halten.

Lösungen zu Kapitel 13

13.1

Zu einem gegebenen Startwert $Y_0 = (\xi_1, \xi_2)$ ist der Prozeß $\underset{\sim}{Y} = (\underset{\sim}{Y^1}, \underset{\sim}{Y^2})$ mit

$$\begin{aligned}
Y_t^1 &= \xi_1 \cos W_t - \xi_2 \sin W_t, \\
Y_t^2 &= \xi_1 \sin W_t + \xi_2 \cos W_t
\end{aligned}$$

die eindeutig bestimmte Lösung der angegebenen stochastischen Differentialgleichung, denn die Itô-Formel liefert

$$dY_t^1 = (-\xi_1 \sin W_t - \xi_2 \cos W_t) \, dW_t + \frac{1}{2} (-\xi_1 \cos W_t + \xi_2 \sin W_t) \, dt,$$

$$dY_t^2 = (\xi_1 \cos W_t - \xi_2 \sin W_t) \, dW_t + \frac{1}{2} (-\xi_1 \sin W_t - \xi_2 \cos W_t) \, dt.$$

Es gilt für alle $t \in [0, \infty)$

$$|Y_t|^2 = \xi_1^2 + \xi_2^2.$$

Liegt der Startwert des Prozesses auf dem Einheitskreis, so bewegt sich also auch der gesamte Prozeß auf diesem, was die Bezeichnung „Wienerprozeß auf dem Einheitskreis" begründet.

13.2

Der Aktienkurs im angegebenen Modell wird beschrieben durch die Gleichung

$$dA_t = \mu(t) A_t dt + \sigma(t) A_t dW_t.$$

Gemäß 13.10, 13.11 wird durch die Festsetzung

$$\frac{dQ}{dP} = \exp\left(\int_{[0,T]} -\frac{\mu(s) - r(s)}{\sigma(s)} dW_s - \frac{1}{2} \int_{[0,T]} \left(\frac{\mu(s) - r(s)}{\sigma(s)}\right)^2 ds \right)$$

ein äquivalentes Martingalmaß Q definiert, und $\hat{\underset{\sim}{W}}$ mit

$$\hat{W}_t = W_t + \int\limits_{[0,t]} \frac{\mu(s) - r(s)}{\sigma(s)} ds$$

ist ein Wienerprozeß bezüglich Q.
Der Aktienkurs genügt der Gleichung

$$dA_t = r(t)A_t dt + \sigma(t)A_t d\hat{W}_t.$$

Es ist

$$\log(\frac{A_T}{A_0}) = \int\limits_{[0,T]} \sigma(s)\, d\hat{W}_s - \frac{1}{2} \int\limits_{[0,T]} \sigma(s)^2\, ds + \int\limits_{[0,T]} r(s)\, ds,$$

also besitzt diese Zufallsgröße bzgl. Q eine $N(\varrho(T) - \frac{1}{2}s^2(T), s^2(T))$-Verteilung mit

$$\varrho(T) = \int\limits_{[0,T]} r(s)\, ds, \quad s^2(T) = \int\limits_{[0,T]} \sigma(s)^2\, ds,$$

siehe 13.5. Hieraus folgt, vgl. 8.7, daß der faire Preis eines europäischen Calls mit Ausübungspreis K und Fälligkeit T gegeben ist durch

$$A_0\Phi(\frac{\log(\frac{A_0}{K}) + \varrho(T) + \frac{1}{2}s^2(T)}{\sqrt{s^2(T)}}) - Ke^{-\varrho(T)}\Phi(\frac{\log(\frac{A_0}{K}) + \varrho(T) - \frac{1}{2}s^2(T)}{\sqrt{s^2(T)}}).$$

Der erhaltene Preis ist also gerade der faire Preis eines entsprechenden Calls in einem Black-Scholes-Modell mit Zinsrate

$$\bar{\varrho} = \frac{\varrho(T)}{T}$$

und Volatilität

$$\bar{s} = \sqrt{\frac{s^2(T)}{T}}.$$

13.3

(a) Die Funktionen α, β, μ seien positiv und so gewählt, daß das in der Aufgabenstellung angegebene System von stochastischen Differentialgleichungen eine eindeutige Lösung besitzt (vgl. 13.3, 13.4). Des weiteren sei $(\sigma_t^{-1})_{t\in[0,T]}$ beschränkt.

Zu jedem beschränkten, previsiblen stochastischen Prozeß $(\lambda_t)_{t \in [0,T]}$ definieren wir ein zu P äquivalentes Wahrscheinlichkeitsmaß Q_λ durch

$$\frac{dQ_\lambda}{dP} = \exp\Big(- \int_{[0,T]} \frac{\mu(s) - r(s)}{\sigma_s} \, dW_s^1 - \int_{[0,T]} \lambda_s \, dW_s^2$$

$$- \frac{1}{2} \int_{[0,T]} \big((\frac{\mu(s) - r(s)}{\sigma_s})^2 + \lambda_s^2 \big) \, ds \Big).$$

Gemäß 13.10 ist $\hat{\underset{\sim}{W}} = (\hat{\underset{\sim}{W}}^1, \hat{\underset{\sim}{W}}^2)$ mit

$$\hat{W}_t^1 = W_t^1 + \int_{[0,t]} \lambda_s \, ds, \; t \in [0,T],$$

$$\hat{W}_t^2 = W_t^2 + \int_{[0,t]} \frac{\mu(s) - r(s)}{\sigma_s} \, ds, \; t \in [0,T],$$

ein Wienerprozeß bzgl. Q_λ. Des weiteren genügen der Aktienkurs und die Volatilität den Gleichungen

$$d\sigma_t = (\alpha(\sigma_t, t) - \lambda_t \, \beta(\sigma_t, t)) \, dt + \beta(\sigma_t, t) \, d\hat{W}_t^1,$$
$$dA_t = r(t)A_t \, dt + \sigma_t A_t d\hat{W}_t^2.$$

Wir setzen

$$\varrho(t) = \int_{[0,t]} r(s) ds$$

und erhalten

$$e^{-\varrho(t)} A_t = A_0 e^{-\frac{1}{2} \int_{[0,t]} \sigma_s^2 \, ds + \int_{[0,t]} \sigma_s \, d\hat{W}_s^2}.$$

Für jede Wahl von λ ist der abdiskontierte Preisprozeß der Aktie also ein lokales Martingal bzgl. Q_λ, und gemäß 11.17 ist jedes Q_λ mit

$$E_{Q_\lambda}\Big(\int_{[0,T]} \sigma_s^2 \, ds \Big) < \infty$$

sogar ein äquivalentes Martingalmaß.

(b) Sei Q_λ eines der in Aufgabenteil (a) bestimmten äquivalenten Martingalmaße, wobei wir die zusätzliche Annahme treffen, daß der zugehörige Prozeß λ von der Form $\lambda_t = \gamma(\sigma_t, t)$ ist. Der sich unter Q_λ ergebende faire Preis eines europäischen Calls C mit Ausübungspreis K und Fälligkeit T ist

$$s_\lambda(C) = E_{Q_\lambda}(e^{-\varrho(T)}(A_T - K)^+)$$
$$= E_{Q_\lambda}\big(E_{Q_\lambda}(e^{-\varrho(T)}(A_T - K)^+ | (\sigma_t)_{t \in [0,T]}) \big).$$

Die in Aufgabenteil (a) ermittelten Darstellungen für Volatilität und Aktienkurs zeigen, daß die Prozesse $(\sigma_t)_{t \in [0,T]}$ und $(\hat{W}_t^2)_{t \in [0,T]}$ bzgl. Q_λ stochastisch unabhängig sind. Somit liefert das in Aufgabe 13.2 erhaltene Resultat

$$E_{Q_\lambda}\left(e^{-\varrho(T)}(A_T - K)^+ | (\sigma_t)_{t \in [0,T]}\right)$$

$$= A_0 \Phi\left(\frac{\log(\frac{A_0}{K}) + \varrho(T) + \frac{1}{2}s^2(T)}{\sqrt{s^2(T)}}\right) - K e^{-\varrho(T)} \Phi\left(\frac{\log(\frac{A_0}{K}) + \varrho(T) - \frac{1}{2}s^2(T)}{\sqrt{s^2(T)}}\right),$$

wobei

$$s^2(T) = \int\limits_{[0,T]} \sigma(s)^2 ds$$

gesetzt wurde. Der sich unter Q_λ ergebende faire Preis des Calls ist also

$$s_\lambda(C) = E_{Q_\lambda}(p(A_0, T, K, \overline{\varrho}, \overline{s})),$$

wobei der Ausdruck, über den der Erwartungswert gebildet wird, der Preis eines entsprechenden Calls in einem Black-Scholes-Modell mit Zinsrate

$$\overline{\varrho} = \frac{\varrho(T)}{T}$$

und Volatilität

$$\overline{s} = \sqrt{\frac{s^2(T)}{T}}$$

ist.

13.4

Für $i = 1, \dots, n$ gilt

$$d\log(S_t^i) = \left(\rho - \frac{1}{2}\sigma_i^2\right)dt + \sigma_i \, dW_t^i.$$

Unter Beachtung von

$$\log(M_t^\alpha) = -\rho t + \sum_{i=1}^{n} \alpha_i \log(S_t^i)$$

folgt

$$d\log(M_t^\alpha) = -\rho \, dt + \sum_{i=1}^{n} \alpha_i \left(\rho - \frac{1}{2}\sigma_i^2\right)dt + \sum_{i=1}^{n} \alpha_i \sigma_i \, dW_t^i.$$

Mit der Itô-Formel ergibt sich hieraus

$$
\begin{aligned}
dM_t^\alpha &= M_t^\alpha \Big(-\rho\,dt + \sum_{i=1}^n \alpha_i(\rho - \tfrac{1}{2}\sigma_i^2)\,dt + \sum_{i=1}^n \alpha_i\sigma_i\,dW_t^i\Big) \\
&\quad + \frac{1}{2}M_t^\alpha\Big(\sum_{i=1}^n \alpha_i^2\sigma_i^2\Big)\,dt \\
&= M_t^\alpha\Big(\big(-\rho + \sum_{i=1}^n \alpha_i\rho + \frac{1}{2}\sum_{i=1}^n \alpha_i(\alpha_i-1)\sigma_i^2\big)\,dt + \sum_{i=1}^n \alpha_i\sigma_i\,dW_t^i\Big).
\end{aligned}
$$

Die in der Aufgabenstellung angegebene Darstellung gilt also mit

$$
h(\alpha,\rho) = -\rho\Big(1 - \sum_{i=1}^n \alpha_i\Big) + \frac{1}{2}\sum_{i=1}^n \alpha_i(\alpha_i-1)\sigma_i^2.
$$

13.5

Wir schreiben den fairen Preis der Exchange-Option zunächst als

$$
\begin{aligned}
s(C) &= E_Q(e^{-\varrho(T)}(S_T^2 - S_T^1)^+) \\
&= E_Q(e^{-\varrho(T)}S_T^2\,1_{\{S_T^2 \geq S_T^1\}}) - E_Q(e^{-\varrho(T)}S_T^1\,1_{\{S_T^2 \geq S_T^1\}}) \\
&= s_2\,Q_2(S_T^2 \geq S_T^1) - s_1\,Q_1(S_T^2 \geq S_T^1),
\end{aligned}
$$

wobei die Wahrscheinlichkeitsmaße Q_1, Q_2 durch

$$
\frac{dQ_1}{dQ} = e^{-\varrho(T)}\frac{S_T^1}{s_1}, \qquad \frac{dQ_2}{dQ} = e^{-\varrho(T)}\frac{S_T^2}{s_2}
$$

definiert seien. Des weiteren definieren wir Prozesse $\underset{\sim}{Y} = (Y_t^1, Y_t^2)_{t\in[0,T]}$ und $\underset{\sim}{Z} = (Z_t^1, Z_t^2)_{t\in[0,T]}$ durch

$$
\begin{aligned}
Y_t^1 &= \hat{W}_t^1 - \sigma_1 t, & Y_t^2 &= \hat{W}_t^2, \\
Z_t^1 &= \hat{W}_t^1 - \alpha\sigma_2 t, & Z_t^2 &= \hat{W}_t^2 - \sqrt{1-\alpha^2}\,\sigma_2 t.
\end{aligned}
$$

Gemäß 13.10 ist $\underset{\sim}{Y}$ ein zweidimensionaler Wienerprozeß bzgl. Q_1 und $\underset{\sim}{Z}$ ein zweidimensionaler Wienerprozeß bzgl. Q_2.
Wir setzen schließlich noch

$$
\hat{\sigma}^2 = \sigma_1^2 + \sigma_2^2 - 2\alpha\sigma_1\sigma_2.
$$

Nun ergibt sich

$$Q_1(S_T^2 \geq S_T^1)$$

$$= Q_1\big((\alpha\sigma_2 - \sigma_1)Y_T^1 + \sqrt{1 - \alpha^2}\,\sigma_2 Y_T^2 \geq -\log(\frac{s_2}{s_1}) + \frac{\hat{\sigma}^2}{2}T\big)$$

$$= N(0, \hat{\sigma}^2 T)\,\big(\,[-\log(\frac{s_2}{s_1}) + \frac{\hat{\sigma}^2}{2}T, \infty)\big)$$

$$= \Phi\big(\frac{\log(\frac{s_2}{s_1}) - \frac{\hat{\sigma}^2}{2}T}{\hat{\sigma}\sqrt{T}}\big),$$

$$Q_2(S_T^2 \geq S_T^1)$$

$$= Q_2\big((\alpha\sigma_2 - \sigma_1)Z_T^1 + \sqrt{1 - \alpha}\,\sigma_2 Z_T^2 \geq -\log(\frac{s_2}{s_1}) - \frac{\hat{\sigma}^2}{2}T\big)$$

$$= N(0, \hat{\sigma}^2 T)\,\big(\,[-\log(\frac{s_2}{s_1}) - \frac{\hat{\sigma}^2}{2}T, \infty)\big)$$

$$= \Phi\big(\frac{\log(\frac{s_2}{s_1}) + \frac{\hat{\sigma}^2}{2}T}{\hat{\sigma}\sqrt{T}}\big).$$

Insgesamt erhalten wir also

$$s(C) = s_2\,\Phi\Big(\frac{\log(\frac{s_2}{s_1}) + \frac{\hat{\sigma}^2}{2}T}{\hat{\sigma}\sqrt{T}}\Big) - s_1\,\Phi\Big(\frac{\log(\frac{s_2}{s_1}) - \frac{\hat{\sigma}^2}{2}T}{\hat{\sigma}\sqrt{T}}\Big).$$

13.6

Sei $(L_t)_{t\in[0,T]}$ die Dichte des äquivalenten Martingalmaßes Q bzgl. des Ausgangs-wahrscheinlichkeitsmaßes P, siehe 13.11. Wie in Aufgabe 12.5 können wir zeigen, daß der Claim

$$C = e^{\varrho(T)}\frac{x}{L_T}$$

Lösung des Problems ist, $E\log(Y)$ unter allen $\mathcal{F}_T$-meßbaren $Y > 0$ mit $E_Q e^{-\varrho(T)}Y \leq x$ und $E\log(Y)^- < \infty$ zu maximieren.

Der faire Preis dieses Claims ist gegeben durch

$$C_t = E_Q(e^{-(\varrho(T)-\varrho(t))}C \mid \mathcal{F}_t) = x\frac{e^{\varrho(t)}}{L_t} = x e^{\varrho(t) + \frac{1}{2}\int_{[0,T]}|\beta_s|^2 ds + \int_{[0,T]}\beta_s^T dW_s}.$$

mit $\beta_s = \sigma^{-1}(t)(b(t) - r(t)\tilde{1})$, wobei $\tilde{1}$ der Vektor ist, dessen sämtliche Komponenten 1 sind, siehe 13.11. Es ergibt sich also

$$dC_t = C_t((r(t) + \frac{1}{2}|\beta_t|^2)\,dt + \beta_t^T\,dW_t + \frac{1}{2}|\beta_t|^2\,dt)$$

$$= C_t((r(t) + |\beta_t|^2)\,dt + \beta_t^T\,dW_t).$$

Gemäß 13.13 finden wir einen Martingalhedge $(H_t^0, \ldots, H_t^g)_{t \in [0,T]}$ zu C. Für $i = 1, \ldots, n$ setzen wir $\varphi_t^i = H_t^i S_t^i$. Es ist einerseits

$$H_t^T \, dS_t = H_t^0 r(t) e^{\varrho(t)} \, dt + \varphi_t^T b(t) \, dt + \varphi_t^T \sigma(t) \, dW_t,$$

andererseits gilt $H_t^T dS_t = dC_t$ und somit durch Vergleich der „dW_t"-Koeffizienten

$$\varphi_t = C_t (\sigma^T)^{-1}(t) \beta_t = C_t (\sigma(t) \sigma^T(t))^{-1} (b(t) - r(t) \tilde{1}),$$

Wir erhalten also für $i = 1, \ldots, n$

$$H_t^i = \frac{C_t}{S_t^i} \big((\sigma(t) \sigma^T(t))^{-1} (b(t) - r(t) \tilde{1}) \big)_i.$$

H_t^0 läßt sich nun durch Vergleich der „dt"-Koeffizienten oder alternativ unter Verwendung der Gleichheit $H_t^T S_t = C_t$ berechnen, es ergibt sich

$$H_t^0 = e^{-\varrho(t)} C_t \big(1 - \sum_{i=1}^n \big((\sigma(t) \sigma^T(t))^{-1} (b(t) - r(t) \tilde{1}) \big)_i \big).$$

Wie in Aufgabe 12.7 erhalten wir nun, daß der erhaltene Hedge Lösung des entsprechenden Optimierungsproblems ist. Die optimale Handelsstrategie besteht also darin, die in die Aktien $1, \ldots, n$ investierten Anteile am Gesamtvermögen C_t konstant gleich $(\sigma(t) \sigma^T(t))^{-1} (b(t) - r(t) \tilde{1})$ zu halten.

Lösungen zu Kapitel 14

14.1

Es seien Zeitpunkte $t = T_0 < T_1 < \ldots < T_n$ wie in 14.8 gegeben. Ein Collar liefert zum Zeitpunkt T_i, $i = 2, \ldots, n$ die Auszahlung

$$(T_i - T_{i-1}) \left(L(T_{i-1}, T_i) - L \right)^+ - (T_i - T_{i-1}) \left(L - L(T_{i-1}, T_i) \right)^+$$
$$= (T_i - T_{i-1}) \left(L(T_{i-1}, T_i) - L \right)$$
$$= \frac{1}{p(T_{i-1}, T_i)} - 1 - (T_i - T_{i-1}) L.$$

Unter Beachtung von 14.10 ergibt sich der faire Preis zum Zeitpunkt t einer solchen Auszahlung bzgl. des benutzten Martingalmaßes Q als

$$B_t^{-1} E_Q \big(B_{T_i} \big(\frac{1}{p(T_{i-1}, T_i)} - 1 - (T_i - T_{i-1}) L \big) \,|\, \mathcal{F}_t \big)$$

$$= B_t^{-1} E_Q \big(E_Q \big(B_{T_i} B_{T_{i-1}} \frac{1}{E_Q(B_{T_i} | \mathcal{F}_{T_{i-1}})} \,|\, \mathcal{F}_{T_{i-1}} \big) \,|\, \mathcal{F}_t \big)$$
$$\quad - (1 + (T_i - T_{i-1}) L) \, p(t, T_i)$$

$$= B_t^{-1} E_Q \big(B_{T_{i-1}} \,|\, \mathcal{F}_t \big) - (1 + (T_i - T_{i-1}) L) \, p(t, T_i)$$

$$= p(t, T_{i-1}) - (1 + (T_i - T_{i-1}) L) \, p(t, T_i).$$

Der faire Preis des Collars zum Zeitpunkt t ist also gegeben durch

$$\sum_{i=2}^{n} \left[p(t, T_{i-1}) - (1 + (T_i - T_{i-1})L)\, p(t, T_i) \right].$$

14.2

Gemäß 14.12 gilt für alle $0 \leq t \leq T \leq T^*$

$$\log p(t, T) = -A(T - t) - B(T - t)\, r(t),$$

wobei

$$
\begin{aligned}
A(t) &= ct + \frac{c}{b}(e^{-bt} - 1) + \frac{\sigma^2}{4b^3}(-2bt + 3 - 4e^{-bt} + e^{-2bt}), \\
B(t) &= \frac{1}{b}(1 - e^{-bt})
\end{aligned}
$$

gesetzt wurde, vgl. 14.13. Differentiation liefert

$$
\begin{aligned}
A'(t) &= c(1 - e^{-bt}) - \frac{\sigma^2}{2b^2} + \frac{\sigma^2}{b^2}e^{-bt} - \frac{\sigma^2}{2b^2}e^{-2bt} \\
&= cbB(t) - \frac{1}{2}\sigma^2 B(t)^2, \\
B'(t) &= e^{-bt} = 1 - bB(t).
\end{aligned}
$$

Mit der Itô-Formel ergibt sich nun

$$
\begin{aligned}
d\log p(t, T) &= A'(T - t)\, dt - B(T - t)\, dr(t) + r(t)B'(T - t)\, dt \\
&= \big(A'(T - t) + r(t)B'(T - t) - b(c - r(t))B(T - t)\big)\, dt \\
&\quad - \sigma B(T - t)\, dW_t \\
&= \left(r(t) - \frac{1}{2}\sigma^2 B(T - t)^2\right) dt - \sigma B(T - t)\, dW_t
\end{aligned}
$$

und folglich

$$dp(t, T) = p(t, T)\,(r(t)\, dt - \sigma B(T - t)\, dW_t).$$

Mit

$$\gamma(t) = -B(T - t)$$

erhalten wir die in der Aufgabenstellung angegebene Darstellung.

14.3

Mit der Itô-Formel läßt sich leicht verifizieren, daß zu gegebenem Startwert r_0 für alle $t \in [0, T^*]$ gilt

$$r(t) = e^{-\beta(t)}\left(r_0 + \int\limits_{[0,t]} e^{\beta(s)}a(s)\,ds + \int\limits_{[0,t]} e^{\beta(s)}\sigma(s)\,dW_s\right),$$

wobei

$$\beta(t) = \int\limits_{[0,t]} e^{b(s)}\,ds$$

gesetzt wurde, vgl. 14.13.

Seien nun $0 \le t \le T \le T^*$. Für alle $s \in (t, T]$ gilt

$$r(s) = e^{-(\beta(s)-\beta(t))}r(t) + e^{-\beta(s)}\left(\int\limits_{(t,s]} e^{\beta(u)}a(u)\,du + \int\limits_{(t,s]} e^{\beta(u)}\sigma(u)\,dW_u\right)$$

und somit

$$p(t,T) = E_Q\left(e^{-\int_{(t,T]} r(s)\,ds}\big|\mathcal{F}_t\right) = e^{-B(t,T)r(t)}E_Q\left(e^{-\int_{(t,T]} X(s)\,ds}\big|\mathcal{F}_t\right),$$

wobei

$$B(t,T) = e^{\beta(t)}\int\limits_{(t,T]} e^{-\beta(s)ds},$$

$$X(s) = e^{-\beta(s)}\left(\int\limits_{(t,s]} e^{\beta(u)}a(u)\,du + \int\limits_{(t,s]} e^{\beta(u)}\sigma(u)\,dW_u\right)$$

gesetzt wurde.

Gemäß 13.5 ist $(X(s))_{s\in[t,T]}$ ein Gaußprozeß mit Mittelwertfunktion

$$m(s) = \int\limits_{[t,s]} e^{\beta(u)-\beta(s)}a(u)\,du$$

und Kovarianzfunktion

$$K(s,v) = \int\limits_{[t,s\wedge v]} e^{2\beta(u)-\beta(s)-\beta(v)}\sigma^2(u)\,du.$$

Gemäß 7.13 ist $\int_{[t,T]} X(s)\,ds$ also $N(\alpha,\tau^2)$-verteilt, wobei α,τ^2 sich mit dem Satz von Fubini unter Vertauschung der Integrationsreihenfolge berechnen lassen als

$$
\begin{aligned}
\alpha &= \int\limits_{[t,T]} \int\limits_{[t,s]} e^{\beta(u)-\beta(s)} a(u)\,du\,ds \\
&= \int\limits_{[t,T]} e^{\beta(s)} a(s) \int\limits_{[s,T]} e^{-\beta(u)}\,du\,ds, \\
\tau^2 &= \int\limits_{[t,T]} \int\limits_{[t,T]} \int\limits_{[t,s\wedge v]} e^{2\beta(u)-\beta(s)-\beta(v)} \sigma^2(u)\,du\,dv\,ds \\
&= \int\limits_{[t,T]} e^{2\beta(s)} \sigma^2(s) \int\limits_{[s,T]} \int\limits_{[s,T]} e^{-\beta(u)-\beta(v)}\,du\,dv\,ds \\
&= \int\limits_{[t,T]} e^{2\beta(s)} \sigma^2(s) \Big(\int\limits_{[s,T]} e^{-\beta(u)}\,du \Big)^2\,ds.
\end{aligned}
$$

Da für eine $N(\alpha,\tau^2)$-verteilte Zufallsgröße Z gilt

$$
Ee^{-Z} = e^{-\alpha+\frac{1}{2}\tau^2},
$$

erhalten wir die Darstellung

$$
p(t,T) = e^{-A(t,T)-B(t,T)r(t)}
$$

mit wie oben definiertem $B(t,T)$ und

$$
A(t,T) = \int\limits_{[t,T]} \Big(e^{\beta(s)} a(s) \int\limits_{[s,T]} e^{-\beta(u)}\,du - \frac{1}{2} e^{2\beta(s)} \sigma^2(s) \Big(\int\limits_{[s,T]} e^{-\beta(u)}\,du \Big)^2 \Big)\,ds.
$$

14.4

Gemäß Aufgabe 14.2 ist für alle $\tilde{T} \in [0,T^*]$ der Preisprozeß des $\tilde{T}$-Bonds gegeben durch

$$
p(t,\tilde{T}) = p(0,\tilde{T}) \exp\Big(\int\limits_{[0,t]} (r(s) - \frac{1}{2}\sigma^2\gamma_{\tilde{T}}(s)^2)\,ds + \int\limits_{[0,t]} \sigma\gamma_{\tilde{T}}(s)\,dW_s \Big)
$$

mit

$$
\gamma_{\tilde{T}}(t) = -\frac{1}{b}(1 - e^{-b(\tilde{T}-t)}).
$$

Sind Q_{T_1} bzw. Q_T die zu den Numeraires $(p(t,T_1))_{t\in[0,T]}$ bzw. $(p(t,T))_{t\in[0,T]}$ gehörenden Forwardmartingalmaße auf $\mathcal{F}_T$, so gilt also

$$
\begin{aligned}
\frac{dQ_{T_1}}{dQ} &= \frac{B_T p(T,T_1)}{p(0,T_1)} \\
&= \exp\Big(\int_{[0,T]} \sigma\gamma_{T_1}(s)\,dW_s - \int_{[0,T]} \frac{1}{2}\sigma^2\gamma_{T_1}(s)^2\,ds\Big), \\
\frac{dQ_T}{dQ} &= \frac{B_T p(T,T)}{p(0,T)} \\
&= \exp\Big(\int_{[0,T]} \sigma\gamma_T(s)\,dW_s - \int_{[0,T]} \frac{1}{2}\sigma^2\gamma_T(s)^2\,ds\Big).
\end{aligned}
$$

Der faire Preis des Calls ist gegeben durch

$$
\begin{aligned}
&E_Q(B_T(p(T,T_1) - K)^+) \\
={} & E_Q(B_T p(T,T_1)1_{\{p(T,T_1)\geq K\}}) - K\,E_Q(B_T 1_{\{p(T,T_1)\geq K\}}) \\
={} & p(0,T_1)\,Q_{T_1}(p(T,T_1)\geq K) - Kp(0,T)Q_T(p(T,T_1)\geq K),
\end{aligned}
$$

wobei für letztere Gleichheit $p(T,T) = 1$ zu beachten ist.
Mit dem Satz von Girsanov ist der durch

$$
W_t^T = W_t - \int_{[0,t]} \sigma\gamma_T(s)\,ds
$$

definierte Prozeß $\underset{\sim}{W}^T$ ein Wienerprozeß bzgl. Q_T. Dabei gilt

$$
\begin{aligned}
p(T,T_1) &= \frac{p(T,T_1)}{p(T,T)} \\
&= \frac{p(0,T_1)}{p(0,T)}\exp\Big(\sigma\int_{[0,T]}(\gamma_{T_1}(s) - \gamma_T(s))\,dW_s \\
&\qquad\qquad - \frac{1}{2}\sigma^2\int_{[0,T]}(\gamma_{T_1}(s)^2 - \gamma_T(s)^2)\,ds\Big) \\
&= \frac{p(0,T_1)}{p(0,T)}\exp\Big(\sigma\int_{[0,T]}(\gamma_{T_1}(s) - \gamma_T(s))\,dW_s^T \\
&\qquad\qquad - \frac{1}{2}\sigma^2\int_{[0,T]}(\gamma_{T_1}(s) - \gamma_T(s))^2\,ds\Big) \\
&= \frac{p(0,T_1)}{p(0,T)}e^Z,
\end{aligned}
$$

wobei Z bzgl. Q_T gemäß 13.5 eine $N(-\frac{1}{2}\sigma^2\tau^2, \sigma^2\tau^2)$-verteilte Zufallsgröße ist mit

$$\tau^2 = \int\limits_{[0,T]} (\gamma_{T_1}(s) - \gamma_T(s))^2\, ds$$

$$= \int\limits_{[0,T]} \frac{1}{b^2}(e^{-b(T_1-s)} - e^{-b(T-s)})^2\, ds$$

$$= \frac{1}{b^2}(e^{-bT_1} - e^{-bT})^2 \int\limits_{[0,T]} e^{2bs}\, ds$$

$$= \frac{1}{2b^3}(e^{-bT_1} - e^{-bT})^2 (e^{2bT} - 1).$$

Es folgt

$$Q_T(p(T,T_1) \geq K) = Q_T\big(-Z \leq \log(\frac{p(0,T_1)}{Kp(0,T)})\big) = \Phi\big(\frac{\log(\frac{p(0,T_1)}{Kp(0,T)}) - \frac{1}{2}\sigma^2\tau^2}{\sigma\tau}\big).$$

Analog läßt sich berechnen

$$Q_{T_1}(p(T,T_1) \geq K) = \Phi\big(\frac{\log(\frac{p(0,T_1)}{Kp(0,T)}) + \frac{1}{2}\sigma^2\tau^2}{\sigma\tau}\big).$$

Insgesamt erhalten wir also den fairen Preis der Call-Option als

$$p(0,T_1)\,\Phi\big(\frac{\log(\frac{p(0,T_1)}{Kp(0,T)}) + \frac{1}{2}\sigma^2\tau^2}{\sigma\tau}\big) - Kp(0,T)\,\Phi\big(\frac{\log(\frac{p(0,T_1)}{Kp(0,T)}) - \frac{1}{2}\sigma^2\tau^2}{\sigma\tau}\big).$$

14.5

Man beachte zunächst, vgl. 14.12, daß die Lösung der stochastischen Differentialgleichung

$$dr_t = (a - br(t))\, dt + \sigma\, dW_t$$

zu einem Anfangswert r_0 gegeben ist durch

$$r(t) = e^{-bt}\big(r_0 + \frac{a}{b}(e^{bt}-1) + \sigma\int\limits_{[0,t]} e^{bs}\, dW_s\big) = (r_0 - \frac{a}{b})e^{-bt} + \frac{a}{b} + \int\limits_{[0,t]} \sigma e^{b(s-t)}\, dW_s.$$

Ein Vergleich mit der in 14.15 angegebenen Darstellung der Shortrate in einem Heath-Jarrow-Morton-Modell zeigt, daß die folgende Spezifikation der dort auftretenden Funktionen das gewünschte Resultat liefert:

$$f(0,t) = (r_0 - \frac{a}{b})e^{-bt} + \frac{a}{b}, \quad a(s,t) = 0, \quad \sigma(s,t) = \sigma e^{b(s-t)}.$$

14.6

Wir zeigen zunächst, daß die stochastischen Integrale, die in der Aufgabenstellung auftreten, wohldefiniert sind.

Die stochastischen Prozesse $a(t, \cdot)$ und $\int_{[0,T]} a(t, \cdot)dt$ sind previsibel, letzterer als punktweiser Limes von previsiblen Riemann-Summen. Ferner folgt aus der Voraussetzung $E \int_{[0,T]} \int_{[0,T]} a(t, s)^2 ds\, dt < \infty$ zum einen

$$E \int\limits_{[0,T]} (\int\limits_{[0,T]} a(t, s)dt)^2 ds < \infty,$$

also $\int_{[0,T]} a(t, \cdot)dt \in \mathcal{L}^2$, ferner

$$E \int\limits_{[0,T]} a(t, s)^2 ds < \infty \text{ für } \lambda\text{-fast alle } t \in [0, T]$$

und damit $a(t, \cdot) \in \mathcal{L}^2$ für λ-fast alle $t \in [0, T]$.

Wir beachten nun, daß a als Abbildung auf $[0, T] \times ([0, T] \times \Omega)$ $\mathcal{B} \otimes \mathcal{P}$-meßbar ist, denn für alle $x \in \mathbb{R}$ gilt aufgrund der Stetigkeit von $a(\cdot, \cdot, \omega)$

$$\{a < x\} = \{0\} \times \{(s, \omega) : a(0, s, \omega) < x\}$$
$$\cup \bigcup_{r,u \in [0,T] \cap \mathbb{Q}} [(r, u] \times (\bigcap_{t \in (t_{i-1}^n, t_i^n] \cap \mathbb{Q}} \{(s, \omega) : a(t, s, \omega) < x\})].$$

Außerdem gilt

$$\int\limits_{[0,T] \times [0,T] \times \Omega} a^2 \, d(\lambda \otimes \mu_W) = E \int\limits_{[0,T]} \int\limits_{[0,T]} a(t, s)^2 \, ds\, dt < \infty.$$

Also existieren Funktionen $(a_n)_{n \in \mathbb{N}}$ von der Form

$$a_n(t, s, \omega) = \sum_{i=1}^n \alpha_i^n 1_{B_i^n}(t) 1_{C_i^n}(s, \omega)$$

mit gewissen $\alpha_1^n, \ldots, \alpha_n^n \in \mathbb{R}$, $B_1^n, \ldots, B_n^n \in \mathcal{B}$ und $C_1^n, \ldots, C_n^n \in \mathcal{P}$ so, daß gilt

$$\int\limits_{[0,T] \times [0,T] \times \Omega} (a_n - a)^2 \, d(\lambda \otimes \mu_W) \to 0.$$

Für alle $n \in \mathbb{N}$ ist

$$
\int_{[0,T]} \int_{[0,T]} a_n(t,s) \, dW_s \, dt = \sum_{i=1}^{n} \alpha_i^n \int_{[0,T]} \int_{[0,T]} 1_{B_i^n}(t) 1_{C_i^n}(s) \, dW_s \, dt
$$

$$
= \sum_{i=1}^{n} \alpha_i^n \left(\int_{[0,T]} 1_{B_i^n}(t) \, dt \right) \left(\int_{[0,T]} 1_{C_i^n}(s) \, dW_s \right)
$$

$$
= \sum_{i=1}^{n} \alpha_i^n \int_{[0,T]} \int_{[0,T]} 1_{B_i^n}(t) 1_{C_i^n}(s,\omega) \, dt \, dW_s
$$

$$
= \int_{[0,T]} \int_{[0,T]} a_n(t,s) \, dt \, dW_s.
$$

Des weiteren ergibt sich mit der Jensenschen Ungleichung, der Isometrie-Eigenschaft und dem Satz von Fubini

$$
\int_{[0,T]} \int_{[0,T]} a_n(t,s) \, dW_s \, dt \;\rightarrow\; \int_{[0,T]} \int_{[0,T]} a(t,s) \, dW_s \, dt \text{ in } L^2,
$$

$$
\int_{[0,T]} \int_{[0,T]} a_n(t,s) \, dt \, dW_s \;\rightarrow\; \int_{[0,T]} \int_{[0,T]} a(t,s) \, dt \, dW_s \text{ in } L^2,
$$

und somit schließlich

$$
\int_{[0,T]} \int_{[0,T]} a(t,s) \, dW_s \, dt = \int_{[0,T]} \int_{[0,T]} a(t,s) \, dt \, dW_s.
$$

Literaturverzeichnis

Lehrbücher Mathematical Finance - eine Auswahl:

Baxter, M. und Rennie, A. (1996): Financial Calculus. An Introduction to Derivative Pricing. Cambridge Univesity Press.

Bingham, N.H. und Kiesel, R. (2004): Risk-Neutral Valuation. Pricing and Hedging of Financial Derivatives. 2nd ed. Springer.

Björk, T. (2004): Arbitrage Theory in Continuous Time. 2nd ed. Oxford University Press.

Cox, J.C. und Rubinstein, M. (1985): Options Markets. Prentice-Hall.

Dothan, M.U. (1990): Prices in Financial Markets. Oxford University Press.

Duffie, D. (2001): Dynamic Asset Pricing Theory. 3rd ed. Princeton University Press.

Elliott, R.J. und Kopp, E. (2005): Mathematics of Financial Markets. 2nd ed. Springer.

Etheridge, A. (2002): A Course in Financial Calculus. Cambridge University Press.

Föllmer, H. und Schied, A. (2004): Stochastic Finance. An Introduction in Discrete Time. 2nd ed. de Gruyter.

Hausmann, W., Diener, K. und Käsler, J. (2002): Derivate, Arbitrage und Portfolio-Selection. Stochastische Finanzmarktmodelle und ihre Anwendungen. Vieweg.

Hull, J. (2005): Options, Futures, and Other Derivative Securities. 6th ed. Prentice-Hall.

Irle, A. (2003): Finanzmathematik. Die Bewertung von Derivaten. 2. Aufl. Teubner.

Karatzas, I. (1997): Lectures on the Mathematics of Finance. CRM Monograph Series Vol. 8, American Mathematical Society.

Karatzas, I. und Shreve, S. (1998): Methods of Mathematical Finance. Springer.

Korn, R. und Korn, E. (2001): Optionsbewertung und Portfoliooptimierung. 2. Aufl. Vieweg.

Kwok, Y.-K. (1998): Mathematical Models of Financial Derivatives. Springer.

Lamberton, D. und Lapeyre, B. (1996): Introduction to Stochastic Calculus Applied to Finance. Chapman and Hall.

Martin, R., Reitz, S. und Wehn, C. (2006): Kreditderivate und Kreditrisikomodelle. Eine mathematische Einführung. Vieweg.

McNeil, A., Frey, R. und Embrechts, P. (2005): Quantitative Risk Management. Princeton.

Merton, R.C. (1990): Continuous-Time Finance. Blackwell.

Musiela, M. und Rutkowski, M. (1997): Martingale Methods in Financial Modelling. Springer.

Pliska, S.R. (1997): Introduction to Mathematical Finance: Discrete Time Models. Blackwell.

Reitz, S., Schwarz, W. und Martin, M. (2004): Zinsderivate. Eine Einführung in Produkte, Bewertung, Risiken. Vieweg.

Ruppert, D. (2004): Statistics and Finance. An Introduction. Springer.

Sandmann, K. (2001): Einführung in die Stochastik der Finanzmärkte. 2. Aufl. Springer.

Seydel, R. (2003): Tools for Computational Finance. 2nd ed. Springer.

Shiryayev, A.N. (1999): Essentials of Stochastic Finance. Facts, Models, Theory. World Scientific.

Shreve, S. (2004): Stochastic Calculus for Finance I. The Binomial Asset Pricing Model. Springer.

Shreve, S. (2004): Stochastic Calculus for Finance II. Continuous-Time Models. Springer.

Wilmott, P., Dewynne, J. und Howison, S. (1993): Option Pricing: Mathematical Models and Computation. Oxford Financial Press.

Sachverzeichnis

Teubner Lehrbücher: einfach clever

Eberhard Zeidler (Hrsg.)

Teubner-Taschenbuch der Mathematik

2., durchges. Aufl. 2003. XXVI, 1298 S. Geb.
EUR 34,90
ISBN 3-519-20012-0

Formeln und Tabellen - Elementarmathematik - Mathematik auf dem Computer - Differential- und Integralrechnung - Vektoranalysis - Gewöhnliche Differentialgleichungen - Partielle Differentialgleichungen - Integraltransformationen - Komplexe Funktionentheorie - Algebra und Zahlentheorie - Analytische und algebraische Geometrie - Differentialgeometrie - Mathematische Logik und Mengentheorie - Variationsrechnung und Optimierung - Wahrscheinlichkeitsrechnung und Statistik - Numerik und Wissenschaftliches Rechnen - Geschichte der Mathematik

Grosche/Ziegler/Zeidler/
Ziegler (Hrsg.)

Teubner-Taschenbuch der Mathematik. Teil II

8., durchges. Aufl. 2003. XVI, 830 S. Geb.
EUR 44,90
ISBN 3-519-21008-8

Mathematik und Informatik - Operations Research - Höhere Analysis - Lineare Funktionalanalysis und ihre Anwendungen - Nichtlineare Funktionalanalysis und ihre Anwendungen - Dynamische Systeme, Mathematik der Zeit - Nichtlineare partielle Differentialgleichungen in den Naturwissenschaften - Mannigfaltigkeiten - Riemannsche Geometrie und allgemeine Relativitätstheorie - Liegruppen, Liealgebren und Elementarteilchen, Mathematik der Symmetrie - Topologie - Krümmung, Topologie und Analysis

Stand Juli 2006.
Änderungen vorbehalten.
Erhältlich im Buchhandel
oder beim Verlag.

B. G. Teubner Verlag
Abraham-Lincoln-Straße 46
65189 Wiesbaden
Fax 0611.7878-400

Teubner www.teubner.de